Panoramakarte von Deutschland

Seydlitz 5/6

Geografie
Berlin und Brandenburg

Schroedel

Autoren:
Thomas Braun
Joachim Dietz

Fachliche Beratung:
Uwe Marth

Mit Beiträgen von:
Werner Balzer, Günter Bauer, Svenja Bhatty, Frank Böning, Marcus Bösch, Frank Broscheit, Martin Cichon, Lars Degener, Bernd Dieffenbacher, Christa Forster, Sigrun Hallermann, Charly Hoenig, Gert Jahn, Georg Kahlert, Franz-Peter Mager, Wolfgang Markert, Harald Mertins, Wolfgang Mühlberger, Wolfgang Mülders, Brigitte Ochsenwadel, Eckart Pflüger, Reiner Plass, Helmut Platten, Katja Raschke, Johannes Ruckenbrod, Frank Rüther, Kurt Dietmar Schmidtke, Dirk Schöning, Friedrich Schöpflin, Hans-Jürgen Schutzbach, Wolfgang Staudenmaier, Gerhard Sutor, Heidemarie Trautwein, Christine Ullrich, Wilfried Vitz, Ulrike Wahlandt-Burgert, Dorothea Werner-Tokarski, Jürgen Wetzel

ISBN 978-3-507-**52675**-1

Druck A ^{3} / Jahr 2008

Alle Drucke der Serie A sind im Unterricht parallel verwendbar, da bis auf die Behebung von Druckfehlern untereinander unverändert.

Grafik/Zeichnungen: Th. Heidolph, Kottgeisering
Karten: Dr. Peter Güttler, Berlin
Satz: O&S Satz GmbH, Hildesheim
Druck und Bindung: westermann druck GmbH, Braunschweig

Inhalt

Inhalt

Zum Umgang mit dem Buch:
Schreib bitte bei Lückentexten, Füllrätseln und Spielen nicht ins Buch, sondern übertrage diese immer in dein Heft.

Wichtige oder unbekannte Begriffe sind in den Texten **fett** gedruckt. Du findest sie am Ende des Buches im „Geo-Lexikon“ wieder. Die meisten dieser Begriffe werden dort näher erklärt.

Was du in einem Kapitel gelernt hast, wird hier durch zusätzliche Informationen erweitert.

Auf diesen Seiten erlernst du erdkundliche Arbeitsweisen oder du kannst selbstständig etwas tun, z. B. eine Erkundung durchführen, etwas basteln oder eine Wandzeitung gestalten.

Spielerisch kannst du auf diesen Seiten das Gelernte noch einmal überprüfen oder es auf einer Karte einordnen.

EK/Bio Hinweis auf fächerübergreifendes Arbeiten

(▷ S. 170) Bei diesem Hinweis findest du auf der genannten Seite weitere Informationen zum Thema.

Geografie, ein neues Unterrichtsfach

Hier dreht sich alles um euer neues Fach: ERDKUNDE. Zunächst lernt ihr, euch in der Heimat und in der weiten Welt zu orientieren. Ihr erfahrt einiges von den Kontinenten und Ozeanen und sogar von den Planeten. Danach lernt ihr Deutschland mit seinen verschiedenen Gesichtern kennen. Von der Küste bis hin zu den Alpen geht eure Entdeckungsreise. Schließlich geht es quer durch Europa. Hier erwarten euch fremde Kulturen, tolle Landschaften , spannende Städte und vieles mehr. Euer Erdkundeunterricht wird noch interessanter, wenn ihr öfter euer Klassenzimmer ins Grüne verlegt, um z.B. mit Karten auf Forschungsreise zu gehen. Wir wollen, dass ihr ERDKUNDE auch erlebt, indem ihr Projekte und Versuche durchführt, Modelle baut, Spiele herstellt und so weiter. Auf diese Weise wird ERDKUNDE spielend leicht. Wir wünschen euch viel Freude beim Entdecken, Erleben und Erfahren ...

Geografie, ein neues Unterrichtsfach

Wo sind wir?

Sandra ist heute elf Jahre alt geworden und hat viele Freundinnen aus ihrer neuen Schulklasse eingeladen. Sie hat sich für diesen Tag etwas Besonderes ausgedacht: eine Schnitzeljagd. Doch den meisten ist die Gegend von Sandras Wohnort ganz unbekannt. Und schon ist es geschehen: Zwei haben sich verlaufen. Mithilfe einer Karte wollen sie wieder nach Hause finden, doch sie wissen nicht, was die vielen Zeichen zu bedeuten haben.

6.1

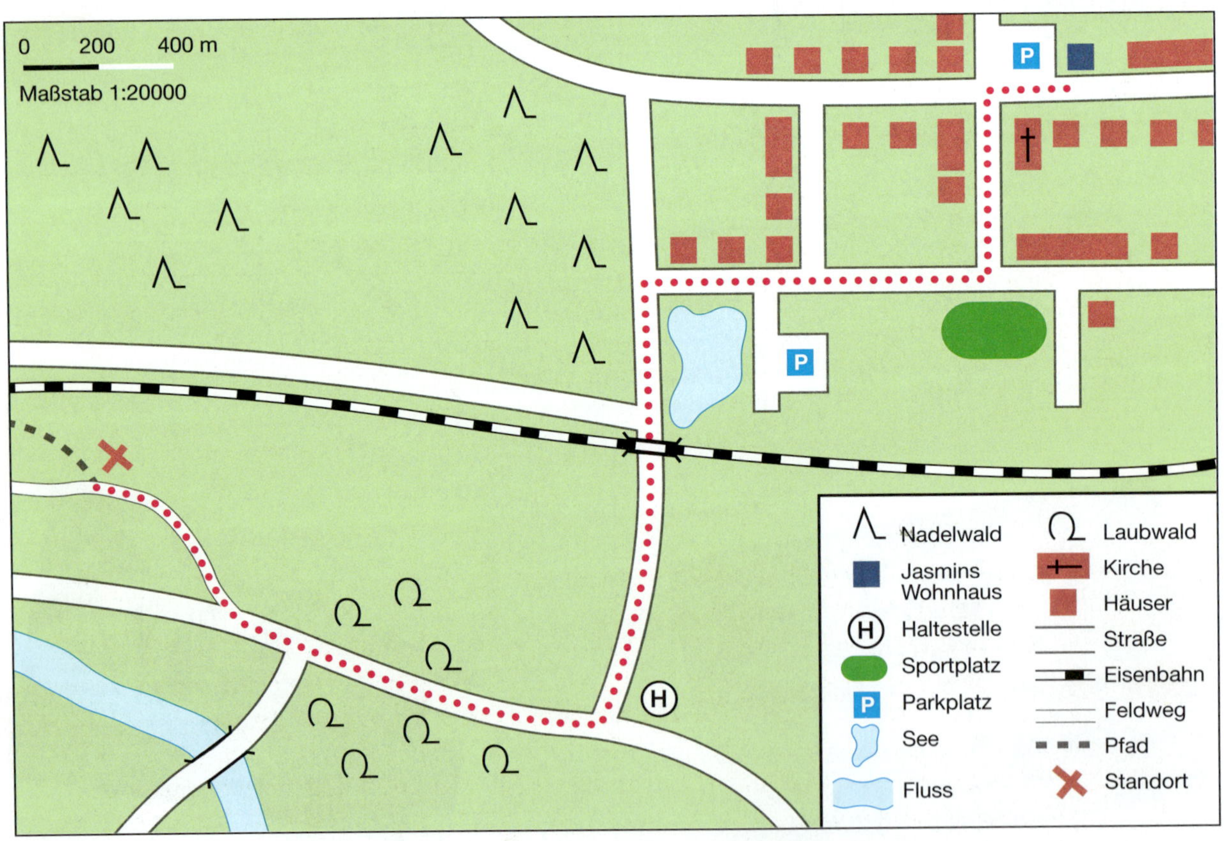

***6.2** Die Karte der beiden Mädchen*

In deinem Fach Geografie wirst du viele verschiedene Karten kennen lernen. Jede **Karte** zeigt einen bestimmten Ausschnitt der Erde. Auf einer Karte siehst du alles so, als ob du von oben draufguckst. Um eine Karte „lesen", das heißt verstehen zu können, wird ihr eine Erklärung beigegeben. Dort sind die verwendeten Zeichen und Farben erklärt. Diese Zeichenerklärung heißt **Legende**.

Wenn wir eine Karte mit dem Bild derselben Landschaft vergleichen, stellen wir fest, dass viele Dinge bei der Verkleinerung nicht mehr zu erkennen sind. Daher müssen Straßen und Flüsse im Vergleich größer dargestellt werden als z. B. Ortschaften.
Für besondere Gebäude, wie Kirchen, Burgen oder wichtige Einrichtungen (z. B. Campingplätze, Friedhöfe), werden bestimmte Zeichen verwendet. Diese findest du auch in den anderen Karten dieses Buches oder im Atlas.

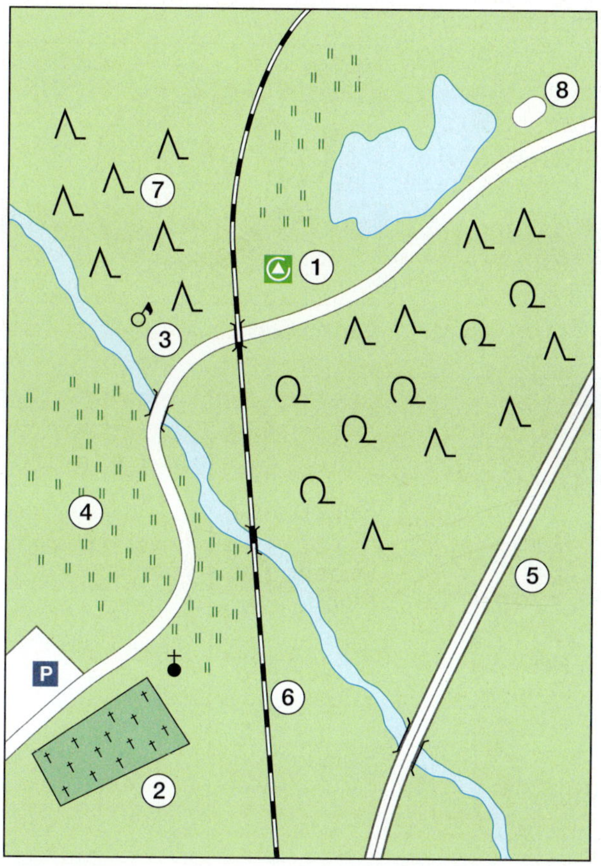

7.1

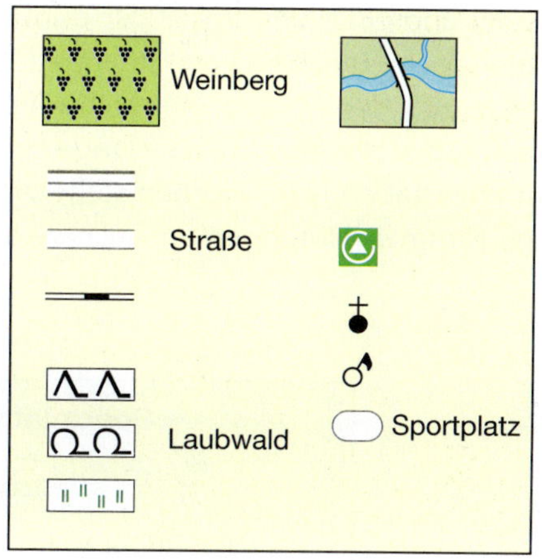

7.2 *Kartenzeichen einer Legende*

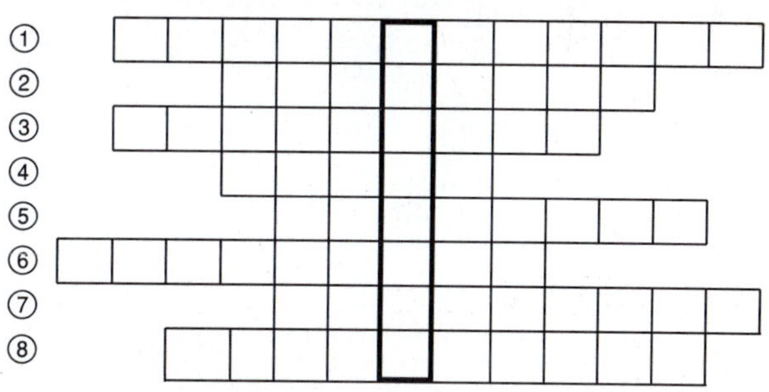

1. In Abb. 7.2 findest du 12 Kartenzeichen. Zeichne sie in dein Heft und ergänze die fehlenden Erklärungen.
2. Die Zahlen 1–8 in Abb. 7.1 stehen jeweils für ein Symbol in deiner Legende. Löse das Kreuzworträtsel in deinem Heft. Hast du alle Kartenzeichen richtig benannt, ergibt das dick umrandete Wort den häufigsten Städtenamen Deutschlands.
3. Jetzt kannst du den beiden Mädchen bestimmt helfen. Beschreibe ihren Weg auf Karte 6.2 von ihrem Standort zu Sandras Haus. Benutze dazu möglichst viele Begriffe aus der Legende: „Zuerst müssen sie auf dem Feldweg zur Straße gehen. Dann …"

Geografie, ein neues Unterrichtsfach

Stimmt die Richtung?

Bei Wanderungen in unbekannten Gebieten kannst du dich mithilfe einer Karte orientieren. Dazu musst du die Karte aber erst in die richtige „Lage" bringen. Du musst sie so drehen, bis die obere Kante nach Norden zeigt. Aber woher weißt du, wo Norden ist?

Bei der Orientierung können dir die Himmelsrichtungen eine große Hilfe sein. Diese sind nach der Bahn der Sonne festgelegt: Im Osten „geht die Sonne auf", im Süden steht sie zur Mittagszeit am höchsten und im Westen „geht sie unter". In einer **Windrose** sind die Himmelsrichtungen mit ihren Abkürzungen eingetragen (Abb. 8.1).

Mit einem **Kompass** kannst du die Himmelsrichtungen unabhängig von Tag und Nacht oder Wetter bestimmen. Das Gerät besteht aus einer Magnetnadel und einer Windrose. Der dunkle Teil der Magnetnadel zeigt immer nach Norden. Diese „magnetische Nordrichtung" weicht aber etwas von der wahren Nordrichtung ab. Wenn du die bewegliche Scheibe mit der Windrose so lange drehst, bis die Nadel etwas links vom Buchstaben N für Norden steht (Abb. 8.2), kannst du auch die übrigen Himmelsrichtungen im Gelände angeben.

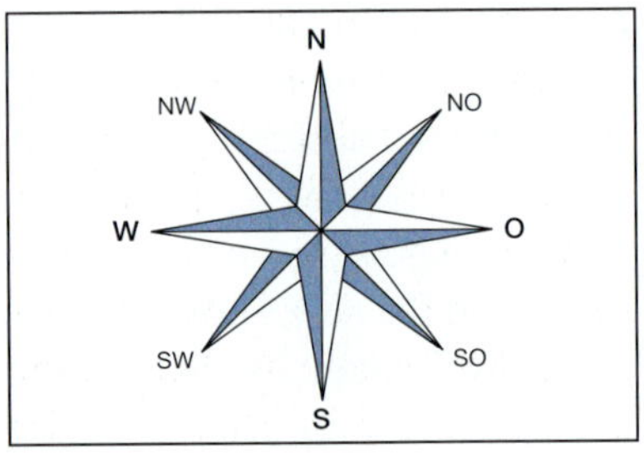

8.1 Windrose

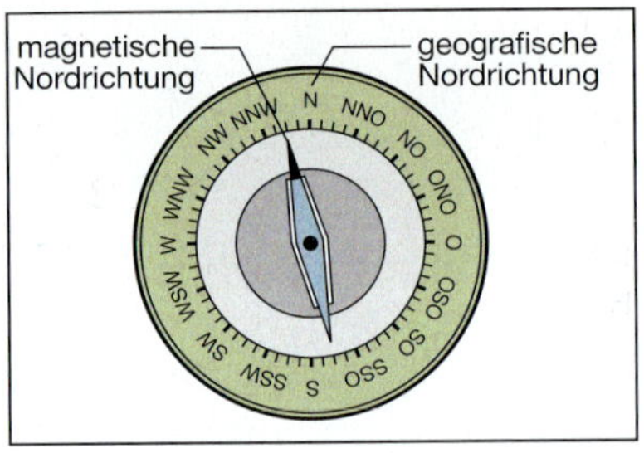

8.2 Kompass

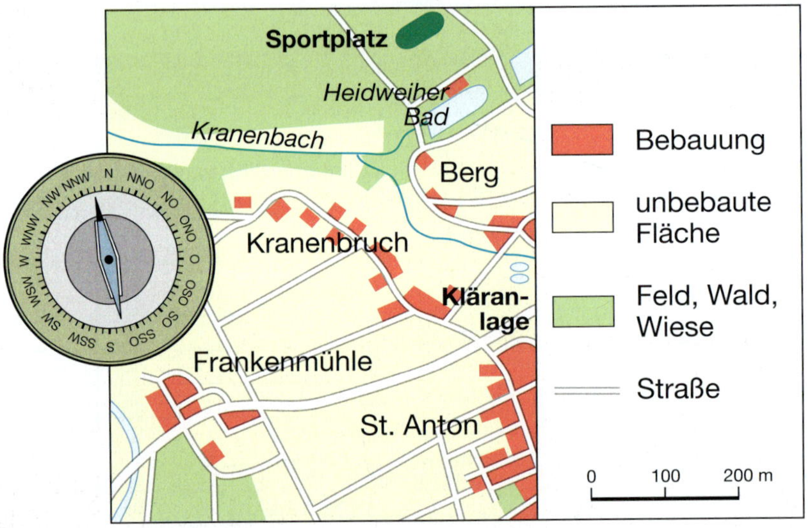

8.3 Eine nach Norden ausgerichtete Karte

1. Schreibe alle Himmelsrichtungen mit ihrem vollständigen Namen in dein Heft.
2. Bestimmt im Klassenzimmer mit dem Kompass die Himmelsrichtungen. Zeichnet mit Kreide die Himmelsrichtungen an die Wände.
3. Bestimmt die Himmelsrichtungen im Schulhof und malt eine Windrose auf den Boden.
4. Einen einfachen Kompass kann man mit wenigen Hilfsmitteln auch selbst basteln. Fragt euren Erdkunde- oder Physiklehrer, ob er euch dabei hilft.

Wie sich Pfadfinder orientieren

Wer bei den Pfadfindern ist, kann dort lernen, sich ohne Landkarte und Kompass im Gelände zurechtzufinden. Ihr braucht dazu eine genau gehende Uhr mit Zeigern. Außerdem muss die Sonne zu sehen sein. Die Südrichtung findet ihr, wenn der Stundenzeiger auf die Sonne gerichtet wird. Süden liegt in der Mitte zwischen dem Stundenzeiger und der Zahl 12 auf dem Zifferblatt. Damit sind auch die anderen Himmelsrichtungen festgelegt (Abb. 9.1).
Auch andere Hinweise helfen uns, die Himmelsrichtungen zu erkennen: Bei frei stehenden Bäumen findet ihr an der feuchteren, sonnenabgewandten Nordostseite häufig einen grünen Überzug aus Moosen und Flechten. Bei Baumstümpfen sind die Jahresringe auf der Südseite meistens stärker ausgebuchtet als auf der Nordseite.
Auch alte Kirchen geben Hinweise auf die Himmelsrichtung. Sie sind häufig so gebaut, dass der Altarraum nach Osten, nach Jerusalem, gerichtet ist. Turm und Eingangshalle befinden sich im Westen (Abb. 9.2).
In klaren Nächten können wir auch den Sternenhimmel zur Orientierung benutzen. Hier ist der hell strahlende Polarstern eine zuverlässige Hilfe. Wir suchen das Sternbild des Großen Bären, auch Großer Wagen genannt, und verlängern die Verbindungslinie zwischen den beiden hinteren Sternen um das Fünffache. Dann treffen wir auf den Polarstern (Abb. 9.4). Sehen wir ihn an, so schauen wir nach Norden. Jetzt wissen wir auch, wo Süden, Osten und Westen liegen.

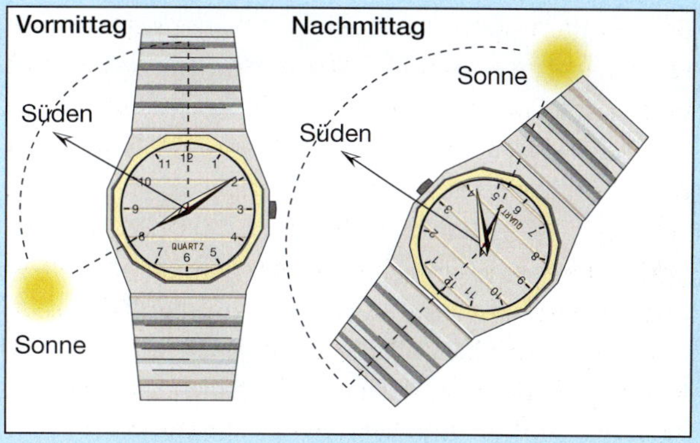

9.1 Bestimmung der Himmelsrichtungen mit der Uhr

9.2 Orientierung mit Kirchen

9.3 Kinder bestimmen die Himmelsrichtung

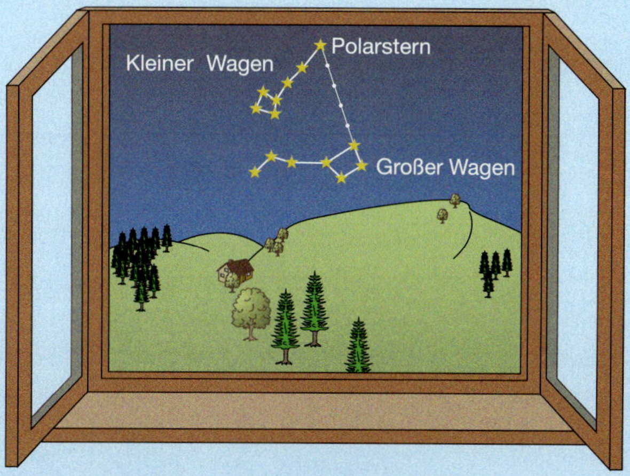

9.4 Sternbilder als Orientierungshilfe

Geografie, ein neues Unterrichtsfach

Orientierung mit einem Stadtplan

10.1 Der Fernsehturm aus der Luft

Treffpunkt „Telespargel"!

Ariane, Hendrik und Sven haben sich für den Nachmittag am Alexanderplatz verabredet. Sie wollen auf den Fernsehturm fahren und sich Berlin aus der Vogelperspektive anschauen. Wie ihr aus den Sprechblasen erkennen könnt, haben die drei ganz unterschiedliche Wege zum vereinbarten Treffpunkt am „Telespargel" gewählt.

Sicher ist euch auch schon aufgefallen, dass in vielen Stadtplänen blaue Rechtecke eingezeichnet sind. Diese nennt man **Planquadrate**. Die Planquadrate teilen den Stadtplan in kleinere Kartenausschnitte auf. Mit den Buchstaben A, B, C am oberen und/oder unteren Kartenrand und den Zahlen 1, 2, 3 an den seitlichen Kartenrändern könnt ihr jedes Planquadrat ganz genau bestimmen.

Außerdem haben die meisten Stadtpläne ein Straßenverzeichnis. Dort findet ihr alle Straßennamen. Hinter jedem Straßennamen stehen ein Buchstabe und eine Ziffer. Sie benennen das Planquadrat, in dem die Straße liegt. So könnt ihr im Stadtplan gesuchte Straßen oder Gebäude schnell finden.
Auch im Stadtplan auf Seite 11 erkennt ihr solche Planquadrate. Das unten rechts heißt z. B. D 4.

1. Beschreibt mithilfe der Straßennamen den eingezeichneten Weg von Ariane zum Alexanderplatz.
2. Welchen Weg könnten Arianes Freunde zum gemeinsamen Treffpunkt gehen?
3. In welchem Planquadrat liegt der Fernsehturm?
4. Überlegt nun eigene Fragen nach dem Muster aus Aufgabe 3 (z. B.: In welchem Planquadrat liegt ...).

Alexanderplatz B3
Alte Schönhauser Str. B3/B2
Christinenstr. B2
Heinrich-Roller-Str. C2
Karl-Liebknecht-Str. B3/B2
Lottumstr. B2
Rosenthaler Platz A2
Saarbrücker Str. B2/C2
Singerstr. C4
Spandauer Str. A3/B4
Spittelmarkt A5
Straußberger Platz D4
Werderstr. A5
Zionskirchplatz A1

10.2 Aus einem Straßenverzeichnis

11.1 Ausschnitt aus einem Stadtplan von Berlin

11

Geografie, ein neues Unterrichtsfach

Auf Karten ist die Erde kleiner

12.1

Die Fahrt in einem Heißluftballon ist ein ganz besonderes Erlebnis. Der Wind weht einem um die Nase und die Welt verändert sich mit jeder Minute. Je höher man steigt, desto kleiner werden die Menschen, die Häuser und die Orte. Es ist wie im Traum, aber in Wirklichkeit bleibt alles so groß, wie es ist.

In Karte 6.2 kannst du lesen: 1:20 000. Das bedeutet, dass 1 cm auf dem Plan 20 000 cm (=200 m) in Wirklichkeit sind. Dies nennt man den **Maßstab**. Je größer die Zahl hinter dem Doppelpunkt, desto stärker ist die Karte verkleinert.

Andere Karten haben eine Maßstabsleiste. Damit kannst du die Entfernungen auf der Karte messen. Um festzustellen, wie weit zwei Orte voneinander entfernt sind, misst du mit dem Lineal den Abstand in Zentimeter und vergleichst mit der Maßstabsleiste.

> Messt in Karte 6.2 die Entfernung vom Standort der Mädchen zu Sandras Haus. Benutzt dazu ein Lineal und berechnet die Entfernung (Maßstab 1: 20 000).

Den Blick aus dem Heißluftballon könnt ihr euch wie auf Karten unterschiedlichen Maßstabs vorstellen:

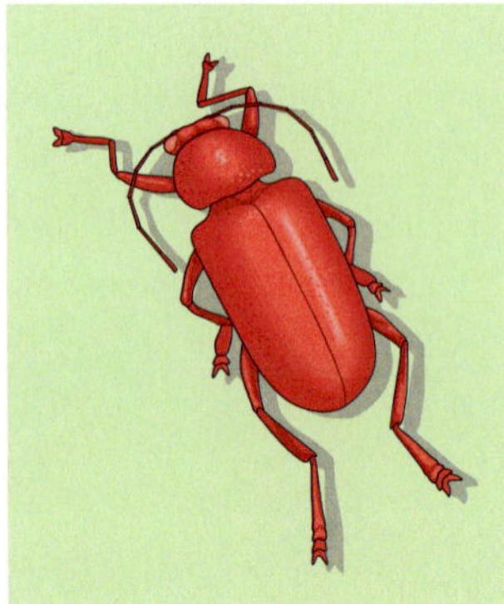

Maßstab 1:1

Der Heißluftballon ist kurz vor dem Start. Aus dem Fahrerkorb sieht man einen Käfer im Gras in Originalgröße: 40 mm misst das Tierchen.

Maßstab 1:10

Der Heißluftballon hat abgehoben, alles erscheint sofort kleiner. Der Käfer, der in Abb. 12.2 noch 40 mm lang war, ist jetzt nur noch 4 mm lang. Beim Maßstab 1:10 erscheint alles 10-mal kleiner als in Wirklichkeit.

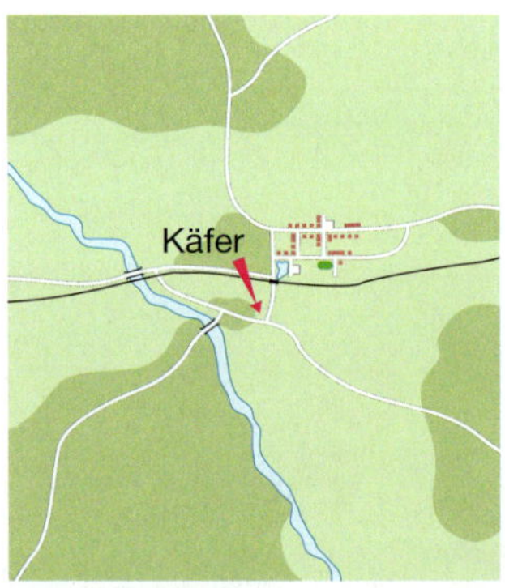

Maßstab 1:100 000

Der Ballon ist schon ziemlich hoch. Der Käfer ist schon lange nicht mehr sichtbar. Was jetzt 1 cm lang aussieht, ist in Wirklichkeit 100 000 cm (also 1 km) lang. Häuser erscheinen nur noch als kleine Rechtecke, Straßen sind als dünne Linien erkennbar.

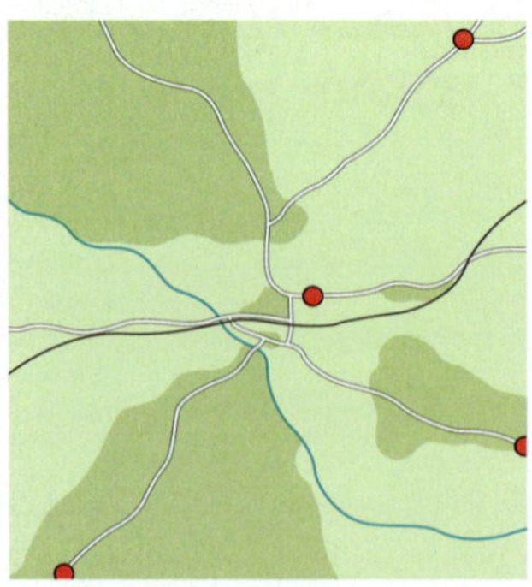

12.2–5

Maßstab 1:1 000 000

Bei diesem Maßstab kann man keine Einzelheiten mehr erkennen. So ähnlich können viele Vögel die Erde sehen. Auf Karten sind Städte nur noch als runde oder eckige Symbole dargestellt. Die blauen Linien sind Flüsse.

EK / Ma

Wir ermitteln die Entfernung zwischen London und Paris auf der Karte 13.1
Messt mit einem Lineal die Entfernung zwischen London und Paris.
Unsere Maßstabszahl 1 : 10 Mio. bedeutet:
1 cm auf der Karte =
10 000 000 cm in der Wirklichkeit.

Jetzt könnt ihr die cm in km umrechnen:
10 000 000 cm = 100 000 m = 100 km.
1 cm auf der Karte = 100 km in der Wirklichkeit.
3,5 cm auf der Karte (London–Paris):
3,5 x 100 km = 350 km in der Wirklichkeit.

Die Maßstabsleiste kann euch Orientierung geben, ob ihr richtig gerechnet habt.

Maßstab	Entfernung auf der Karte	Entfernung in der Wirklichkeit
1:10 Mio.	3,5 cm	350 km

13.1

Maßstabsangaben findet ihr nicht nur auf Karten. Auch bei euch zu Hause könnt ihr solche Angaben finden. Modelleisenbahnen oder Spielzeugautos sind häufig wirklichkeitstreue Nachbildungen. Oft steht auf der Unterseite des Modells oder auf der Verpackung eine Maßstabsangabe. Mit ihrer Hilfe könnt ihr ausrechnen, wie groß das Modell in Wirklichkeit ist.

Frank hat eine Modelleisenbahn mit dem Maßstab 1:87. Das bedeutet, alles, was er in dem Modell sieht, ist in Wirklichkeit 87-mal größer. Sein Freund Peter hat auch eine Eisenbahn. Sie hat den Maßstab 1:160. Bei ihm sind die Modelle also 160-mal kleiner als das Original.

***13.2** Franks Lokomotive ist 11 cm lang (links) und Peters 6 cm (rechts)*

1. Wie lang ist ein Personenzug in Wirklichkeit, wenn er in Franks Modell 80 cm lang ist?
2. Eine Rangierlokomotive ist im Original 8 m lang. Wie groß ist sie dann im Modell von Peter?
3. Berechne, welche der beiden Lokomotiven im Original größer ist (Abb. 13.2).

Geografie, ein neues Unterrichtsfach

Wie kommt der Berg auf die Karte?

14.1 Senkrechtluftbild des Hohentwiel

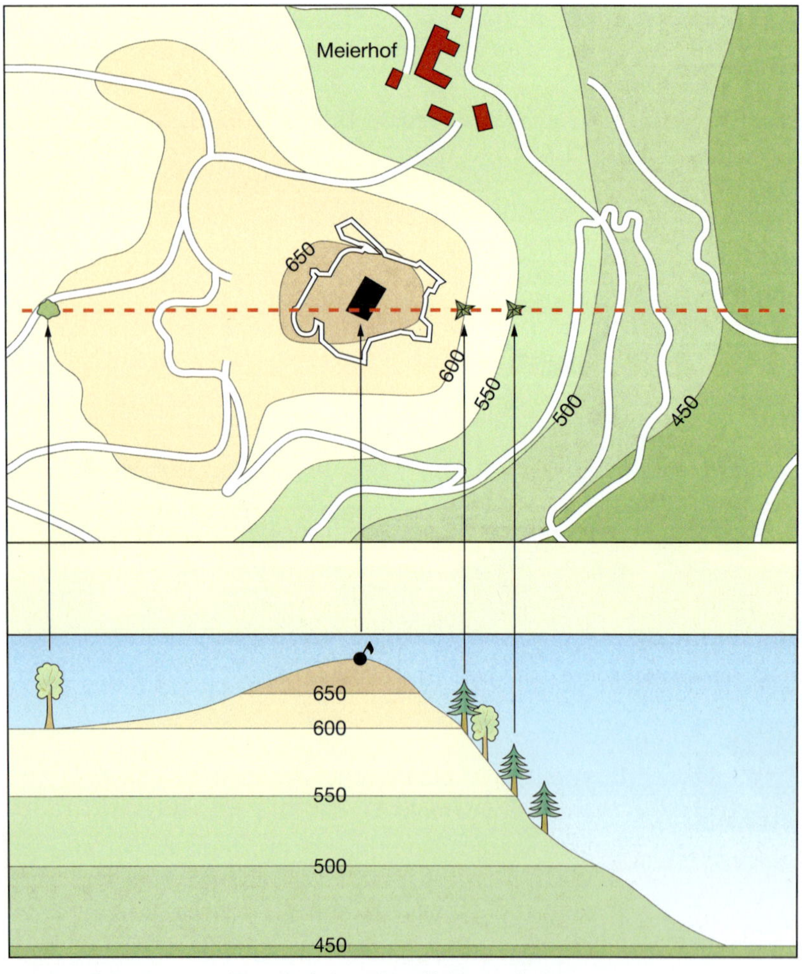

***14.2 und 14.3** Karte (Draufsicht) und Profil (Querschnitt)*

Wenn man aus einem Heißluftballon oder Flugzeug auf einen Berg guckt, ist es schwer, die Höhe des Berges zu erkennen. Auch bei Karten guckst du von oben auf die Landschaft. Wie erkennt man aber einen Berg auf einer Karte?

Unterschiedliche Höhen können durch **Höhenlinien** dargestellt werden (Abb. 14.2). Diese verbinden alle Punkte, die in gleicher Höhe über dem Meeresspiegel liegen. Mithilfe der Höhenlinien kannst du feststellen, in welcher Höhe die Gebäude, die Bäume usw. liegen. Außerdem siehst du, wie steil das Gelände ansteigt.

Merke dir:

Je enger die Höhenlinien, desto steiler das Gelände!

Auf vielen Karten sind die verschiedenen Höhen in Farbstufen eingeteilt (**Höhenschichten**). Tiefländer werden mit grünen Farben dargestellt. Mittlere Höhen sind gelblich und größere Höhen erscheinen in braunen Farben (Abb. 14.1).

Merke dir:

Je höher, desto brauner – je tiefer, desto grüner!

Wenn du dir die Landschaft 14.1 aufgeschnitten vorstellst, erhältst du einen Querschnitt, ein **Profil**. Hier sind die Höhenunterschiede noch besser zu erkennen (Abb. 14.3).

1. Betrachte Abb. 14.2. Welcher Hang ist steiler, der West- oder Osthang? Begründe.
2. In welcher Höhe liegt der Meierhof?

Unser Modell der Höhenschichten

Auf Seite 14 habt ihr erfahren, wie Berge durch Höhenlinien und Höhenschichten auf einer Karte dargestellt werden. Ihr könnt mithilfe eines selbst gebauten Modells ebenfalls die Höhenlinien eines Berges zeichnen. Die Bilder und die Begleittexte helfen euch dabei.

Folgende Materialien braucht ihr:
- Styroporplatte
- Messer
- Tuschfarben
- Schaschlikspieß
- Tapete
- Malstift

15.1

1. Schneidet (vorsichtig!) verschieden große rundliche Stücke aus der Styroporplatte aus (Abb. 15.2). Diese Stücke stellen die einzelnen Höhenschichten des Berges dar und geben ihm die spätere Form.

15.2

2. Stapelt die einzelnen Styroporstücke zu einem Berg und malt sie an, wie es auf Seite 16 beschrieben ist: je höher, desto brauner – je tiefer, desto grüner.

15.3

3. Übertragt nun die „Höhenschichten" auf die Tapete durch Umzeichnen des Styropors (Abb. 15.4). Jetzt habt ihr den „Berg" als Höhenlinien dargestellt. Schließlich könnt ihr noch die Flächen zwischen den Linien mit den entsprechenden Farben ausmalen.

15.4

4. Jetzt geht es mit dem Berg weiter. Mit dem Schaschlikspieß verbindet ihr die einzelnen Schichten miteinander. Nun habt ihr ein Höhenschichtenmodell eures Berges angefertigt (Abb. 15.5).

15.5

Geografie, ein neues Unterrichtsfach

Der Atlas – ein wichtiges Hilfsmittel

Die Klasse 5a aus Essen ist begeistert. Endlich soll die lang ersehnte Klassenfahrt nach Goslar organisiert werden. „Goslar kenn ich nicht, wo liegt denn das?", fragt Dirk. „Am besten, wir suchen den Ort erst einmal im Atlas", antwortet Herr Krause. Mithilfe des Atlas wurde die Stadt Goslar schnell gefunden.

Am schnellsten findest du einen Ort auf einer Karte, wenn du das Namensregister benutzt. Es befindet sich im hinteren Teil des Atlas. Hier sind alle Namen von Orten, Staaten, Bergen, Flüssen, Seen usw. alphabetisch aufgelistet (Abb. 16.2). Hinter jedem Namen stehen Zahlen und Buchstaben, z. B. „Goslar **18 C2**". Die Zahl **18** nennt die Atlasseite, auf der du den Ort finden kannst. Die Lageangabe **„C2"** beschreibt das **Planquadrat** auf den Karten. Sie werden durch senkrechte und waagerechte Linien gebildet. Die Buchstaben stehen am oberen Rand der Karte, die Zahlen findest du am rechten und linken Rand. Goslar liegt also im Planquadrat **C2**.

16.1 So ist ein Atlas aufgebaut

Gomel **67** N5
Göppingen **20** E4
Görlitz **19** K4
Goslar **18** C2
Götaland **66** JK4
Göteborg **66** J4
Gotha **21** F2
Gotland **66** K4

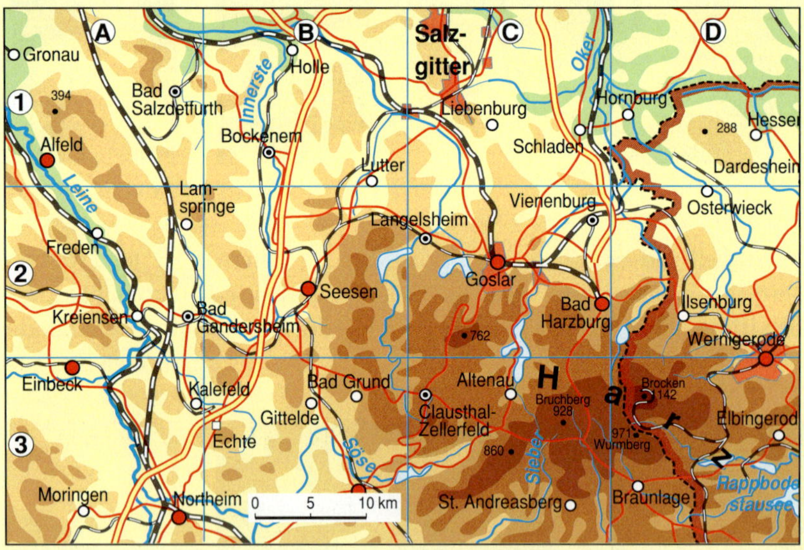

16.2 und 16.3 Ausschnitt aus einem Namensregister und einer Atlaskarte

1. Suche in Karte 16.3 die Stadt Goslar. Welche Angaben findest du im Register?
2. Die Klasse 5 a möchte die Klassenfahrt mit der Bahn machen. Beschreibe die Fahrstrecke mit einer geeigneten Atlaskarte.
3. Suche in deinem Atlas die Städte: Kairo, Sydney, Bangkok, Kapstadt, Montreal und Lima. Notiere die Seiten und Lageangaben. In welchen Erdteilen liegen sie?

Ganz vorne im Inhaltsverzeichnis sind die Karten mit ihrem Inhalt und der Seitenzahl aufgeführt (Abb. 17.1). Die meisten Atlanten beginnen mit Karten deines Bundeslandes. Dann folgen die Karten von Deutschland. Europa und die anderen Erdteile werden anschließend abgebildet. Die Weltkarten befinden sich am Ende des Kartenteils.

Ein Atlas hat verschiedene Karten, aus denen du unterschiedliche Dinge herauslesen kannst:
In **thematischen Karten** erfährst du etwas über ein ganz bestimmtes Thema. Zum Beispiel gibt es Karten, die dir zeigen, wie der Mensch den Boden nutzt (Abb. 17.2). Klimakarten erklären dir, wo es viel regnet oder besonders trocken ist. Andere Karten handeln von der Verschmutzung des Wassers oder der Luft. Fast alles, was man von einem Gebiet wissen will, kann in einer Karte abgebildet werden. Mithilfe der Legende kannst du es herauslesen.

17.1 Aus einem Inhaltsverzeichnis

Mit **physischen Karten** kannst du dich in einem bestimmten Raum orientieren. Du erkennst, wo Flüsse, Straßen, Bahnlinien und Grenzen sind. Die Lage und Namen von Ortschaften und Landschaften kannst du auch ablesen. Farben oder Höhenlinien helfen dir, die Oberflächengestalt der Landschaft zu bestimmen (Abb. 17.3).

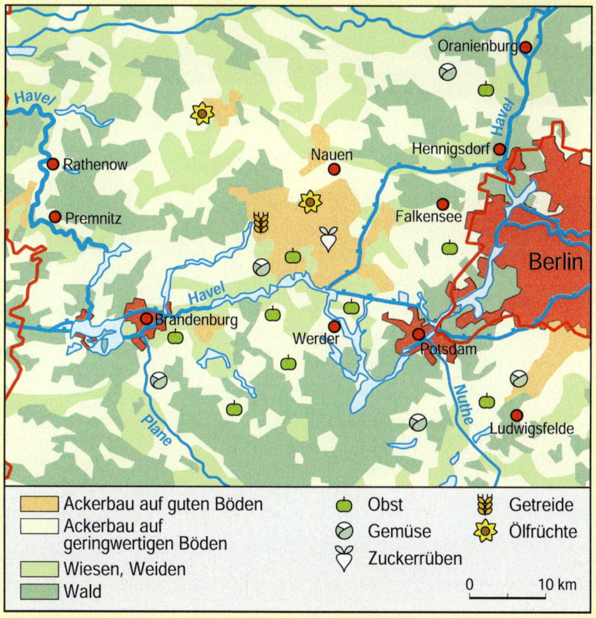

17.2 Bodennutzung (Maßstab 1:1 Mio.)

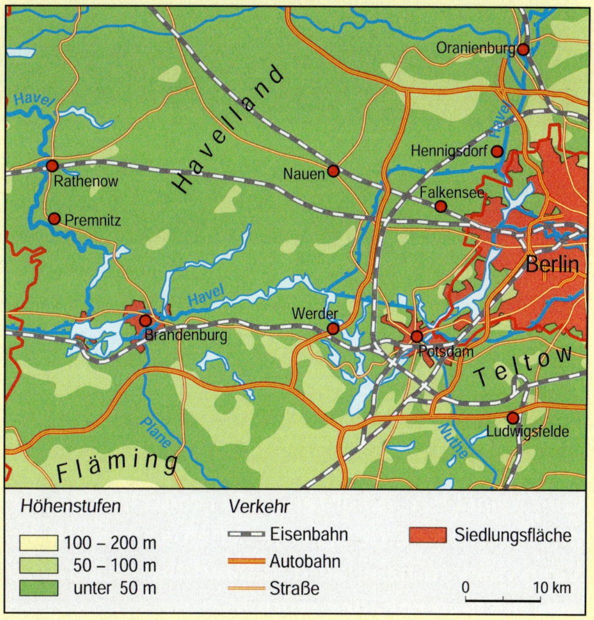

17.3 Physische Karte (Maßstab 1:1 Mio.)

1. Suche in deinem Atlas eine Landwirtschaftskarte von Deutschland, eine Verkehrskarte von Europa und eine Klimazonenkarte der Erde. Benutze das Inhaltsverzeichnis.
2. Nenne die Gebirge, die in Karte 17.3 eingezeichnet sind.
3. Bestimme mithilfe der Karte 17.2, was im Havelland angebaut wird.

Die Erde – der Planet, auf dem wir leben

18.1 Weltbild der meisten Menschen bis ins Mittelalter

Obwohl griechische Gelehrte schon vor über 2000 Jahren herausfanden, dass die Erde die Gestalt einer Kugel hat, glaubten viele Menschen bis ins Mittelalter, die Erde sei eine Scheibe (Abb. 18.1). Wenn man zu nahe an den Rand dieser Scheibe kam, fiel man von ihr herunter.
Im Mittelalter setzte sich dann die Erkenntnis über die Kugelgestalt der Erde durch. Allerdings meinten viele Wissenschaftler, die Erde wäre der Mittelpunkt des Universums. Alles würde sich um sie drehen.
Erst Nikolaus Kopernikus erkannte um 1500 den Irrtum: Nicht die Erde, sondern die Sonne steht im Mittelpunkt (Abb. 19.2).

19.1 *Weltbild des griechischen Astronomen Ptolemäus (2. Jh. n. Chr.)*

19.2 *Das kopernikanische Weltbild*

1. Beschreibe, wie sich das Weltbild im Laufe der Jahrhunderte verändert hat.
2. Von wo aus könnte das große Foto aufgenommen worden sein?

Die Erde – der Planet, auf dem wir leben

Unser Sonnensystem

Unsere Erde ist einer von neun **Planeten**, die sich auf festen **Umlaufbahnen** um die Sonne bewegen. Mit der Sonne im Zentrum bilden die Planeten unser **Sonnensystem**. Die Sonne ist eine riesige Gaskugel, die Licht und Wärme in den Weltraum strahlt. Die Planeten haben keine eigene Lichtquelle. Sie werden von der Sonne angestrahlt und reflektieren (= zurückwerfen) das Licht.
Viele der Planeten werden wiederum von Monden umkreist. Während die Erde nur einen Mond besitzt, haben andere Planeten mehrere. Mars besitzt z. B. zwei Monde, Saturn sogar 23 (Tab. 21.1).
Mit einem einfachen Merksatz kannst du dir die Reihenfolge der Planeten merken: Mein Vater erklärt mir jeden Sonntag unsere neun Planeten.

__20.1__ Größenverhältnisse der Sonne und der Planeten. Achtung: Die Entfernungen zwischen den Himmelskörpern sind allerdings nicht maßstabsgerecht.

Die Größe der Sonne, die Ausmaße der Planeten und die Entfernung im Sonnensystem können wir uns kaum vorstellen. Ein Vergleich soll uns dabei helfen: Dazu legen wir auf einem Fußballfeld einen Basketball als Sonne auf den Anstoßpunkt. Als Erde nehmen wir eine Glasperle mit drei Millimetern Durchmesser. Die Erde bewegt sich in etwa 38 m Abstand um den Anstoßpunkt. Der Jupiter in der Größe eines Tischtennisballs umkreist die Sonne in fast 200 m Entfernung. Der von der Sonne am weitesten entfernte Pluto hätte Stecknadelkopfgröße und wäre fast 1,5 km vom Anstoßpunkt entfernt.

20.2

Internet-Tipp
www.starsandplanets.de

	Entfernung von der Sonne	Umlaufzeit um die Sonne		Zahl der Monde	Durchmesser am Äquator (in km)
Merkur	58 Mio. km		88 Tage	0	4880
Venus	108 Mio. km		225 Tage	0	12100
Erde	150 Mio. km	1 Jahr		1	12756
Mars	228 Mio. km	1 Jahr	322 Tage	2	6800
Jupiter	778 Mio. km	11 Jahre	315 Tage	16	142800
Saturn	1427 Mio. km	29 Jahre	167 Tage	23	120500
Uranus	2873 Mio. km	84 Jahre	8 Tage	15	52400
Neptun	4496 Mio. km	164 Jahre	282 Tage	3	48600
Pluto	5946 Mio. km	248 Jahre	157 Tage	1	2250

21.1

Pluto

Der Planet Pluto hat einen Durchmesser von 2250 km. Er ist mit 5946 Mio. km der am weitesten von der Sonne entfernte Planet unseres Sonnensystems. Pluto wurde erst 1930 entdeckt. Vom Pluto aus erscheint die Sonne wie ein kleiner Stern. Um die Sonne einmal zu umrunden, benötigt er 248 Jahre. Pluto hat einen Mond.

21.2

***21.3** In einer Sternwarte könnt ihr mithilfe eines Teleskops den Nachthimmel beobachten.*

1. Schlage dein Buch zu und nenne die Planeten von innen nach außen in der richtigen Reihenfolge.
2. Schreibe einen kurzen Text über einen Planeten deiner Wahl. Benutze dazu Tab. 21.1 und sammle zusätzliche Informationen aus Büchern, Internet usw. Als Beispiel dient dir Text 21.2. Teilt euch in der Klasse so auf, dass alle Planeten berücksichtigt werden.
3. Stellt die Größenverhältnisse des Sonnensystems wie in Abb. 20.2 nach.

Die Erde – der Planet, auf dem wir leben

Der „Blaue Planet"

22.1 *Astronaut*

22.2 *Blick aus einem Raumschiff auf die Erde*

Am 12. April 1961 konnte erstmals ein Mensch, der russische Kosmonaut Juri Gagarin, die Erde aus dem Weltraum sehen. Bislang haben erst etwa 200 Menschen die Erde direkt aus dem Weltraum beobachten können. In jedem ihrer Berichte kommt die Schönheit unseres Planeten zum Ausdruck.

Unser Astronaut blickt aus 35 000 km Entfernung auf die Erdoberfläche. Aus dieser Höhe kann er erkennen, dass die Erde eine Kugelgestalt hat.
Der **Globus** ist ein verkleinertes Modell der Erde. Globus ist das lateinische Wort für Kugel. Er zeigt uns die genaue Lage der Kontinente und Ozeane.
Der Globus hilft auch bei der Einteilung der Erde: Um die Mitte der Erdkugel verläuft der **Äquator.** Er ist 40 077 km lang. Er teilt die Erde in eine nördliche und südliche Halbkugel. Der nördlichste Punkt der Erde ist der Nordpol, der südlichste der Südpol. Die gedachte Linie zwischen diesen Punkten ist die **Erdachse,** um die sich die Erde dreht.
Der Globus ist schräg gestellt, weil auch die Erde sich so auf ihrer Umlaufbahn um die Sonne bewegt.

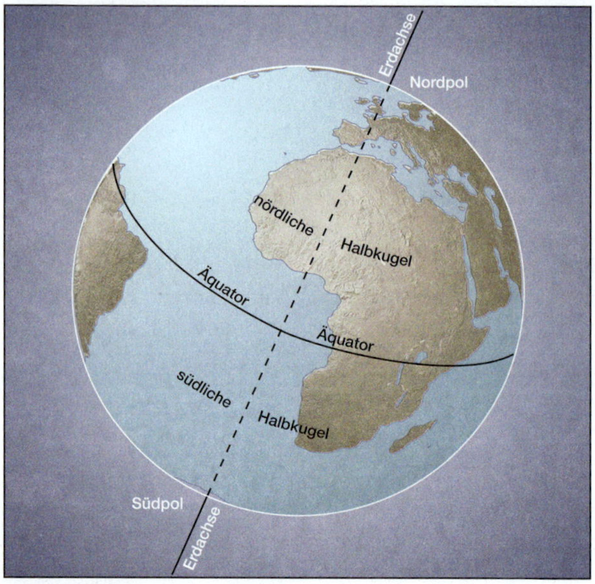

22.4 *Schematische Darstellung der Erde*

22.3

1. Warum heißt die Erde auch der „Blaue Planet"?
2. Welche Kontinente erkennt ihr auf Abb. 22.2?
3. Ordnet die Fachbegriffe auf Abb. 22.4 folgenden Umschreibungen zu:
   a) nördlichster/südlichster Punkt der Erde
   b) gedachte Linie zwischen diesen Punkten
   c) gedachte Linie, die man um die Mitte der Erdkugel legen kann
   d) die beiden Hälften, die durch diese Linie entstehen.

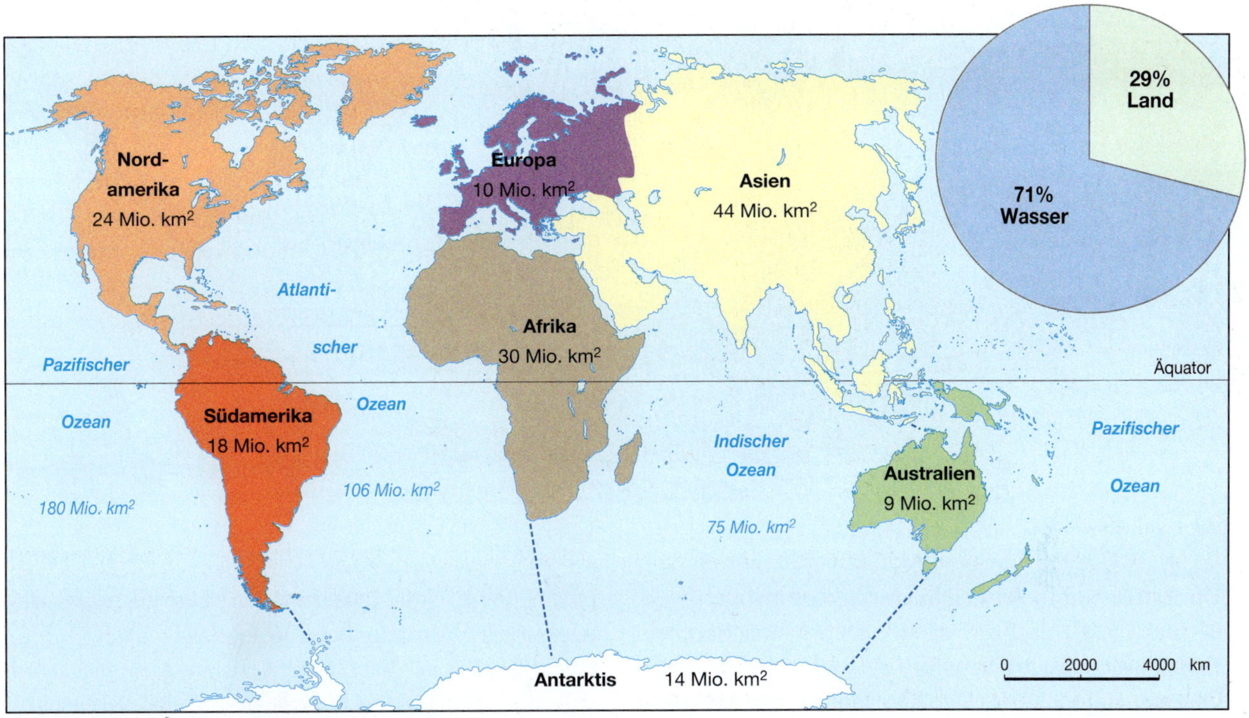

23.1 Verteilung von Kontinenten und Ozeanen

Die Kontinente und Ozeane sind auf der Erde unterschiedlich verteilt: Die großen Landmassen liegen auf der Nordhalbkugel. Dagegen befindet sich auf der Südhalbkugel vorwiegend Wasser. Die Antarktis am Südpol ist ein eisbedeckter Kontinent.
Fast alle Kontinente sind durch Meeresteile oder Ozeane getrennt. Teilweise ragen Nebenmeere, z. B. das Mittelmeer oder die Ostsee, weit in die Landflächen. Nur Europa und Asien bilden eine geschlossene Landfläche. Als Grenze zwischen diesen beiden Kontinenten wurde das Uralgebirge festgelegt.

Kontinente		Ozeane	
Name	Größe	Name	Größe
…	… km²	…	… km²
Summe	… km²	Summe	… km²

23.2

1. Ordnet in einer Tabelle jeweils Kontinente und Ozeane nach ihrer Größe (Abb. 23.2).
2. Rechnet die Flächen der Kontinente zusammen. Ermittelt dann die Gesamtfläche der Ozeane und vergleicht die beiden Summen miteinander.
3. Bestimmt, welche Kontinente ganz oder überwiegend auf der Nordhalbkugel, welche auf der Südhalbkugel liegen.
4. Welche Ozeane grenzen an welche Kontinente?
5. Durch welche Kontinente verläuft der Äquator?
6. Sucht mithilfe des Atlas folgende Namen: Madagaskar, Sumatra, Island, Kamtschatka, Florida, Neuseeland. Ordnet sie dann mithilfe der Karte 23.1. den Kontinenten zu.

Mutige Menschen umsegeln die Erde

24.1 Im Hafen – vor der großen Fahrt

Die Entdeckung Amerikas durch Kolumbus

Bis ins 15. Jh. dachten die meisten Menschen, die Erde sei eine flache Scheibe, die von einem großen Ozean umgeben sei. Der Kaufmann und Seefahrer Christoph Kolumbus aus Genua war jedoch von der Kugelgestalt der Erde überzeugt. Für ihn stand fest, dass man Indien erreichen müsste, wenn man immer nach Westen segelt, obwohl es eigentlich im Osten liegt. Auf diesem Weg könnte man die begehrten Handelswaren (Gewürze, Stoffe, Tee, Edelsteine) aus dem fernen Asien schneller und sicherer nach Europa transportieren. Mit Unterstützung der spanischen Königin rüstete er drei Schiffe aus. Im August 1492 brach er zu seiner gefährlichen Fahrt auf.

Nach zehn Wochen auf See erreichten die drei Schiffe wieder Festland. Da Kolumbus der Ansicht war, in Indien gelandet zu sein, bezeichnete er es als Westindien. Erst nach seinem Tod erkannte man den Irrtum. Die Inselgruppe, auf der Kolumbus gelandet war, gehörte zu einem bis dahin unbekannten Erdteil: Amerika.

„Land! Land!“ Gegen zwei Uhr morgens lässt dieser Schrei vom Ausguck der „Pinta“ die Seeleute zusammenzucken. Sollten sie doch noch trotz aller Schwierigkeiten ihr Ziel erreicht haben? Seit Tagen mehrten sich die Anzeichen nahen Landes – schwimmendes Schilfrohr, der Ast eines Dornbusches sowie einige Sturmvögel. Noch ist im fahlen Mondlicht nicht viel zu erkennen, doch bei Sonnenaufgang erblicken die Seeleute, was sie seit Wochen entbehrt hatten: Eine Küste mit grünen Baumwipfeln, Gräsern, blütenübersäten Büschen mit fremdartigen Früchten, klarem Quellwasser, weißem Sand – ein richtiges Paradies. Mit einem Boot gehen Kolumbus und die Kapitäne seiner Begleitschiffe, die Brüder Pinzon, an Land. Kolumbus kniet nieder, dann entrollt er die königliche spanische Flagge und spricht: „Ich taufe dieses Land auf den Namen San Salvador – Heiliger Erlöser!“

24.2

24.3

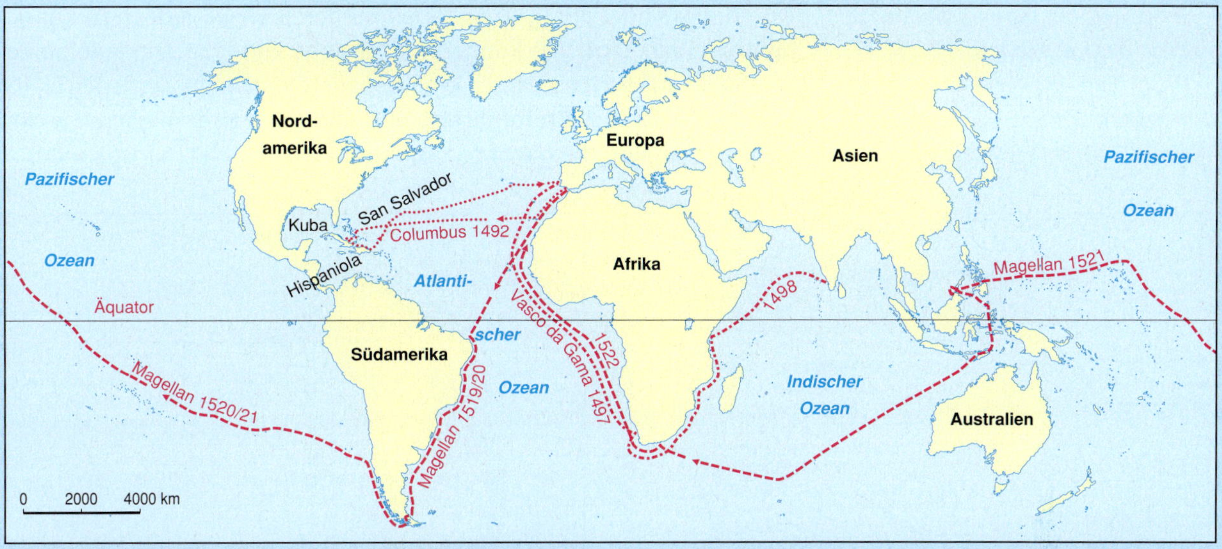

25.1 Fahrten von Columbus, Vasco da Gama und Magellan

Magellan umrundet die Erde

Den Seeweg nach Indien fand der Portugiese Vasco da Gama 1497/98. Er segelte dabei auf dem „normalen" Weg: um die Südspitze Afrikas herum nach Osten.

1519 brach der portugiesische Seefahrer Ferdinand Magellan zu einer langen Reise um die Erde auf. Er wollte den Seeweg um die Südspitze Amerikas finden, um dadurch Indien auf dem Westkurs erreichen zu können. Die fünf Schiffe seiner Flotte waren voll beladen, sodass die 270 Seeleute der Besatzung kaum Platz fanden.

Nur ein Schiff mit 18 Männern kehrte nach fast dreijähriger Reise 1522 nach Spanien zurück. Die übrigen Schiffe waren durch Schiffbruch, Zerstörung oder Meuterei verloren gegangen. Viele Seeleute starben an Krankheiten, Hunger oder Erschöpfung. Auch Magellan sah seine Heimat nicht wieder. Er wurde 1521 bei Kämpfen mit Eingeborenen auf den Philippinen getötet.

Trotzdem war seine Entdeckungsfahrt ein Erfolg. Zum ersten Mal hatten Menschen den Erdball umrundet. Damit wurde bewiesen, dass die Erde eine Kugel ist.

Vorräte an Grundnahrungsmitteln
10 Fässer Zwiebeln
3000 kg gepökeltes Schweinefleisch
150 Fässer Salzfisch
250 Schnüre Knoblauch
500 Fässer Wein
20 Kisten Quittenmarmelade

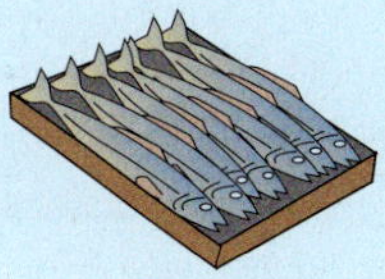

Vorzugsration für das Flaggschiff
34 Kisten mit 300 kg Mehl
105 kg Bohnen
840 kg Rosinen
90 kg Dörrpflaumen
600 kg Honig

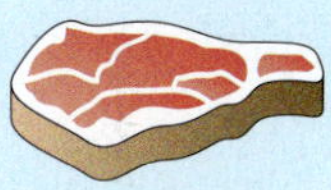

Waffen für die Verteidigung
62 Kanonen
10 kleinere Geschütze
Schwerter, Piken (lange Spieße), Armbrüste

Handelsgüter
20000 Glöckchen
250 kg Glasperlen
Baumwoll- und Wollstoffe
Angelhaken
4800 Messer und Scheren

25.2

1. Beschreibe die Vorbereitungen zur Entdeckungsfahrt anhand der Ladeliste (Abb. 25.2) und Abb. 24.1. Worauf hätte man deiner Meinung nach verzichten können?
2. Erkläre, wie die Indianer zu ihrem Namen kamen.

Die Erde – der Planet, auf dem wir leben

Wo genau liegt eigentlich Prag?

- *Prag liegt auf der Nordhalbkugel.*
- *Prag liegt in Europa.*
- *Prag liegt in der Tschechischen Republik.*
- *Prag liegt an der Moldau.*

Durch diese oder ähnliche Angaben beschreiben wir jedoch nur ungefähr, wo Prag liegt. Wie können wir die Lage von Prag und jeder anderen Stelle auf der Erde durch eine genaue Ortsangabe festlegen?
Das ist mithilfe der **Breitenkreise** und **Längenkreise** möglich. Sie sind gedachte Linien, die die Erde zusammen wie ein Netz umspannen.

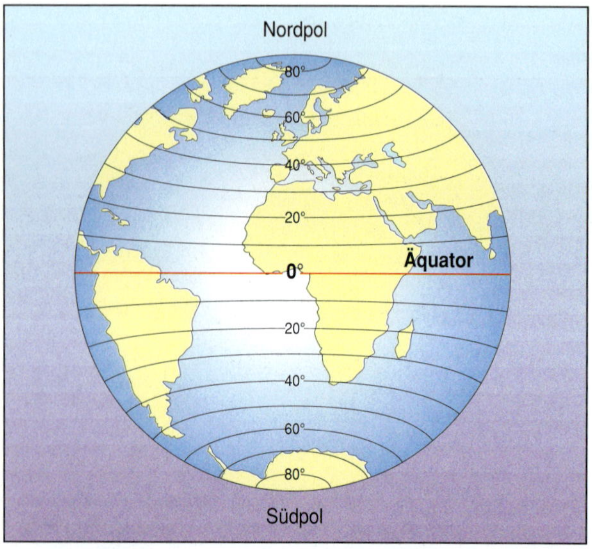

26.1 *Breitenkreise*

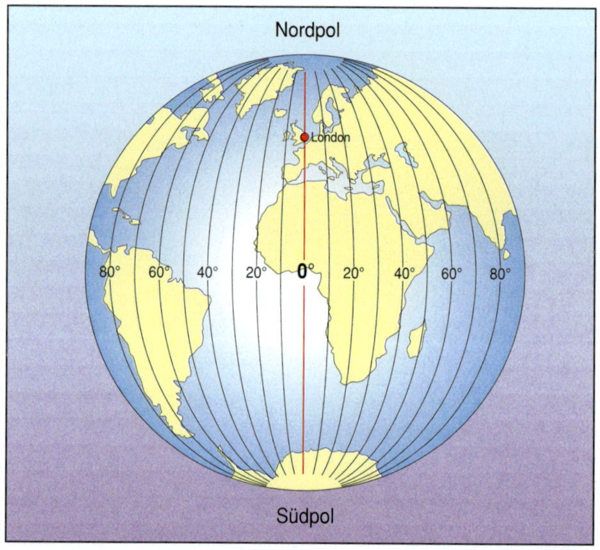

26.2 *Längenkreise*

Der längste Breitenkreis ist der Äquator. Er ist rund 40 000 km lang. Zum Nordpol und zum Südpol hin gibt es weitere Breitenkreise. Sie liegen alle parallel zum Äquator und werden nach Norden und Süden immer kleiner. Nord- und Südpol sind nur noch als Punkte zu sehen.
Die Halbkugeln der Erde sind in jeweils 90 Breitenkreise unterteilt. Sie werden vom Äquator aus zum Nordpol und zum Südpol von 0 bis 90 Grad gezählt. Der Äquator hat die Breitenkreisbezeichnung null Grad (0°).

Die Längenkreise, auch **Meridiane** genannt, verlaufen vom Nordpol zum Südpol. Sie sind eigentlich nur Halbkreise und treffen sich alle in den Polen. Der Abstand zwischen zwei Längenkreisen nimmt zu den Polen hin immer mehr ab. Alle Längenkreise sind gleich lang.
Der Längenkreis, der die Gradzahl 0 hat (Nullmeridian), ist festgelegt. Er verläuft durch die Sternwarte Greenwich bei London. Vom Nullmeridian aus zählt man 180 Längenkreise nach Westen und 180 Längenkreise nach Osten.

26.3 *Prag auf dem Globus*

1. Zeige auf einem Globus den Nullmeridian, den 30.° n. Br., den 60.° s. Br., den 20.° ö. L. und den 90.° n. Br.
2. Schreibe in einer Tabelle die Merkmale von Breitenkreisen und Längenkreisen auf.
3. Suche Prag im Atlas. Beschreibe die Lage mithilfe der Längen- und Breitenkreise.

Wir suchen Orte im Gradnetz

Alle Breitenkreise, die auf der Nordhalbkugel liegen, erhalten den Zusatz „nördliche Breite" (n. Br.), alle Breitenkreise auf der Südhalbkugel „südliche Breite" (s. Br.).
Die Längenkreise westlich vom Nullmeridian erhalten die Bezeichnung „westliche Länge" (w. L.), die Längenkreise östlich vom Nullmeridian die Bezeichnung „östliche Länge" (ö. L.). Die geografische Lage eines Ortes im Gradnetz wird durch den Schnittpunkt eines Breitenkreises mit einem Längenkreis angegeben. Die zugeordneten Gradzahlen geben dabei ihren Abstand vom Äquator bzw. vom Nullmeridian an.

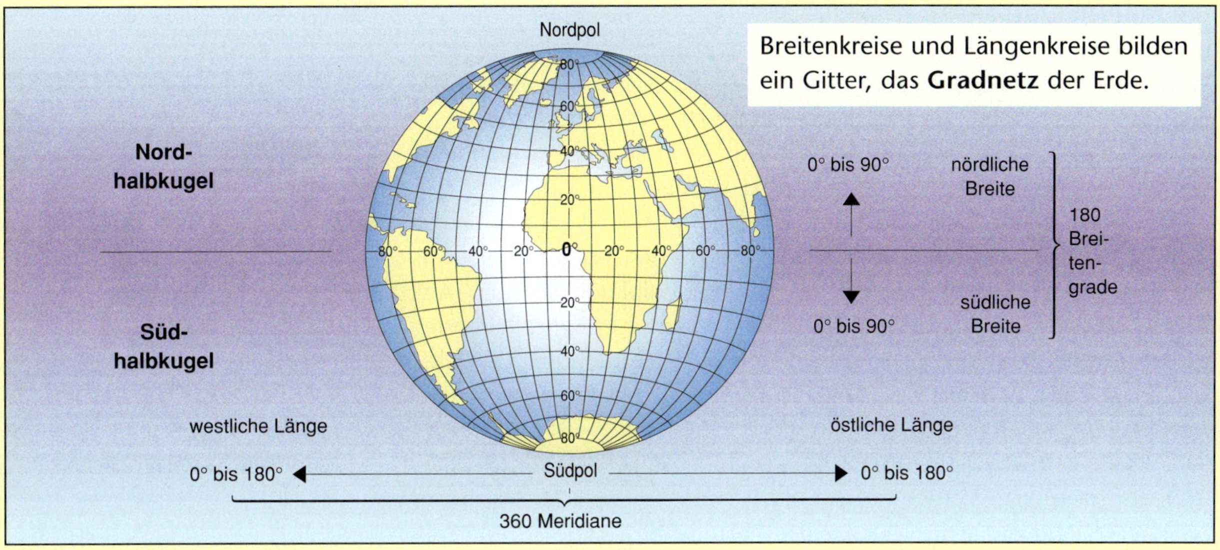

27.1 Das Gradnetz der Erde

Wir suchen den Ort Prag im Gradnetz auf.

1. Suche den Ortsnamen „Prag" im Register des Atlasses. Nach den dort stehenden Angaben kannst du Prag in der Karte aufsuchen.
2. Stell als grobe Lageangabe fest: Prag liegt auf der Nordhalbkugel (n. Br.) und östlich vom Nullmeridian (ö. L.).
3. Auf den Atlaskarten ist das Gradnetz als Hilfsmittel zur Orientierung mit dünnen blauen Linien aufgedruckt. Suche den Breitenkreis auf, der in der Nähe von Prag zu finden ist: Prag liegt beim 50. Breitenkreis. Somit kannst du als geografische Breite für Prag 50° n. Br. festlegen.
4. Suche den Längenkreis auf, der in der Nähe von Prag zu finden ist: Der Längenkreis bei Prag hat die Bezeichnung 14°. Die geografische Länge von Prag ist: 14° ö. L.
   Die Gradnetzangaben für Prag sind:
   50° n. Br./14° ö. L.

Zur Übung

1. Suche auf einer Weltkarte im Atlas Städte, die folgende geografische Breite und Länge haben: (n. Br./w. L.), (n. Br./ö. L.), (s. Br./w. L.), (s. Br./ö. L.).
2. Durch welche Kontinente und Ozeane laufen die Breiten- und Längenkreise: 60° n. Br., 60° s. Br., 20° s. Br., 140° ö. L., 60° w. L., 40° ö. L.?
3. Gib die geografische Breite folgender Orte an: Köln, Münster, Mainz, Oslo, Madrid, Denver, La Paz, Belo Horizonte, Melbourne.
4. Gib die geografische Länge folgender Orte an: Hamburg, Halle, Würzburg, London, Tunis, Alexandria, Pittsburgh, Acapulco, Bangkok.
5. Suche auf den angegebenen Karten die Städte, die zu folgenden Gradnetzangaben gehören: 48° n. Br./12° ö. L. (Deutschland), 52° n. Br./0° (Europa), 30° s. Br./31° ö. L. (Afrika), 20° s. Br./70° w. L. (Südamerika).

Die Erde – der Planet, auf dem wir leben

Warum gibt es Jahreszeiten?

An einem kalten Januartag verfolgt Jens im Fernsehen eine Tennisübertragung aus Australien. Der Reporter vermeldet +28 °C. Solch eine Hitze im Winter! Wie ist das zu erklären?

Ganz einfach: Wenn auf der Nordhalbkugel Winter ist, ist auf der Südhalbkugel Sommer und umgekehrt.

28.1 *Freibad in Herne*

28.2 *See im Münsterland*

Welche Jahreszeit herrscht, hängt davon ab, wie steil die Sonne auf die Erde scheint. Je höher sie am Himmel steht, desto wärmer ist es.

Betrachte Abb. 28.4: Im Laufe eines Jahres dreht sich die Erde einmal um die Sonne. Dabei ist sie immer zu derselben Seite um 23,5° geneigt. Am 21.6. steht die Erde so, dass die Nordhalbkugel zur Sonne geneigt ist. Dann ist dort Sommer, weil die Sonnenstrahlen steiler auf die Erde fallen. Gleichzeitig ist auf der Südhalbkugel Winter. Am 21.12. ist es genau umgekehrt. Am 21.3 und am 23.9 wird keine der beiden Halbkugeln von der Sonne „bevorzugt". Auf den beiden Halbkugeln ist dann Frühling bzw. Herbst.

28.3 *Weihnachtsmann in Sydney*

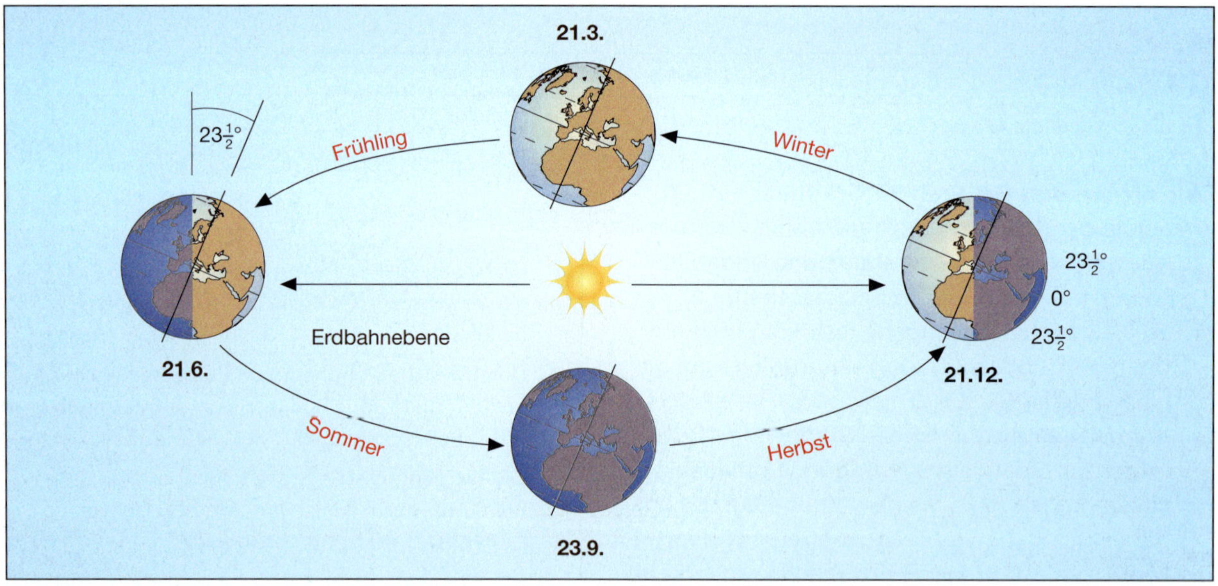

28.4 *Jährlicher Umlauf der Erde um die Sonne*

1. Ordne die Bilder den Positionen der Erde in Abb. 28.4 zu.
2. Erkläre die Ursachen für die Entstehung der Jahreszeiten.
3. Stell dir vor, die Erdachse wäre nicht geneigt, sondern senkrecht. Welche Folgen hätte das?

Verschiedene Orte – verschiedene Zeiten

Die Erde dreht sich in 24 Stunden einmal um die eigene Achse. Diese Bewegung heißt **Erdrotation**. Weil immer nur eine Hälfte der Erde von der Sonne beschienen wird, wechseln sich in diesem Zeitraum Tag und Nacht ab. Da sich die Erde also in 24 Stunden um 360° dreht, lässt sich leicht errechnen, dass in einer Stunde eine Drehung von 15° erfolgt.
Bereits 1839 wurden nach einer internationalen Vereinbarung Streifen von je 15 Längengraden zu Zeitzonen zusammengefasst. Alle Orte innerhalb der gleichen Zeitzone haben seither die gleiche Uhrzeit. Um jedoch innerhalb kleiner Staaten keine unterschiedlichen Zeiten zu haben, wurden die „Zeitgrenzen" nicht geradlinig gezogen, sondern an die Staatsgrenzen angepasst. In großen Ländern wie Russland gibt es mehrere Zeitzonen.

Tom ist ganz schön sauer. Frank hat ihn mitten in der Nacht aus dem Bett geklingelt. Bei ihm ist es nämlich erst 3 Uhr nachts. Frank ist dagegen schon ein paar Stunden wach. In Trier ist es bereits 9 Uhr.

29.1

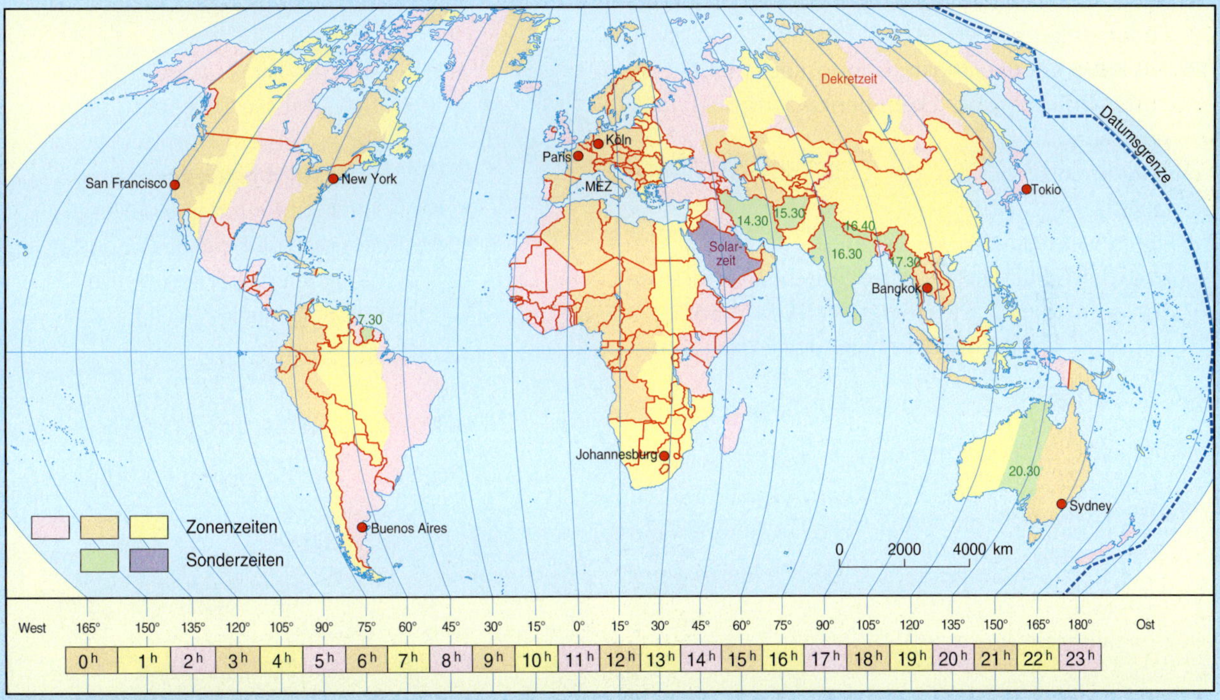

29.2 Zeitzonen der Erde

1. Stellt mit einem Globus und einer Lampe (als Sonne) unterschiedliche Tagessituationen für Deutschland dar: Mittag, Mitternacht, Sonnenaufgang, Sonnenuntergang.
2. Erkläre, nach welchen Merkmalen die Zeitzonen bestimmt wurden.
3. Wie spät ist es in Buenos Aires, Bangkok und Tokio, wenn es bei uns 15 Uhr ist?
4. In Europa haben sich viele Länder auf die Mitteleuropäische Zeit geeinigt. Suche mithilfe der Karte 29.2 und des Atlas diese Länder und notiere sie.

Die Erde – der Planet, auf dem wir leben

Weltrekorde der Erde

Eine Weltreise durch die Kontinente

Stellt euch vor, eure Klasse hat bei einem Wettbewerb eine Weltreise durch die verschiedenen Kontinente gewonnen. Ihr überfliegt zusammen Städte, Gebirge, Flüsse und Ozeane. Überlegt, von welchen Stationen ihr die Namen kennt. Wenn ihr nicht weiterwisst, schlagt im Atlas nach. Bei eurer Reise erfahrt ihr auch etwas über die „Rekorde" der Erde. Eure Flugreise beginnt und endet in Düsseldorf.

1 größte Stadt auf der größten europäischen Insel
2 die größte Insel der Erde
3 US-amerikanische Weltstadt mit einigen der höchsten „Wolkenkratzer"
4 mit bis zu 1800 m Tiefe die größte Schlucht der Erde
5 Kanal, der Schiffen den Weg um die Südspitze Südamerikas erspart
6 mit 8000 km die längste Gebirgskette, macht oft durch Vulkan- und Erdbebenkatastrophen von sich reden
7 wasserreichster Fluss der Erde, aber nicht der längste
8 die bekannteste Wüste der Erde
9 in diesem Wüstenstaat wurde die bisher heißeste Temperatur der Erde gemessen (Aziza +58 °C)
10 mit 6671 km der längste Fluss der Erde
11 im tiefsten Tal der Erde liegt 400 m unter NN dieses „Meer"
12 an der Mündung des „heiligen" Flusses liegt der dicht besiedelte Staat Bangladesch
13 der höchste Berg der Erde (8848 m)
14 in diesem indischen Teeanbaugebiet fielen die bisher höchsten jährlichen Niederschläge (Tscherrapundschi 26 000 mm)
15 diese größte australische Stadt war Austragungsort der Olympischen Spiele im Jahr 2000
16 mit 11 022 m die größte Meerestiefe der Erde
17 der größte Ozean
18 Hauptstadt Chinas, unweit der längsten Mauer der Welt
19 in diesem Teil Russlands liegt der kälteste bewohnte Ort der Erde (Oimjakon –78 °C)
20 heißt Meer, ist aber der größte See der Erde

1. Benennt die Stationen, die ihr auf eurem Flug überquert. Euer Atlas hilft euch dabei. Ihr könnt auch in Zweier-Gruppen arbeiten.
2. Welchen Kontinent berührt die Reise nicht?

30.1 Grand Canyon

30.2 Chinesische Mauer

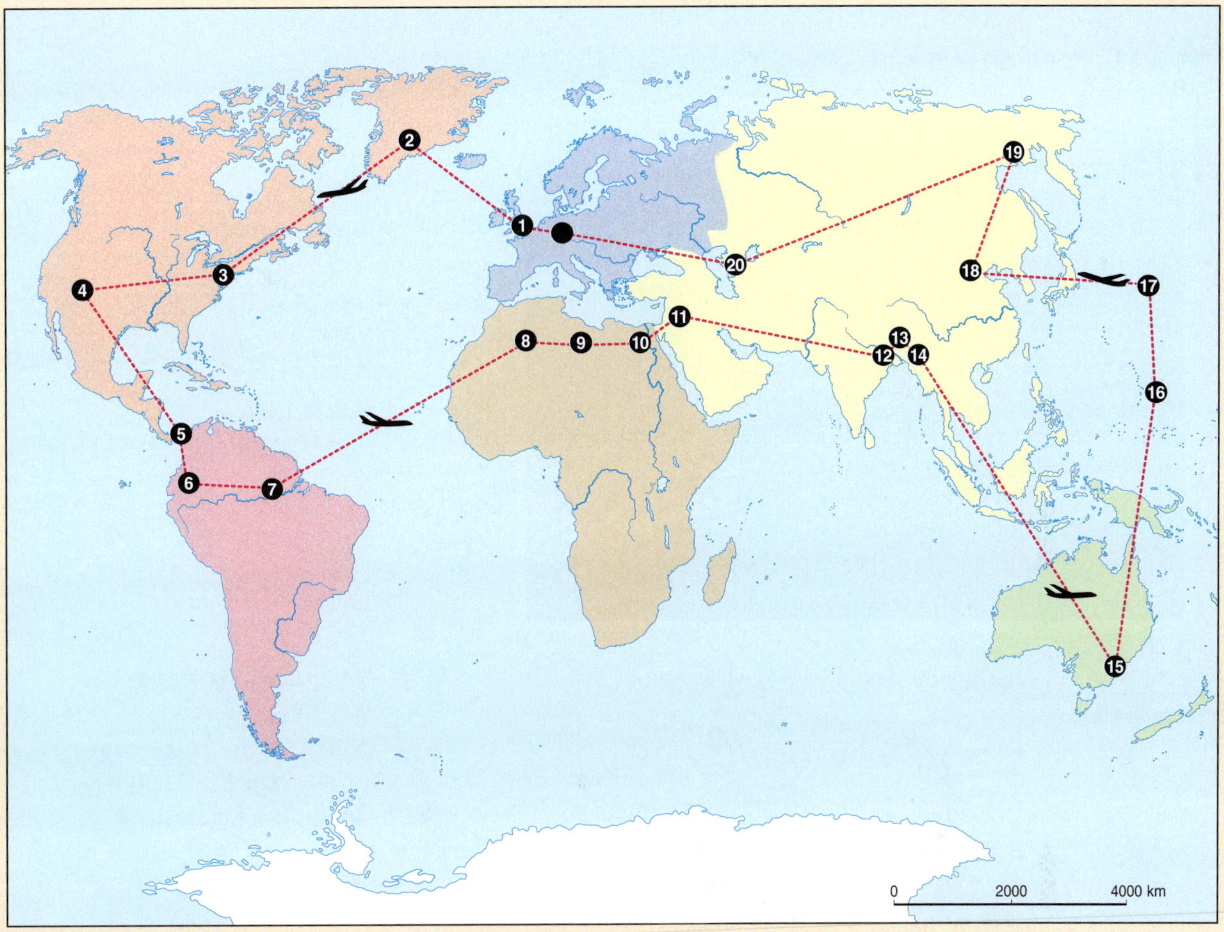

31.1 Stationen der Flugreise

31.2 Sahara

31.3 Sydney

Orientierung in Deutschland

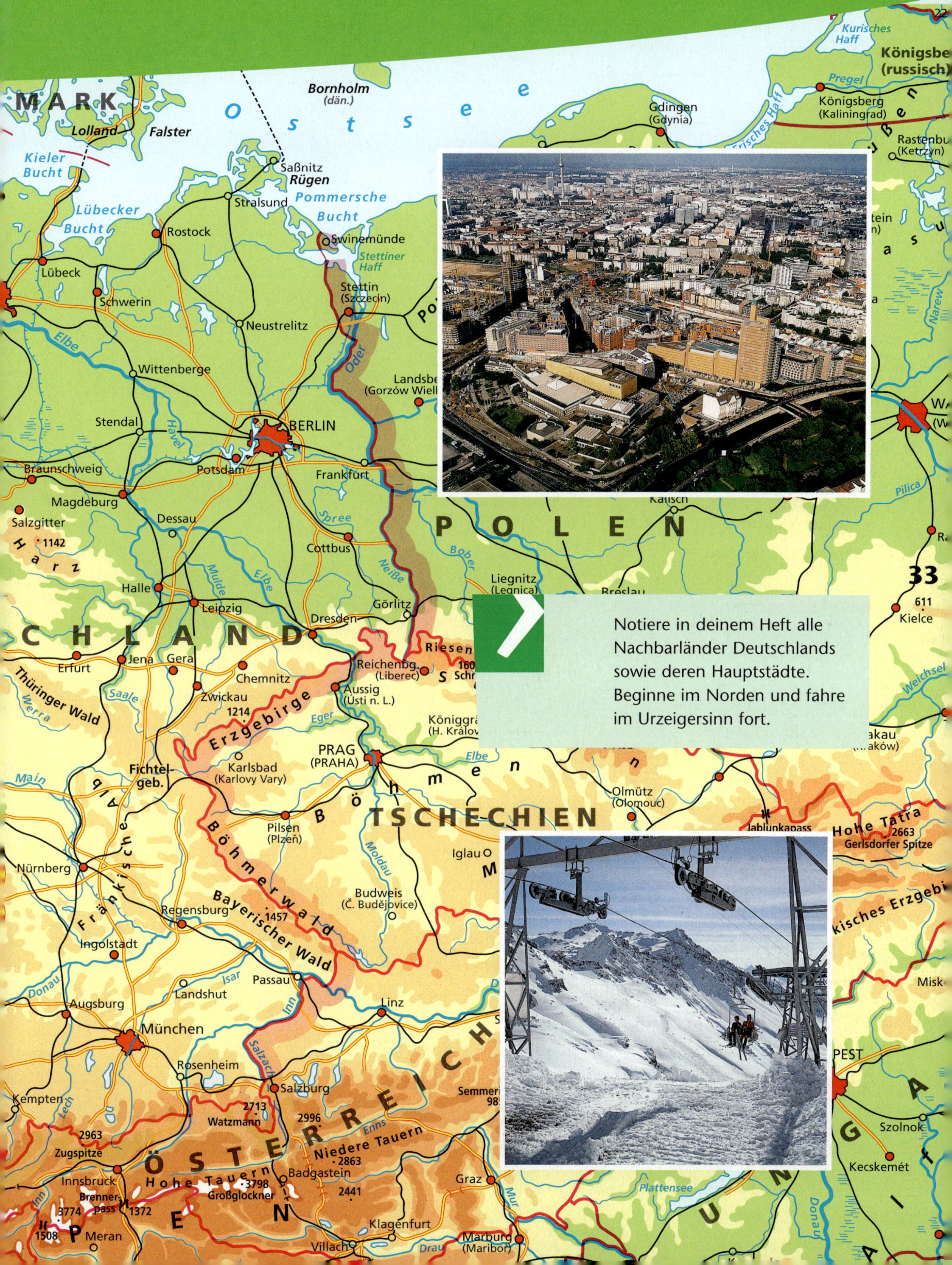

Notiere in deinem Heft alle Nachbarländer Deutschlands sowie deren Hauptstädte. Beginne im Norden und fahre im Urzeigersinn fort.

Orientierung in Deutschland

Einmal quer durch Deutschland

Auf Seite 14 hast du bereits gelernt, dass die Höhen in Karten mit Linien oder Farben dargestellt werden. Auch ein Profil hast du kennen gelernt. Jetzt kannst du diese Technik auf ganz Deutschland übertragen: Stell dir in Gedanken die Landschaft aus Karte 34.1 aufgeschnitten vor. Du erhältst dann ein Nord-Süd-Profil von Deutschland (Abb. 34.2). Darin kannst du die Höhenunterschiede gut erkennen.

In Deutschland gibt es vier Großlandschaften. Damit du dir vorstellen kannst, wie es dort aussieht, sind sie auf Seite 35 beschrieben.

34.1

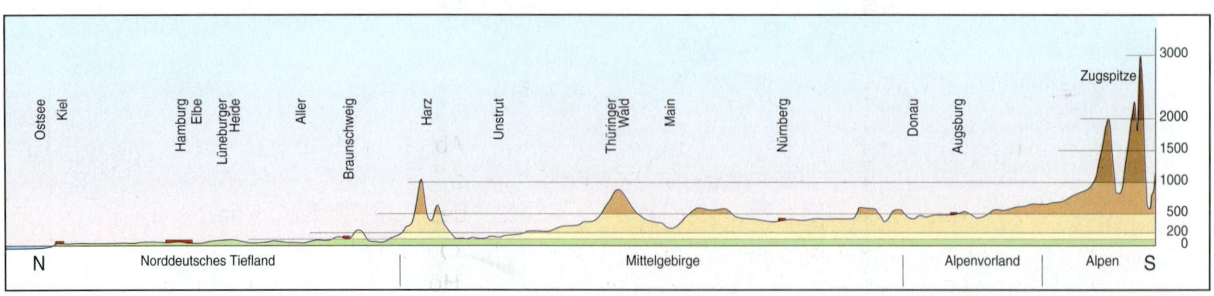

34.2 Nord-Süd-Profil durch Deutschland

Von der deutsch-dänischen Grenze bis kurz vor den Harz erstreckt sich das **Norddeutsche Tiefland** in dem Profil. Das Landschaftsbild zeigt überwiegend weite, ebene oder flachwellige Flächen. Die wenigen Hügel sind nicht höher als 200 m.

Den flächenmäßig größten Teil nimmt das **Mittelgebirge** ein. Dort sind zahlreiche Höhenzüge und lang gestreckte Täler zu sehen. Die Berge sind von dichten Wäldern bedeckt. Sie sind aber nicht höher als 1500 m.

Im Süden schließt sich das **Alpenvorland** an. Das Gelände wird wieder flacher. Viele Seen und große Wiesenflächen prägen das Bild. Die Alpen bilden als **Hochgebirge** die natürliche Südgrenze Deutschlands. Dort liegt auch der höchste Berg Deutschlands, die Zugspitze mit 2963 m.

35.4

35.1–3

1. Ordne die Bilder 35.1–4 den entsprechenden Abschnitten im Profil zu.
   Bearbeite folgende Aufgaben mithilfe des Atlas:
2. Erstelle eine Tabelle mit den größten Städten des Norddeutschen Tieflands:
   a) an der Nordseeküste b) an der Ostseeküste c) im Hinterland.
3. Nenne vier Seen des Alpenvorlandes und fünf Höhenzüge des Mittelgebirges.

Orientierung in Deutschland

Unsere Klassenkarte von Deutschland

In diesem Schuljahr könnt ihr gemeinsam eine Deutschlandkarte für das Klassenzimmer erstellen. Daran lässt sich das ganze Jahr über arbeiten: Ihr könnt bekannte Gebiete eintragen, Fotos und Bilder aufkleben, Briefmarken anheften, Ansichtskarten befestigen usw. Schließlich liegt euch dann ein buntes Bild von Deutschland vor. Die folgenden Arbeitsschritte helfen euch bei der Gestaltung:

Arbeitsschritt 1:
Fragt euren Lehrer nach einer großen Papierrolle. Schneidet von dieser ein Stück ab, das so groß wie eine Tafel ist (etwa 2 m x 1,5 m). Klebt dieses auf die Tafel. Bittet euren Erdkundelehrer um eine Folie mit den Umrissen Deutschlands (am besten eine topografische Karte). Werft diese Karte anschließend auf eure Papierwand.

Arbeitsschritt 2:
Zeichnet mit farbigen Stiften alle Linien und wichtigen Symbole nach (Flüsse, Grenzen, Städte, Gebirgszüge mit breitem Marker). Beschriftet diese anschließend. Malt die Großlandschaften mit den entsprechenden Farben wie im Atlas an.
(Schüler, die nicht an der Tafel beschäftigt sind, sollten die Zeichnung ins Heft übernehmen.)

Arbeitsschritt 3:
Sammelt im Laufe des Schuljahres zu jedem Thema Bilder, Zeitungsausschnitte, Fahrkarten usw. Klebt sie in oder neben eure Wandkarte.

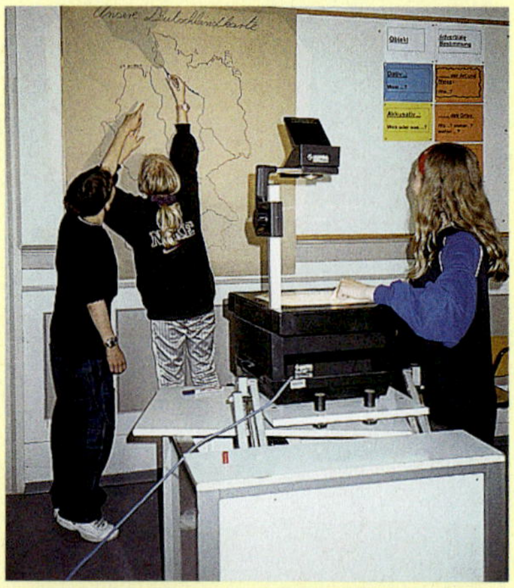

36.1 Arbeit mit der Klassenkarte

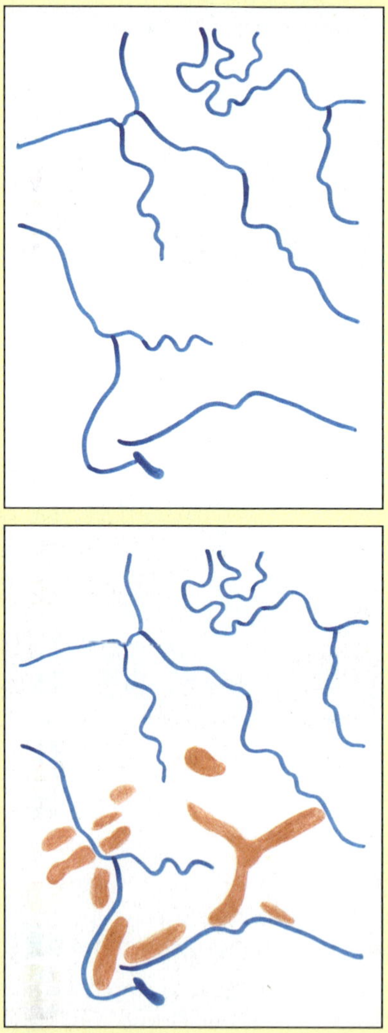

36.2+3 Die Deutschlandkarte entsteht

36.4 Eine selbst gezeichnete Deutschlandkar

37.1 Was Schüler gesammelt haben

Orientierung in Deutschland

16 Bundesländer = Deutschland

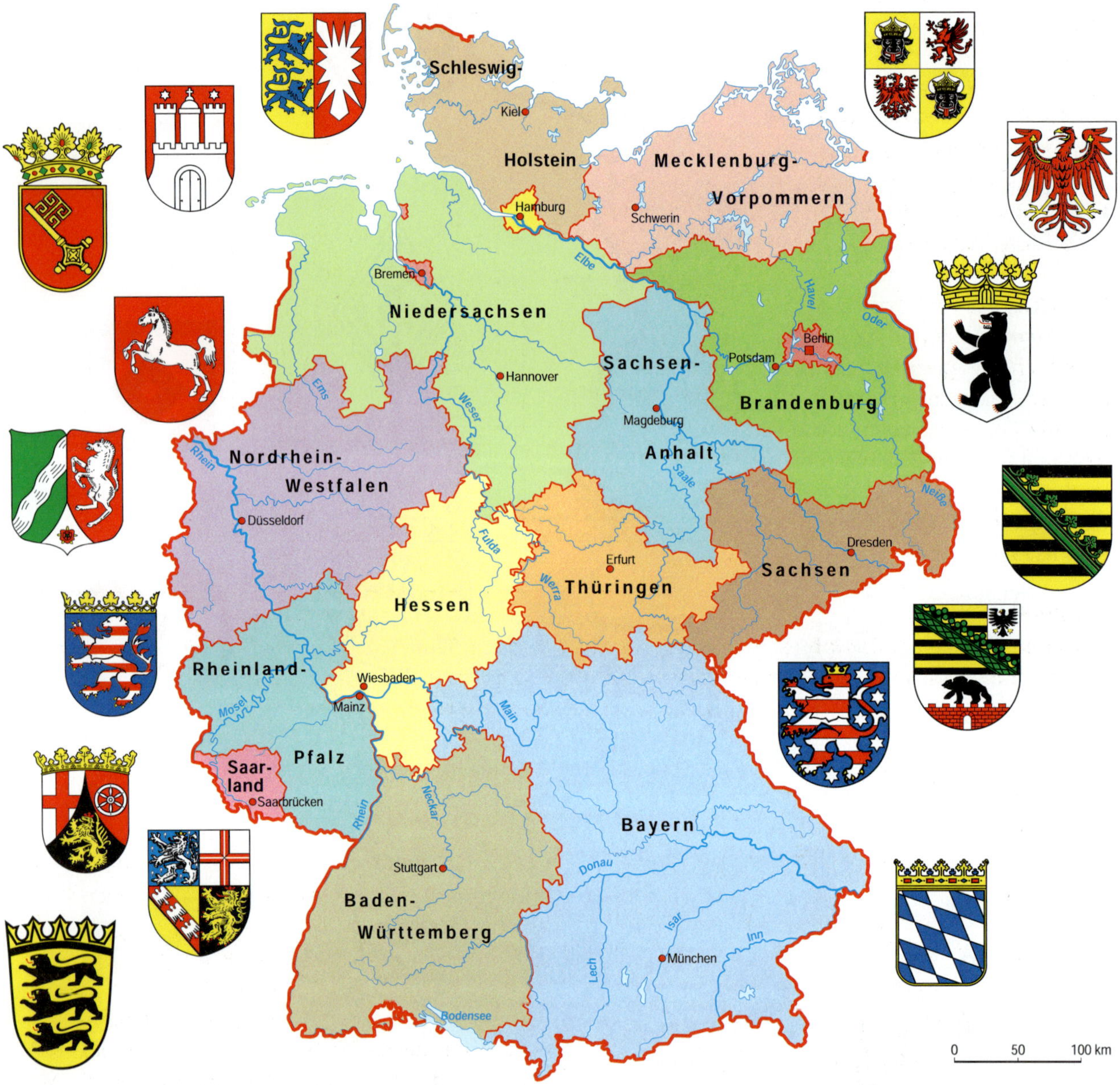

38.1 ***Politische Karte*** *der Bundesrepublik Deutschland*

38.2

Schwarz, Rot, Gold sind die Farben der Flagge der Bundesrepublik Deutschland. Berlin ist die Hauptstadt. In Deutschland leben etwas mehr als 80 Millionen Menschen.

Die Bundesrepublik Deutschland besteht aus 16 Bundesländern. Jedes Bundesland hat eine Landeshauptstadt, eine Landesregierung und ein eigenes Landeswappen. Die Bundesländer Berlin, Hamburg und Bremen bestehen jeweils nur aus der Stadt und ihrer näheren Umgebung. Man bezeichnet sie daher auch als Stadtstaaten.

Wir zeichnen aus einer Tabelle ein Säulendiagramm

Zahlen oder Angaben über bestimmte Sachverhalte werden oft in einer **Tabelle** zusammengefasst. Zu einer Tabelle gehören die Überschrift, die senkrechten Spalten und die waagerechten Zeilen. Die oberste Zeile gibt den Inhalt der Spalten und (bei Bedarf) die Maßeinheit an.
Die Tabelle rechts enthält Angaben über Flächen und Einwohnerzahlen der Bundesländer. Sie ist jedoch wenig anschaulich.
In einem Diagramm können wir z. B. die Zahlenangaben der Einwohner zeichnerisch darstellen. In diesem Fall eignet sich ein **Säulendiagramm**, da es die Einwohnerzahlen deutlicher zeigt.

Fläche und Einwohnerzahl der Bundesländer ← Überschrift

Bundesland	*Fläche in km²*	*Einwohner in Mio.*
Flächenstaaten		
Baden-Württemberg	35 753	10,4
Bayern	70 551	12
Brandenburg	29 479	2,6
Hessen	21 114	6
Mecklenburg-Vorpommern	23 170	1,8
Niedersachsen	47 611	7,8
Nordrhein-Westfalen	34 078	17,9
Rheinland-Pfalz	19 847	4
Saarland	2 570	1,1
Sachsen	18 413	4,5
Sachsen-Anhalt	20 446	2,7
Schleswig-Holstein	15 771	2,7
Thüringen	16 171	2,5
Stadtstaaten		
Berlin	891	3,5
Bremen	404	0,7
Hamburg	755	1,7
Deutschland	357 024	81,9

Kopfzeile · Zeile · Spalte

Vorüberlegungen

Wir legen fest: 1 Mio. Einwohner entsprechen einer Säulenhöhe von 1 cm. Da das bevölkerungsreichste Bundesland ca. 18 Mio. Einwohner hat, wird die höchste Säule ca. 18 cm hoch. Für das Säulendiagramm braucht ihr also ein DIN-A4-Blatt im Querformat. Am besten benutzt ihr Millimeterpapier.

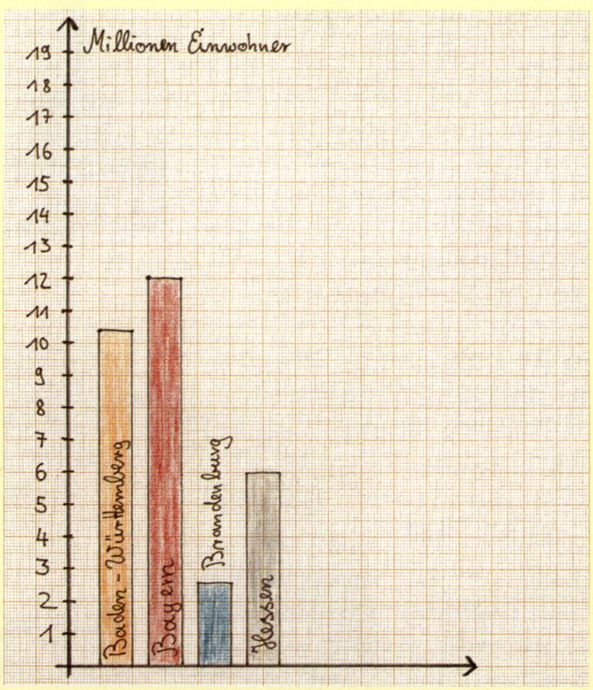

39.1 Selbst gezeichnetes Säulendiagramm

Zeichnen des Säulendiagramms

Zeichne 2–3 cm vom linken Rand des Blattes eine 20 cm lange senkrechte Linie (Hochachse). Unterteile die Linie in Abständen von 1 cm und beschrifte diese mit den Zahlen 1–18. Der erste Strich von unten entspricht 1 Mio. Einwohner, der zweite 2 Mio. usw. Bei der Zahl Null zeichnest du eine waagerechte Linie nach rechts (Rechtsachse). Auf ihr legst du die Breite der Säulen fest (1 cm) und schreibst darunter die Namen der Bundesländer. Zwischen den Säulen soll ein Abstand von 0,5 cm bleiben. Nun kannst du die Säulen in den entsprechenden Höhen zeichnen.

1. Zeichne ein Säulendiagramm für die Einwohnerzahlen der Bundesländer.
2. Sortiere die Bundesländer im Heft nach ihrer Größe.

Orientierung in Deutschland

Mit der Buslinie 100 auf Besichtigungstour durch Berlin

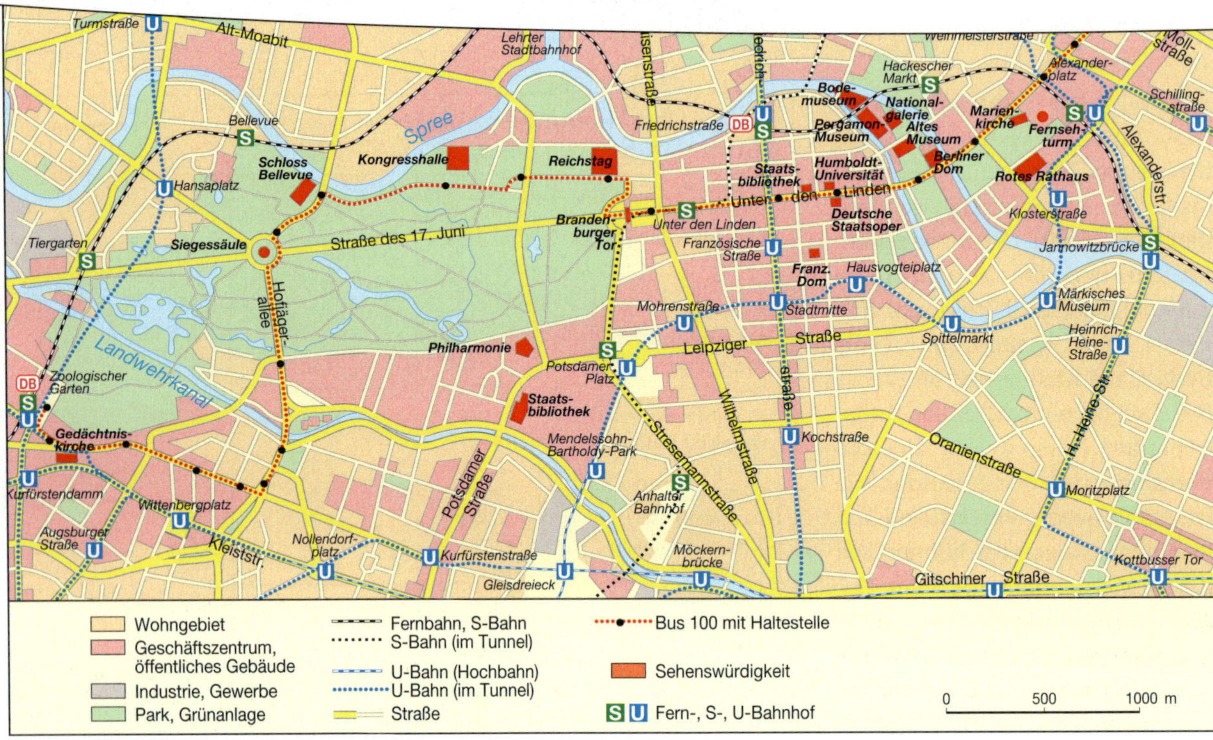

40.1

40.2 *Start*

„Bitte einsteigen – wir fahren gleich ab!" Ihr müsst euch nun entscheiden: Entweder ihr bucht eine Online-Fahrt (www.100.here.de) oder ihr folgt diesen Seiten auf einer Sightseeing-Tour durch Berlins Zentrum.

Die Buslinie 100 startet am Zoologischen Garten. Dort laufen die wichtigsten S-Bahn-, U-Bahn-, Bus- und Eisenbahnlinien zusammen.

Beim Busfahrer könnt ihr nicht nur den Einzelfahrschein erwerben, sondern auch Erklärungen zu den Sehenswürdigkeiten erhalten, die an der Strecke liegen. Wegen der besseren Aussicht sichert ihr euch am besten einen Platz auf dem oberen Deck des Doppelstockbusses.

Mit dem Bus fahren wir zunächst an der Gedächtniskirche vorbei, einer Kriegsruine aus dem 2. Weltkrieg. Nach einiger Zeit biegt der Bus scharf nach links ab. Wir überqueren den Landwehrkanal und fahren durch den Tiergarten, einen großen Park, auf die Siegessäule zu.

Wir gelangen auf die Straße des 17. Juni, die an ein wichtiges geschichtliches Ereignis erinnert. (Was an diesem Tag im Jahr 1953 geschah, kann euch sicher euer Geschichtslehrer berichten.)

Inzwischen hat der Bus die Siegessäule umrundet. Von hier ist es nicht weit bis zum Amtssitz des Bundespräsidenten im Schloss Bellevue. Entlang der Spree führt der Weg beim Haus der Kulturen vorbei, das die Berliner wegen seines Aussehens „schwangere Auster" nennen.

40.4 *Siegessäule*

40.3 *Am Zoo*

40.5 *Haus der Kulturen*

Schon sind wir im Regierungsviertel. Vorbei am sowjetischen Ehrenmal gelangen wir zum Reichstag. Hier trifft sich der Deutsche Bundestag zu seinen Sitzungen. Nun fährt der Bus weiter durchs Brandenburger Tor und wir können auf das historische Zentrum Berlins blicken. Neben dem Tor wurde das traditionsreiche Hotel Adlon wiederaufgebaut.

41.1 *Im Regierungsviertel*

Wir steigen aus und laufen zum Holocaust-Mahnmal. Dort halten wir inne und gedenken der von den Nationalsozialisten zwischen 1933 und 1945 ermordeten Menschen. Anschließend machen wir einen Abstecher zum Sony-Center am Potsdamer Platz. Dann kehren wir zur „Straße unter den Linden" zurück und setzen die Busfahrt fort. Der Mittelstreifen dieser Prachtstraße wird beiderseits von Linden gesäumt. An ihr liegen die Humboldt-Universität und auf der anderen Seite der Spree der „Palast der Republik", wo bis 1990 der Sitz der DDR-Regierung war. Hinter dem Dom, auf der gegenüberliegenden Straßenseite, befindet sich die berühmte Museumsinsel.

41.2 *Am Potsdamer Platz*

41.3 *Dom*

Schon von weitem grüßt am Alexander-Platz der Fernsehturm. Bei der Bevölkerung heißt er nur liebevoll „Telespargel".
Wir steigen nun aus, weil wir eine Pause brauchen. Die Route der Buslinie 100 ist allerdings noch lange nicht zu Ende.
Wenn ihr Lust bekommen habt, fahrt doch auch mal hin!

41.4 *Fernsehturm*

1. Verfolgt anhand des Stadtplans die Busroute, indem ihr die Sehenswürdigkeiten notiert. Erstellt einen Reiseführer zu den im Text erwähnten Sehenswürdigkeiten.
2. Die Berliner geben ihren Sehenswürdigkeiten gerne witzige Namen. Findet weitere heraus.

Berlin – alte und neue Hauptstadt Deutschlands

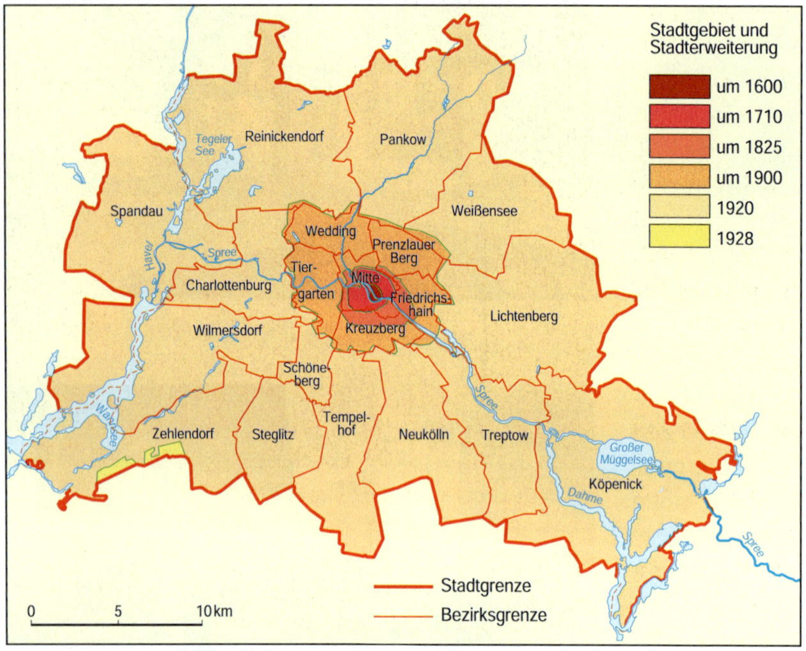

42.1 Entwicklung Berlins bis 1928

Die Daten und Informationen in Abb. 42.2 zeigen dir, welche Bedeutung Berlin bereits früher für Deutschland hatte. Viele Gebäude der Stadt erinnern uns auch heute daran. Durch die Ereignisse im Jahre 1989 wurde Groß-Berlin wieder zu „neuem Leben" erweckt.

42.3 Das geteilte Berlin

EK / Ge

1237 erste urkundliche Erwähnung, Gründungsjahr
1307 Die Handelsniederlassungen Berlin und Cölln verbünden sich.
1470 Berlin wird Residenz (Wohnsitz) der brandenburgischen Kurfürsten.
1701 Hauptstadt des Königreiches Preußen
1871 Mit der Gründung des Deutschen Reiches wird Berlin Reichshauptstadt.
1920 7 Städte, 59 Landgemeinden und 27 Gutsbezirke werden zu Groß-Berlin zusammengeschlossen.
1945 Nach dem Ende des Zweiten Weltkrieges teilen die Siegermächte die Stadt in vier Sektoren (Abb. 42.3).
1948 (23. Juni – 12. Mai 1949) Blockade Westberlins und Luftbrücke
1949 Teilung der Stadt in Berlin-West und -Ost
1953 (17. Juni) Volksaufstand im Ostteil
1961 (13. August) Die Regierung der DDR sperrt das Gebiet Ost-Berlins vom Westteil ab. Die Mauer wird gebaut (Abb. 42.3).
1989 (9. Oktober) Öffnung der Grenzübergänge zwischen West- und Ostberlin
1990 (3. Oktober) Wiedervereinigung Deutschlands
1991 (20. Juni) Der Bundestag entscheidet sich für Berlin als Regierungssitz Deutschlands.

42.2 Geschichte Berlins im Überblick

Berlin – die neue Hauptstadt

Donnerstag, 9. November 1989, abends kurz nach sieben. Am Brandenburger Tor drängeln sich viele hundert Menschen auf der Mauer. Immer mehr wollen auch hinauf. In der Nacht feiert ganz Berlin ein Fest, es dauert bis zum Wochenende.
Was ist passiert? Die Mauer, die seit dem 13. August 1961 Berlin in zwei Teile getrennt hat, ist offen: Achtundzwanzig Jahre Trennung Berlins und vierzig Jahre Teilung Deutschlands sind vorbei. 1991 wird vom Bundestag beschlossen, dass Berlin wieder Hauptstadt von Deutschland wird.

Noch in demselben Jahr wird festgelegt, das neben dem Bundeskanzleramt und dem Presse- und Informationsamt der Bundesregierung noch zehn Ministerien nach Berlin ziehen werden. Zahlreiche Arbeitsbereiche dieser Ministerien bleiben aber in Bonn, um dort Arbeitsplätze zu erhalten.

Nach dem Umzug ist Berlin Sitz des Deutschen Bundestages und der Bundesregierung.

Auch die Vertretungen der Bundesländer, die Zentralen der großen Parteien, die Hauptsitze von Versicherungen und Banken, von nationalen und internationalen Verbänden haben sich in Berlin angesiedelt. Die diplomatischen Vertretungen von 150 Staaten der Welt ziehen ebenfalls nach Berlin. Für sie alle wird an zentraler Stelle der Stadt neu gebaut oder es werden vorhandene Gebäude umgestaltet. Mit den neuen Institutionen und Firmen werden auch neue Arbeitsplätze geschaffen bzw. Arbeitskräfte nach Berlin gebracht.

Berlin verändert sich – das Beispiel Potsdamer Platz

Bis zum Zweiten Weltkrieg war der Potsdamer Platz ein Mittelpunkt des Berliner Lebens. Hier befanden sich Geschäftshäuser, Restaurants, Hotels und Vergnügungsstätten. Der Platz galt als einer der verkehrsreichsten Europas (Abb. 43.1).
Nach dem Krieg lag der Potsdamer Platz, ausgebombt und öde, im so genannten Todesstreifen entlang der Berliner Mauer. Wer sich hier unerlaubt aufhielt, auf den wurde von Grenzsoldaten der DDR geschossen (Abb. 43.2)
Nach der Wiedervereinigung wurde der Platz wieder zu einem der wertvollsten Grundstücke Berlins. Bis zum Jahr 2010 soll er zu einem der größten Wohn- und Dienstleistungszentren Europas ausgebaut werden (Abb. 43.3).

1. Berlin ist seit 1991 wieder Hauptstadt Deutschlands. Welche Folgen hat das für die Stadt und ihre Bewohner?
2. In welchen Bereichen sind in Berlin neue Arbeitsplätze entstanden?
3. Finde mithilfe einer geeigneten Atlaskarte heraus, welche Einrichtungen der Bundesregierung es in Berlin gibt.

43.1 *Der Potsdamer Platz um 1935*

43.2 *Der Potsdamer Platz um 1980*

43.3 *Der Potsdamer Platz 2010 im Modell*

Orientierung in Deutschland

Wir vergleichen Karten: Berlin als Hauptstadt

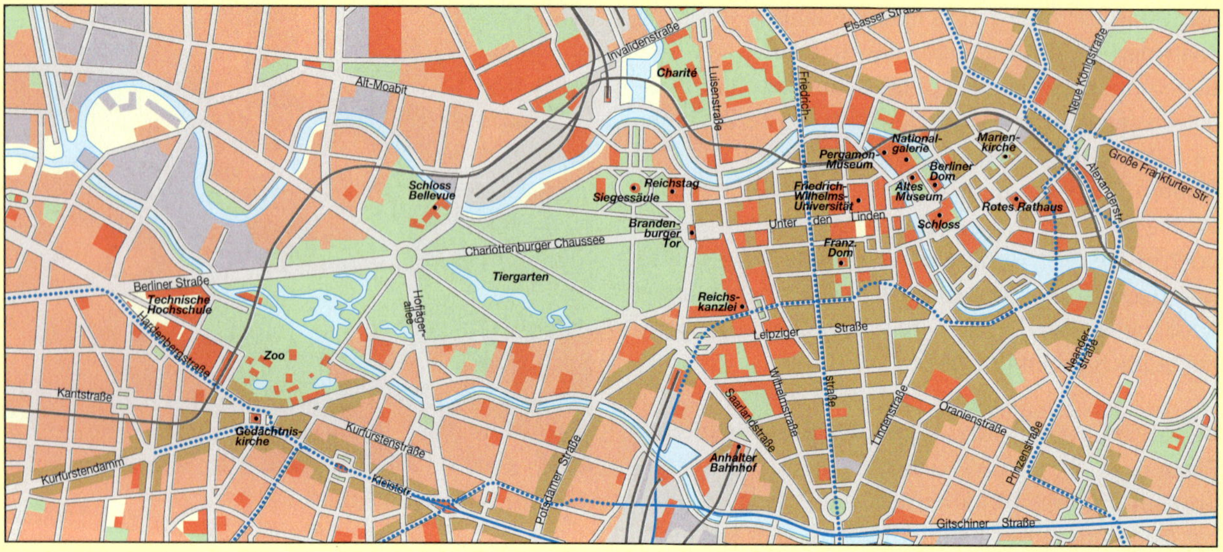

44.1 Innenstadt von Berlin vor 1945

Historische Veränderungen lassen sich gut durch Zeitreihen aufzeigen. Dies belegen die drei Karten der Berliner Innenstadt auf dieser Doppelseite: Sie weisen auf die wechselvolle Geschichte der Stadt hin und zeigen die Auswirkungen des Wandels.

Die auf den Karten angegebenen Zeitpunkte sind nicht zufällig. Denn die Jahreszahlen stehen für einschneidende Ereignisse der deutschen und Berliner Geschichte. Zu allen drei dargestellten Zeitpunkten war Berlin Hauptstadt:

bis 1945	Hauptstadt des Deutschen Reiches (seit 1933 des „Dritten Reiches" der Nationalsozialisten)
1945–1990	Hauptstadt der DDR („Deutsche Demokratische Republik"), daneben existierte noch das eigenständige „Westberlin"
nach 1990	Bonn wird als Hauptstadt der Bundesrepublik Deutschland von Berlin abgelöst.

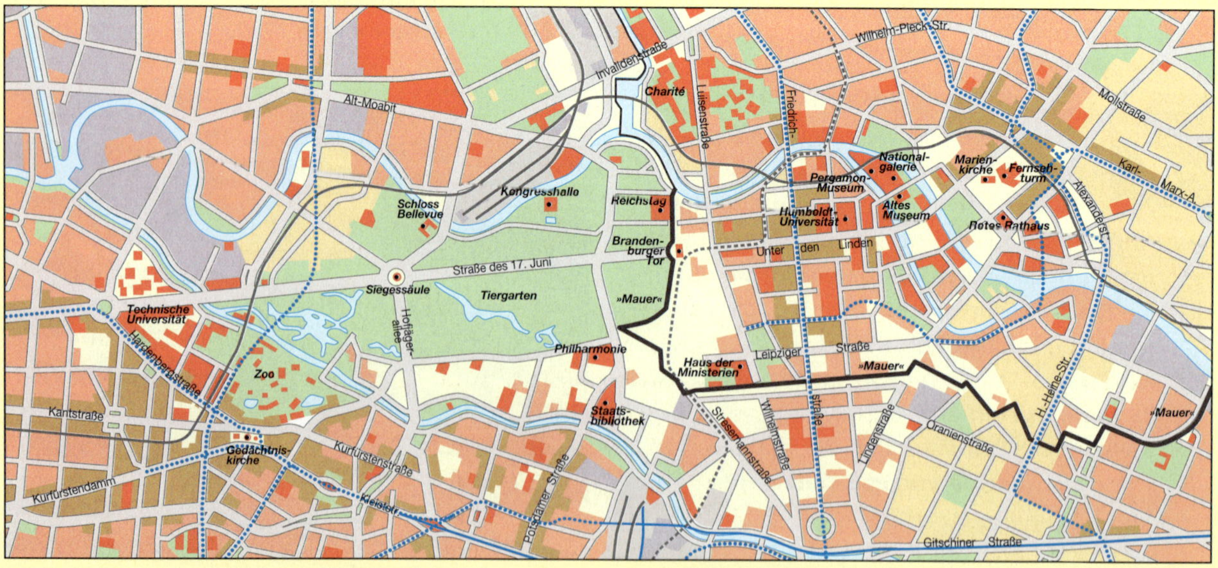

44.2 Innenstadt von Berlin um 1980

Mithilfe von Geschichtsbüchern und Lexika haben Schüler die drei Karten beschrieben und genauer erklärt.
Die Karte 44.1 zeigt den Zustand vor den Zerstörungen der Stadt während des Zweiten Weltkriegs in den Jahren 1944/45. Es wird deutlich, dass sich das Zentrum von Berlin um die Spreeinsel ausbreitet: Hier liegen die Regierungsgebäude sowie das Hauptgeschäftszentrum. Bis auf den Tiergarten ist der Großteil der sonstigen Flächen mit Wohnungen bebaut. Lediglich entlang des Kurfürstendamms hat sich ein kleineres Geschäftszentrum gebildet.
Auf Karte 44.2 ist deutlich zu erkennen, wie die 1961 errichtete „Mauer" die Stadt teilt. Diese zog sich bis 1989 um den Westteil Berlins, der von den USA, Großbritannien und Frankreich verwaltet wurde. Die vierte Besatzungsmacht, die Sowjetunion, verwaltete den Ostteil Berlins und Deutschlands. Somit wurde Westberlin eine Insel, die von der DDR umgeben war. Es gab wenige Straßen- und Eisenbahnübergänge auf die

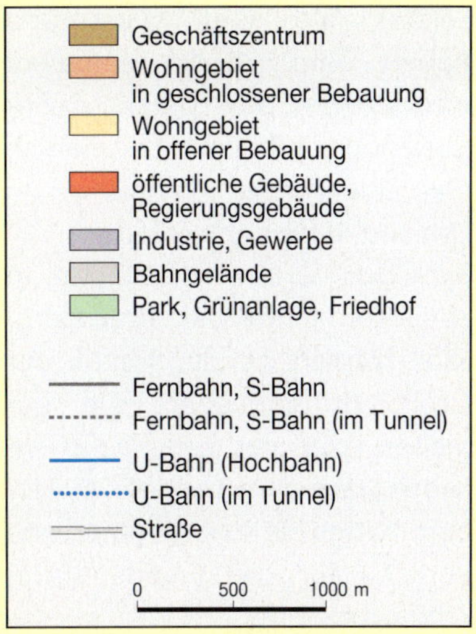

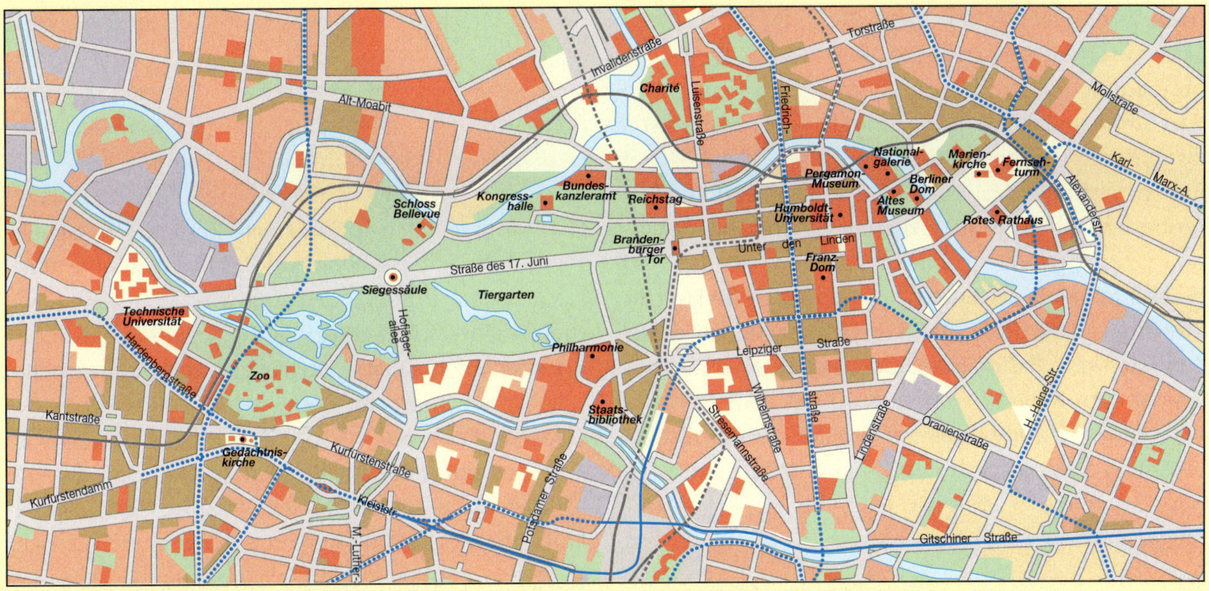

45.1 *Innenstadt von Berlin heute*

„Insel". Während der Teilung wurde im Ost- und Westteil ein voneinander unabhängiges Verkehrsnetz geschaffen.
Um die Kaiser-Wilhelm-Gedächtniskirche hat sich im Westen ein größeres Hauptgeschäftszentrum entwickelt. Der Ostteil der Stadt um den Alexanderplatz wurde neu gestaltet: Es sind neue Straßen und Grünflächen zu erkennen.
Sofort fällt in Abb. 45.1 das Fehlen der Mauer auf. Sie existiert teilweise nur noch als mahnende Linie im Bürgersteig oder Straßenbelag.
Nach der Wiedervereinigung zogen viele Regierungsämter nach Berlin zurück. Am Nordrand des Tiergartens wurde ein neues Regierungsviertel geschaffen.

Vergleicht Abb. 44.1 und 45.1. Welche markanten Gebäude sind heute noch vorhanden, welche nicht? Welche wurden neu errichtet?

Orientierung in Deutschland

Warum ziehen so viele Berliner ins Umland?

Letztes Jahr sind Maria und Robert aus Berlin-Tempelhof weggezogen. Wie bereits Zehntausende vor ihnen haben sie sich für eine neue Wohnung im Umland Berlins entschieden.
Sie leben nun in Petershagen, in einer Gemeinde bei Strausberg. Hier können sie der Hektik der Großstadt entfliehen. Sie genießen jetzt das beschaulichere Leben „auf dem Lande". Außerdem hatten sie schon immer eine Vorliebe für die brandenburgische Landschaft.
So ganz nebenbei schonen sie noch ihren Geldbeutel, denn die Mieten für ein neu gebautes Reihenhaus liegen in der Umgebung von Strausberg deutlich niedriger als in Berlin (Tabelle 47.3).

46.1 *Berlin und sein engerer Verflechtungsraum (violette Linie)*

Bei der Wahl des Wohnortes haben Maria und Robert besonders auf eine gute Verkehrsanbindung geachtet. Über den Autobahnring können sie die neu errichteten Einkaufszentren vor den Toren Berlins gut erreichen. Mit der S-Bahn gelangen sie an ihren Arbeitsplatz in Berlin, Maria bei einer Berliner Bezirksverwaltung, Robert in einem Büro des Sony-Centers. Da zahlreiche Gemeinden im Umland von Großstädten hohe Steuereinnahmen für sich verbuchen können, wird dieser Bereich auch als „Speckgürtel" bezeichnet.

Doch immer noch bleiben viele Kontakte in die alte Heimat Berlin bestehen, zum Beispiel
- kaufen sie immer noch dort spezielle Waren wie modische Kleidung,
- treffen sie nach wie vor ihre Freunde und Arbeitskollegen in einem der unzähligen Cafés oder Szenelokalen
- und außerdem nutzen sie am Abend gerne das kulturelle Angebot der Berliner Theater, Kinos, Musikveranstalter und anderer kultureller Einrichtungen.

46.2** und **3 *Das ehemalige und das neue Wohnhaus von Maria und Robert*

	Brandenburg	Berlin
1995	2 542 000	3 471 400
1996	2 554 400	3 458 800
1997	2 573 300	3 425 800
1998	2 590 400	3 398 800
1999	2 601 200	3 386 600

47.1 Bevölkerungsentwicklung Brandenburgs und Berlins

	1995	1996	1997	1998	1999
Zuzüge nach Berlin	7 847	9 234	10 522	11 582	13 017
Fortzüge aus Berlin	22 369	27 993	38 507	41 456	38 263

47.2 Wanderungen zwischen Berlin und dem Umland

	Neubau	**Altbau**
Stadt	**€ je m²**	**€ je m²**
Berlin – Ost	6,81	3,74
Berlin – West	7,77	7,51
Bernau	6,13	3,77
Fürstenwalde	5,88	3,67
Oranienburg	3,70	3,46
Potsdam	6,14	3,33
Strausberg	3,35	3,06

47.3 Mietpreise im Vergleich (1999)

Ähnlich wie Robert und Maria sind zwischen 1995 und 2000 mehr als 200 000 Bewohner von Berlin in das nähere Umland gezogen (Abb. 46.1). Der Wegzug so vieler Menschen bereitet der Stadt Berlin große Sorgen. Denn es ist eine ganz bestimmte Bevölkerungsgruppe, die ins Umland zieht. Meist sind es junge Familien, die gut ausgebildet sind (Abitur, Studium) und ein gutes Einkommen besitzen. Dies hat natürlich Auswirkungen auf die Altersstruktur der Hauptstadt.

Zeichnen eines Liniendiagrammes

Die Zahlenreihen aus Tabellen kann man als **Liniendiagramm** (oft auch als **Kurvendiagramm** bezeichnet) übersichtlicher darstellen. Das Kurvendiagramm hat eine Rechtsachse (Basis, X-Achse) und eine Hochachse (Y-Achse). Du kennst diese Darstellung aus deinem Mathematikunterricht. Beim Liniendiagramm werden oft zeitliche Abläufe dargestellt, deshalb wird auf der Rechtsachse meistens die Zeit (z. B. Jahre) eingetragen. Achte darauf, dass die zeitlichen Abstände im gleichen Verhältnis eingetragen werden (z. B. 1 Jahr = 1 cm). Beginne von links. Zeichne die einzelnen Werte zunächst als Punkte und verbinde die Punkte zum Schluss.

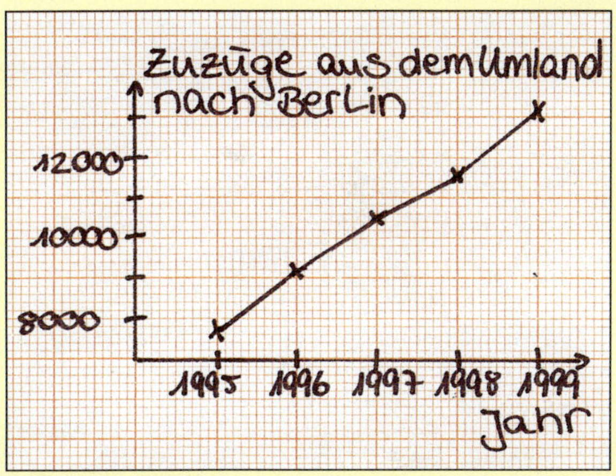

1. Welche Vorteile bietet die Stadt, welche das Land für Maria, Robert und ihre Eltern? Erstelle eine Tabelle.
2. Erkläre, wieso der Wegzug vieler Familien aus Berlin der Stadt Probleme bereitet.
3. Betrachte die Tabelle 47.3. Stelle einen Zusammenhang her zwischen den Mietpreisen und dem Wegzug vieler Familien aus Berlin.
4. Berechne mithilfe Tabelle 47.2, wie viele Menschen zwischen 1995 und 1999 mehr aus Berlin weggezogen als zugezogen sind.
5. Zeichne ein Liniendiagramm zu den Fortzügen aus Berlin (Tab. 47.2). Formuliere dazu eine Aussage.

Leben an der Küste

48.1

48.2

49.1

1. Welche Bundesländer liegen an der Nordsee, welche an der Ostsee?
2. Erstelle eine Tabelle, in der du alle großen deutschen Hafenstädte der Nordsee und der Ostsee notierst.

Leben an der Küste

Urlaub an der ostfriesischen Küste

Endlich sind Sommerferien! Der 12-jährige Marco aus Kassel hat mit seinen Eltern Urlaubspläne gemacht. Der Badeurlaub soll in diesem Jahr nicht im heißen Süden verbracht werden, sondern an der Nordseeküste. Marcos Familie hat sich für eine Bahnfahrt entschieden und für zwei Wochen im Juli eine Ferienwohnung in Norddeich/Ostfriesland gemietet. Marcos Vater hatte herausgefunden, dass die Angebote auf dem Festland günstiger waren als auf den Ostfriesischen Inseln.

50.1 *Marcos Urlaubsort*

50.2 *Windsurfer*

Am Bahnhof Norddeich-Mole angekommen, ist Marco gleich auf die Deichkrone gerannt, um das Meer zu sehen. Windsurfer nutzen den starken Wind. Einer muss absteigen. Marco wundert sich, dass der Surfer noch im Wasser stehen kann. Er weiß vom Lesen der Karte, dass er sich am Wattenmeer befindet und dass die Inseln vor ihm zu den ostfriesischen Inseln gehören. Die ersten Urlaubstage haben Marco und seine Eltern auf dem Festland verbracht. Heute wollen sie endlich mal eine der beiden Inseln besuchen. Die Fährverbindungen nach Norderney sind günstiger als zur autofreien Insel Juist. Also entscheiden sie sich für Norderney. Marco nimmt mit seinen Eltern die Fähre um 8.00 Uhr. Nach 33 Minuten legen sie im Fährhafen von Norderney an. Dort entdeckt Marco eine Orientierungstafel (Abb. 51.2).

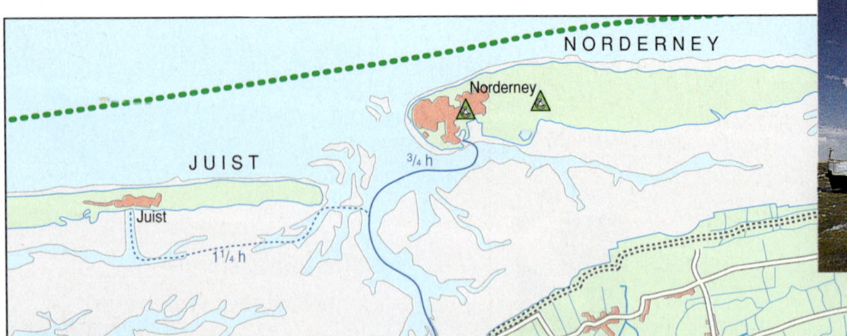

50.3 *und* *4* *Mit der Fähre nach Norderney*

Welche Inseln kann Marco vom Deich aus sehen?

51.1 Blick über Norddeich nach Juist und Norderney

1. Erarbeitet Marcos Reiseroute. Wie weit ist es von Kassel nach Norddeich (Atlas)?
2. Welche Freizeitmöglichkeiten lassen sich auf dem Plan erkennen? Nenne diese und bestimme ihre Lage mithilfe des Suchgitters.
3. Berechne, wie lange Marco vom Fährhafen aus zu Fuß bis zum Nordbadestrand benötigen würde. Er ist ungefähr 5 km/h schnell. Verwende die Maßstabsangabe.

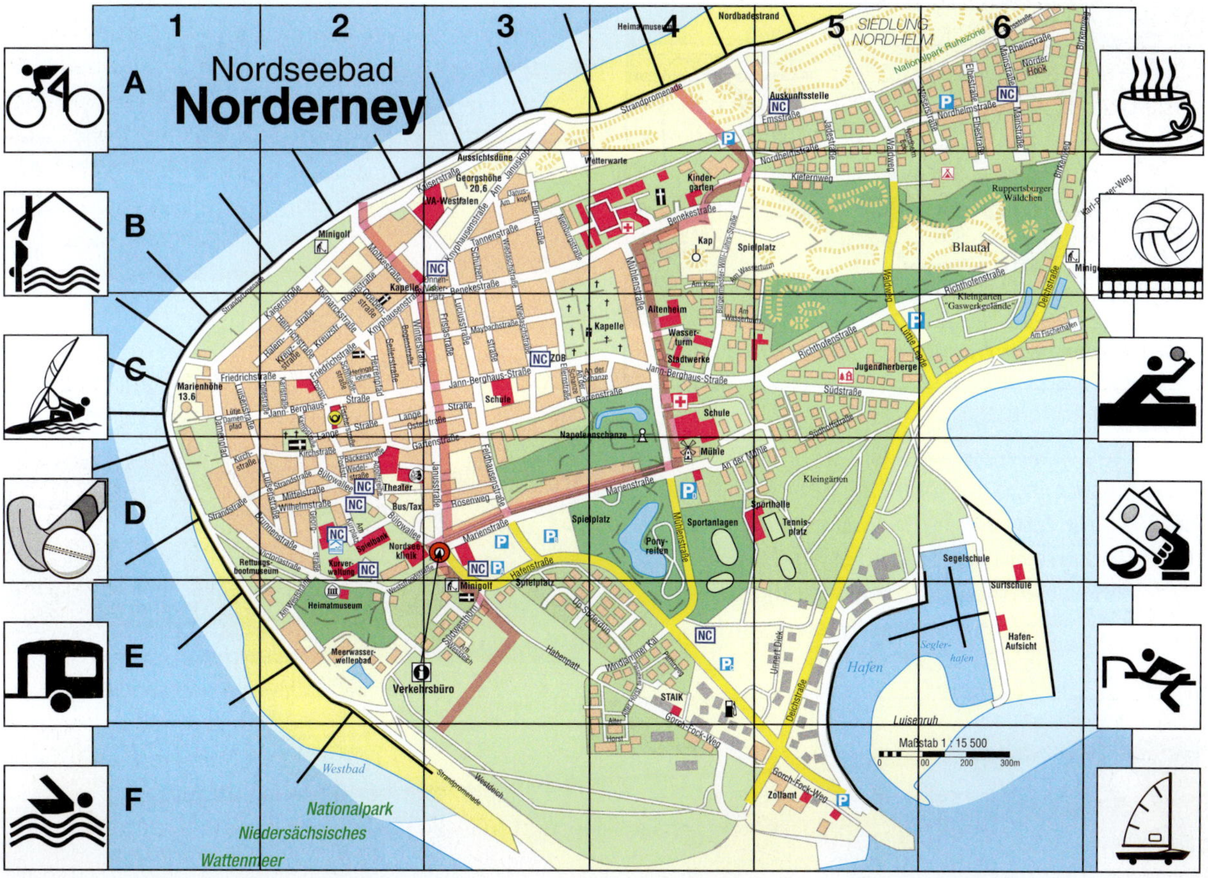

51.2 Orientierungstafel auf Norderney

Leben an der Küste

Wo ist das Wasser?

52.1–3

Was Björn hier erlebt hat (Abb. 52.1–3), wiederholt sich am Wattenmeer jeden Tag zweimal. Die Höhe des Meeresspiegels verändert sich ständig (Abb. 53.1). Im Laufe von 12 Stunden und 25 Minuten „verschwindet" das Wasser aus dem Wattenmeer und kehrt wieder zurück. Den Zeitpunkt, an dem das Wasser seinen niedrigsten Stand erreicht hat, nennt man Niedrigwasser. Bei Niedrigwasser liegen große Teile des Wattenmeerbodens trocken. Etwa sechs Stunden später hat das Wasser seinen höchsten Stand erreicht. Diesen Zeitpunkt nennt man Hochwasser.

Die sechs Stunden, in denen das Wasser steigt, nennt man **Flut.** Nachdem das Wasser seinen höchsten Stand erreicht hat, sinkt es wieder. Die sechs Stunden, in denen es sinkt, nennt man **Ebbe.**

52.4 und 5 Im Hafen bei Hochwasser und bei Niedrigwasser

Der Wasserspiegel der Nordsee hebt und senkt sich Tag für Tag. Wenn das Wasser seinen höchsten Stand erreicht hat, wird dies als ________ bezeichnet. Der niedrigste Wasserstand heißt ________. Das Steigen des Wassers wird als ________ bezeichnet, das Fallen als ________.

1. Schreibt zu den Bildern 52.1–3 eine Geschichte. Was hat Björn falsch gemacht?
2. Übertragt den Lückentext in euer Heft und füllt die Lücken aus. Der Text auf dieser Seite hilft euch dabei.

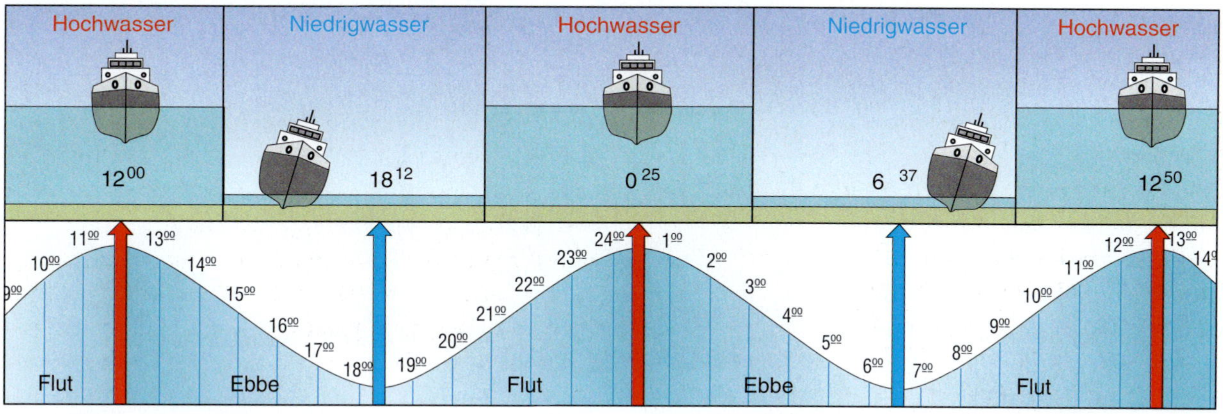

53.1 Gezeitenwechsel

Die **Gezeiten** (Tide), also der Wechsel von Ebbe und Flut, haben nicht nur auf die Schifffahrt Einfluss. Auch beim Baden im Wattenmeer muss auf sie geachtet werden. Wie wir bereits gelernt haben, fließt das Wasser bei Ebbe ab. Die Strömung, die hierbei entsteht, ist so stark, dass sie die Schwimmer aufs offene Meer hinausziehen würde. Aus diesem Grund ist das Baden nur während der Flut erlaubt, wenn das Wasser vom offenen Meer in das Wattenmeer zurückfließt. An allen Badestränden der Nordsee gibt es bestimmte Zeichen, die den Badeurlaubern anzeigen, ob das Schwimmen nun erlaubt oder verboten ist.

Durch diesen ständigen Wechsel von Ebbe und Flut, Hoch- und Niedrigwasser, ist im Laufe der Zeit eine einzigartige Naturlandschaft entstanden – das Wattenmeer (▷ S. 54). Viele Pflanzen und Tiere, die im Wattenmeer leben, gibt es nirgendwo sonst auf der Welt.

53.3 Baden im Meer

Juli 2002				
Tag	HW		NW	
22	10:14	22:50	04:05	16:42
23	11:07	23:43	05:03	17:39
24	11:53		05:54	18:29
25	00:27	12:33	06:39	19:14
26	01:05	13:10	07:20	19:55
27	01:43	13:45	07:59	20:33
28	02:20	14:20	08:34	21:08
29	02:56	14:57	09:05	21:40
30	03:31	15:35	09:38	22:14

53.2 Tidekalender von Borkum (Ausschnitt)

1. Erklärt, warum das Baden bei Ebbe so gefährlich ist.
2. Findet mithilfe des Gezeitenkalenders und des Textes auf dieser Seite heraus, wann ihr am 28. 7. 2002 im Meer baden durftet.

Leben an der Küste

Das Watt lebt!

EK / Bio

Zusammen mit unserer Wattführerin wandern wir ins **Watt** hinaus. Unsere Füße sinken in den Schlick ein. Überall sehen wir die Kothäufchen des Wattwurmes. Der Wattwurm frisst sich in einer Röhre durch den Schlick und scheidet Unverdauliches an der Oberfläche wieder aus. Beim Spielen finden wir Algen, Krebse sowie Herz- und Miesmuscheln im braunen Schlick.

Das Watt ist auch Brut- und Rastplatz vieler Vögel. So legt z. B. der Knut, der aus Afrika kommt, hier eine Pause ein. Er stärkt sich für seinen Weiterflug nach Sibirien. Das Wattenmeer ist nicht nur das vogelreichste Gebiet der Erde, es wird auch Kinderstube der Fische genannt. Hier wachsen Speisefische wie Scholle und Seezunge auf. Außerdem ist das Watt ein wichtiger Lebensraum für Seehunde.

54.1 Wattwanderung

54.2 Wattwurm

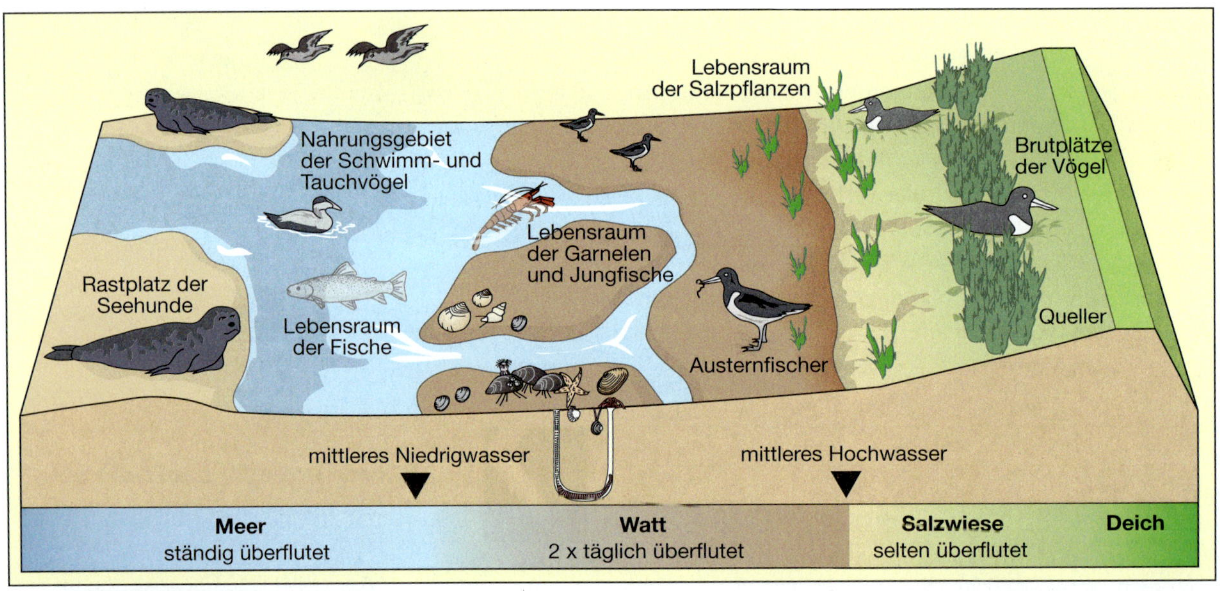

54.3 Leben im Watt

54.4 Fußabdruck im Watt

1. Informiere dich über die im Text genannten Tiere in Lexika und Biologiebüchern.
2. Erstellt eine Tafel: Tiere im Watt.
3. Erkläre die Bedeutung des Wattenmeeres. Formuliere drei Sätze und lies sie deinem Tischnachbarn vor.

Nationalpark Wattenmeer

Das Wattenmeer ist auf der Welt einzigartig
Wattenmeer nennt man den Küstenstreifen an Meeren, der von Ebbe und Flut geschaffen wurde. Die Flut spült große Mengen abgestorbener Teile von Pflanzen und Tieren an, die sich auf dem Boden absetzen. Sie bilden einen bläulich schwarzen Schlick: das Watt (Abb. 54.4). Dieses „eigentliche" Watt nimmt zwei Drittel des gesamten Wattenmeeres ein. Daneben umfasst das Wattenmeer jedoch verschiedene Lebensräume, wie z. B. Salzwiesen und Dünen (Abb. 54.2 und 3). Das Wattenmeer ist reich an Nährstoffen und bietet deshalb vielen Tierarten wichtigen Lebensraum. Durch Umweltverschmutzungen und -zerstörungen ist es ständig gefährdet. Um das Watt zu schützen, wurde es zum Nationalpark erklärt und in drei Zonen aufgeteilt.

55.1 Nationalpark Wattenmeer

55.2 Salzwiesen

55.3 Dünen

Ruhezone/Zone 1:
Hierzu gehören Salzwiesen, Seehundbänke, Brutgebiete der Vögel. Entenjagd ist verboten, Fisch- und Krebsfang ist nur in bestimmten Gebieten erlaubt.
Zwischenzone/Zone 2:
Diese Zone darf betreten werden. Autoverkehr ist auf wenige Straßen beschränkt. Baden, Fischerei und Jagd sind erlaubt.
Erholungszone/Zone 3:
Hier findet Ferien- und Kurbetrieb statt. Örtlich gelten verschiedene Einschränkungen. Häfen können gebaut werden und Erdöl darf gefördert werden.

1. Schau im Atlas nach, welche Bundesländer Anteil am Wattenmeer haben. Überlege, welche Gefahren dem Wattenmeer drohen.
2. Gestaltet Verbotsschilder für die einzelnen Zonen. Arbeitet in Gruppen. Vielleicht gefallen euch Schilder mit erlaubten Aktivitäten besser.
3. Sucht weitere Nationalparks an den Küsten.

Leben an der Küste

Neues Land aus dem Meer

Im späten Mittelalter war das Nordfriesische Wattenmeer noch Festland. Doch zwei verheerende Sturmfluten (1362 und 1634) „verschlangen" die tief liegende **Marsch** und schufen die Nordfriesischen Inseln. Zu ihnen gehören auch die Halligen (▷ S. 57). Allein in der ersten Flut ertranken 100 000 Menschen. Über Nacht wurde z. B. Husum Hafenstadt. Seitdem ist nur wenig Land zurückgewonnen worden. Vor 1000 Jahren begannen die Küstenbewohner mit dem Deichbau. Ständig wurden die Deiche erhöht (Abb. 60.3). Früher haben die Bauern **Landgewinnung** betrieben. In Gemeinschaftsarbeit entstanden neue Deiche und eingedeichtes Neuland, die **Köge.** Heute dient der Deichbau allein dem **Küstenschutz.** Ältere Deiche werden verstärkt und erhöht. Wichtig für den Deichschutz ist das Vorland. Je höher es ist, umso mehr bremst es die Flut. **Lahnungen,** doppelte Pfahlreihen mit Buschwerk dazwischen, werden ins Watt hinausgebaut. Sie bremsen die Wasserbewegung und verstärken das Absetzen von Schlick. Bagger heben **Grüppen** aus. In diesen Gräben sammelt sich besonders viel Schlick an. Dieser wird dann auf Beete geworfen. Hier siedeln sich Pflanzen an, die auch in Salzwasser gedeihen, z. B. der Queller.

Wächst das Watt über die Hochwasserlinie, können sich Gräser ansiedeln und das Watt wird zur Marsch. Ist die entstandene Fläche groß genug, wird sie eingedeicht. Ein Koog oder auch Polder ist entstanden. Er kann als fruchtbares Acker- und Weideland genutzt werden.

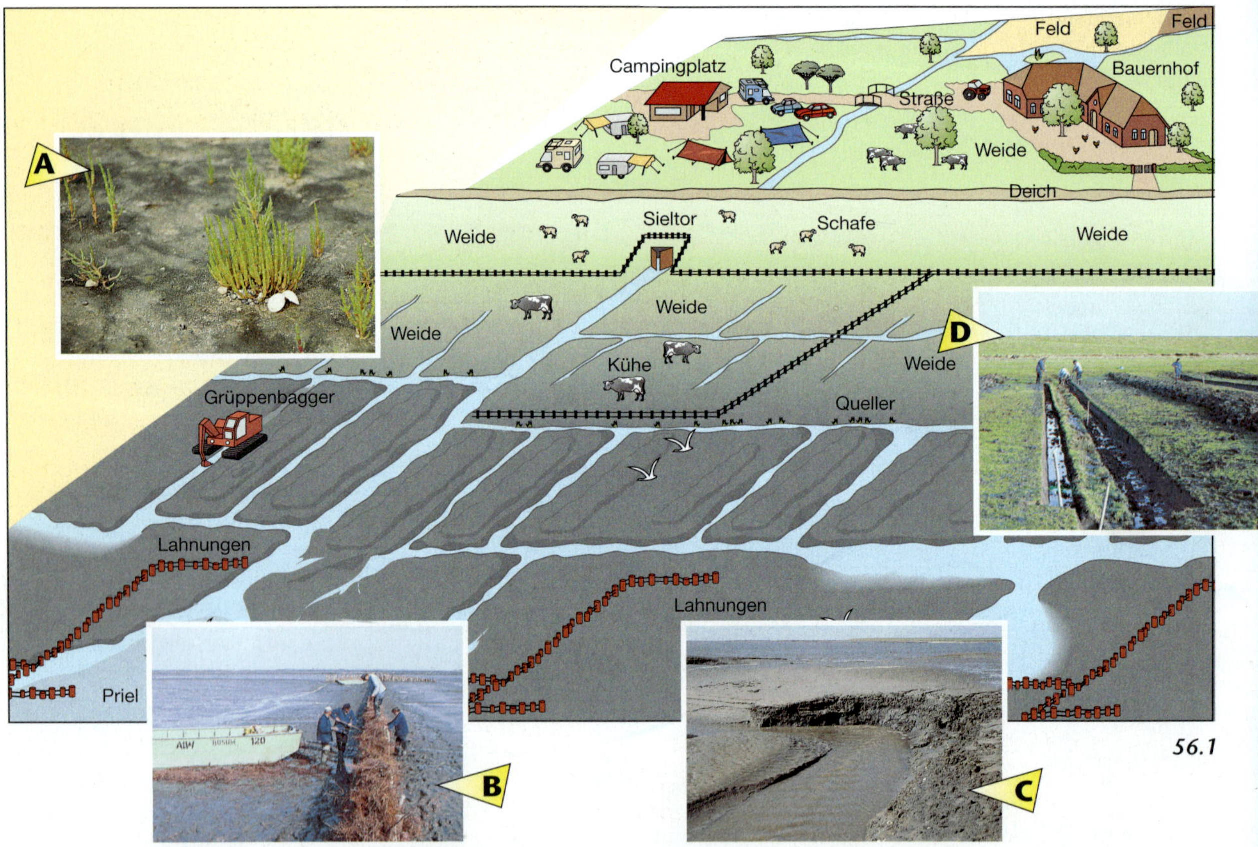

56.1

1. Ordnet die Fotos (A–D) der Grafik 56.1 zu.
2. Erklärt die Fachbegriffe mit den entsprechenden Textstellen.
3. Beschreibt den Ablauf der Landgewinnung mit Abb. 56.1.

Halligen – Reste des Festlandes

Die 10 **Halligen** gehören zu den Nordfriesischen Inseln und sind Reste des ehemaligen Festlandes, das durch verheerende Sturmfluten im 14. und 17. Jh. zerstört wurde. Die kleinste Hallig, Habel (Abb. 57.1), hat nur eine Größe von 3,6 ha, die größte Hallig, Langeneß, 1157 ha. Die Häuser und Höfe stehen auf 4 bis 6 m hoch aufgeschütteten Hügeln, den **Wurten** (auch Warften genannt). Das schützt sie bei Sturmfluten. Die Halligen selbst schützen wiederum das Festland vor den Sturmfluten, weil sich an ihnen die Wellen brechen. Nach der verheerenden Sturmflut von 1962 hat man die Wurten erhöht, Betonschutzräume in die Häuser eingebaut und außen mit Steinpanzern gesichert. Die Halligbewohner leben vom Fremdenverkehr, von der Rinder- und Schafzucht und vom Krabbenfang. Kinder, die eine weiterführende Schule besuchen wollen, müssen auf das Festland fahren. Trotz der neuen Schutzmaßnahmen sind die Halligbewohner stets vom Wasser bedroht.

57.1 Hallig Habel bei Sturmflut

Internet-Tipp
www.
home.t-online.de/
home/schule.Hooge

Nutzung der Marsch

So weit das Auge blicken kann: weite Grünflächen, die von Schafen und Rindern beweidet werden, zahlreiche Wassergräben, reetgedeckte Höfe und immer mehr Windparks. Die Marschen an der Nordseeküste sind für die Menschen schon seit jeher ein besonderer Lebensraum gewesen. Nahe des Wassers, haben sich die Bauern vor allem auf **Grünlandwirtschaft** spezialisiert.

Das künstlich gewonnene Land (▷ S. 56) ist aber erst nutzbar, wenn der Grundwasserspiegel weit genug abgesenkt ist und der Regen das Salz ausgewaschen hat. Die Nutztiere können dann bis weit in den November draußen auf den fetten Weiden grasen. So benötigen die Bauern nur wenig Winterfutter für ihre Tiere.

Nur die höher gelegenen, sandigen und schweren Schlickböden, die schon früher dem Meer abgerungen wurden, sind gut für den Ackerbau geeignet. Auf der fruchtbaren, kalkhaltigen Erde wachsen Luzerne, Raps und Mais.

57.2 In der Marsch

1. Sucht die Halligen und die Marsch im Atlas.
2. Vergleicht die Hallig Habel bei normalem Wasserstand (▷ Abb. 48.1) und bei Sturmflut (Abb. 57.1).
3. Berichte über das Leben auf einer Hallig (Internet).
4. Warum sind die Marschen als Weideland gut geeignet?

Leben an der Küste

Nutzungskonflikte im Wattenmeer

Das Wattenmeer wird seit ungefähr 5000 Jahren von Menschen genutzt. Heute leben am und vom Wattenmeer viele Menschen. Sie nutzen diese Landschaft in unterschiedlicher Art und Weise. Das führt aber auch zu Konflikten. Die Aussagen der verschiedenen Wattenmeer-Nutzer machen dies deutlich.

58.1 Verladung von Gütern im Hafen

Fabrikbesitzer:
Unsere Firma ist einer der größten Arbeitgeber der Region. Riesige Seeschiffe können hier Rohstoffe ausladen und unsere Produkte in die ganze Welt transportieren. Die gute Versorgung mit Kühlwasser und die günstige Abwasserentsorgung sind Gründe, warum wir gerade hier unsere Fabrik haben.

58.2 Urlauber an der Nordsee

58.3

Urlauber:
Wir machen hier Urlaub, weil das Wattenmeer ein besonders gutes Reizklima bietet. Außerdem können wir in diesem Naturraum viele Tiere beobachten, die es nur hier gibt. Die Menschen leben hier vom Fremdenverkehr. Sie freuen sich, wenn möglichst viele Gäste hier ihren Urlaub verbringen.

59.1 Umweltschützer mit ölverschmiertem Seevogel

Umweltschützer:
Das Wattenmeer ist eines der bedeutendsten Naturgebiete Europas und ein einzigartiger Lebensraum für viele Tiere und Pflanzen, die es nur hier gibt. Wenn das Wattenmeer weiterhin so stark belastet wird, werden viele Tiere und Pflanzen aussterben.

59.2 Krabbenfischer

Fischer:
Meine Familie lebt von den vielen verschiedenen Fischen, Krabben und Muscheln, die wir im Wattenmeer fangen. Genauso geht es noch einigen anderen Bewohnern in unserem Dorf.

1. Erstellt eine Tabelle, in der ihr die Ansprüche der verschiedenen Menschen gegenüberstellt.
2. Erklärt, warum hier von „Nutzungskonflikten" gesprochen wird.
3. Diskutiert in der Klasse über die verschiedenen Ansprüche und sucht nach einem Kompromiss (Einigung).
4. Was kann der Einzelne tun, um das Wattenmeer zu schützen?

Leben an der Küste

Sturmflut und Küstenschutz

Leben am Deich
„Achtung! Sturmwarnung! Ein Orkan mit der Windstärke 12 weht aus nordwestlicher Richtung", tönt es aus dem Radio. Eine Nachricht, die alle Küstenbewohner aufschreckt. Mit der Gefahr einer Sturmflut leben die Menschen an der Nordseeküste ständig. Wissen sie doch, dass dann der starke Wind die Wassermassen gegen die Nordseeküste treibt.

60.1 Sturmflut in Hamburg

Immer wieder gab es in den letzten Jahrhunderten verheerende Überschwemmungen mit vielen Toten. Sogar der Verlauf der Küstenlinie änderte sich bei schweren Sturmfluten. Ackerland, Wiesen und ganze Siedlungen wurden weggespült.
Die Bewohner der Küstenregion versuchen sich mit Deichen vor Sturmfluten zu schützen. Vor etwa 1000 Jahren begannen sie mit dem Deichbau.

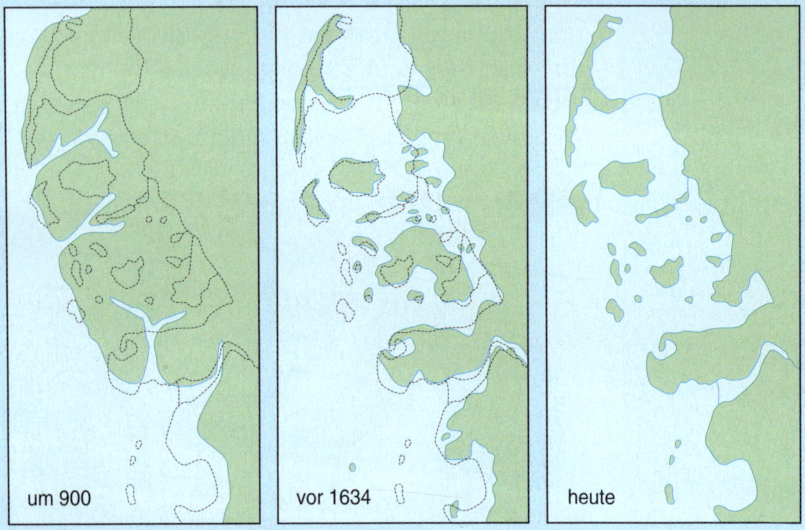

60.2 Veränderungen der Küste

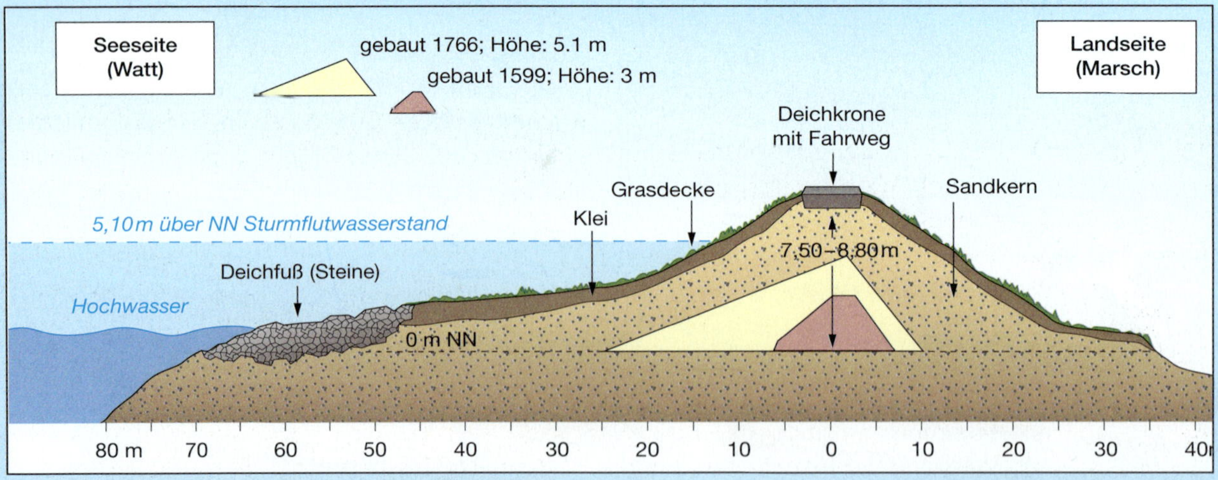

60.3 Verschiedene Deichprofile

Mit der Zeit lernten die Menschen, dass steil ansteigende Deiche zu stark der Brandung ausgesetzt sind und daher leichter zerstört werden. So begannen sie, die Deichvorderseite flacher und länger zu gestalten. Durch diese Maßnahme wurde auch die Grünfläche des Deiches größer. Die Wellen sollten sich „totlaufen". Die Deichhöhe ist inzwischen auf bis zu 8,80 m gestiegen. Zusätzlich wurde der Deichfuß auf der Seeseite mit Steinen gesichert. Hinter der Innenböschung verläuft ein „Deichverteidigungsweg". Auf ihm lässt sich ein gefährdeter Deichabschnitt im Ernstfall rasch erreichen.
Darum sagt nicht nur Hein Blöd: „De nich will dieken, muss wieken."

61.1 Deich an der Nordseeküste

1. Beschreibt die Entwicklung der nordfriesischen Küste in Abb. 60.2.
2. Benennt die Merkmale eines modernen Deiches (Abb. 61.3).
3. Beschreibt und begründet die Veränderungen der Deichformen.

Unser Deichmodell

Das hier dargestellte Experiment veranschaulicht die kluge Konstruktion der Deiche. Sie hat sich in 1000 Jahren Deichbaugeschichte entwickelt. Versucht nun, mit dem beschriebenen Modell das heutige Deichprofil zu verstehen. Zeigt auch, wie die Kraft des Meeres steil ansteigende Deiche zerstört bzw. wie sich die Wellen bei flachem Anstieg „totlaufen".

Ihr braucht folgende Materialien: Holzbrett, Reißnägel, Butterbrotpapier, Glasmurmeln

61.2 Faltet das Papier wie gezeigt, stellt das Brett auf und „spannt" mit dem Papier das Deichprofil. Befestigt das Papier auf der „Deichkrone".

61.3 Lasst nun die Murmeln, welche die Meeresbrandung darstellen, die flache „Außenböschung" hinaufrollen. Ihr seht, wie sie sich „totlaufen".

61.4 Wiederholt den Versuch auf der steilen Seite. Ihr werdet sicher die Folgen der Kraft der „Brandung" sehen. Vergleicht die Ergebnisse mit der Entwicklung des Deichbaus (Abb. 60.3).

Leben an der Küste

Küstenformen

62.1 *Steilküste bei Grömitz (Holstein)*

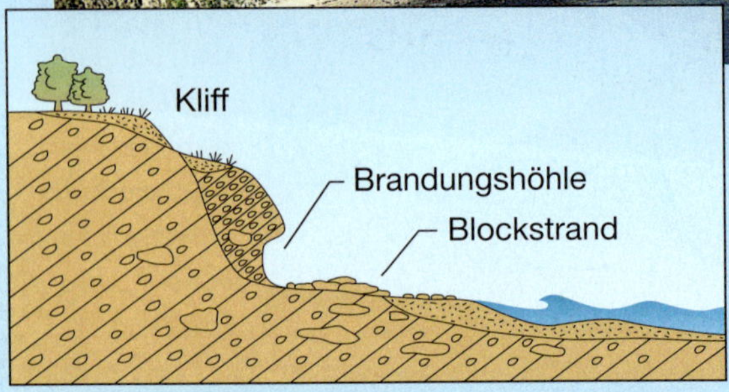

62.2

62.3

62.4 *Flachküste (Usedom)*

Küsten – Raum zwischen Land und Meer

Als Küste wird die schmale Grenze von Land und Meer bezeichnet. Durch die ständige Bewegung des Meerwassers kommt es zu Veränderungen an der Küste. Sie ist somit keine feststehende Linie, sondern ein Raum von wechselnder Länge, Breite und Höhe.

Auf den Abbildungen erkennt ihr, dass sich verschiedene **Küstenformen** gebildet haben. Doch wie sind diese Formen entstanden?

Steilküsten bilden sich dort, wo das Land steil zum Meer abfällt. Hier ist die zerstörende Kraft der antreffenden und zurückweichenden Meereswellen, die Brandung, besonders groß. Trifft das Wasser den Steilhang (Kliff) mit großer Wucht, wird dieser ausgehöhlt. Das Kliff bricht ab und wird so ständig zurückverlegt. Große Steinblöcke bleiben dann am Blockstrand liegen. Der feine Sand wird vom Wasser abtransportiert. Wie groß die zerstörerische Kraft des Meeres ist, zeigt Helgoland. Vor 5000 Jahren war die Insel zwanzigmal so groß!

An **Flachküsten** laufen die Wellen sanft ab. Hier wird feiner Sand abgelagert und es entsteht ein Sandstrand.

1. Erklärt in eigenen Worten die Entstehung von einem Blockstrand und einem Sandstrand.
2. Steil- und Flachküsten wechseln sich an der Ostsee ab. Das kann auch einen Urlaub dort abwechslungsreich gestalten. Begründet diese Aussage.

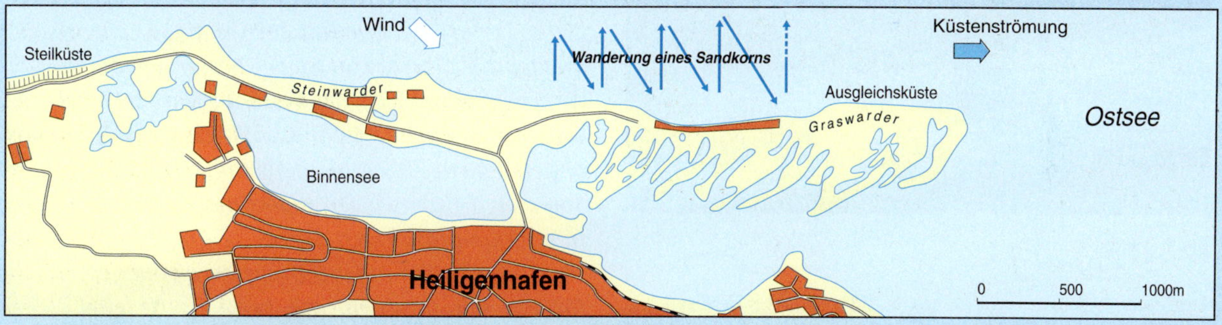

63.1 Wanderung eines Sandkorns und Entstehung von Ausgleichsküsten

Während das Meer an den Steilküsten Abtragungsarbeit verrichtet, überwiegt an den Flachküsten die Materialablagerung. Dabei können neue Verläufe der Küstenlinien entstehen.

Der an Steilufern weggespülte Sand wird in einer Zickzacklinie an der Küste entlanggeführt. Dieser Vorgang wird als Strandversetzung bezeichnet. Am Ausgang von Buchten entstehen Strandhaken und schließlich lang gestreckte Landzungen, die Nehrungen. Besteht nur noch ein kleiner Durchlass zum Meer, so ist ein Haff entstanden (Abb. 63.3), bei vollständiger Abtrennung ein Strandsee (Abb. 63.2).

Schließlich wird aus einer ehemals buchtenreichen Küste eine begradigte Küstenlinie, die **Ausgleichsküste.**

63.2 und 3

1. Abb. 62.1 und 4 sowie 63.2 und 3 zeigen Ausschnitte der Ostseeküste. Sucht diese im Atlas und zeigt die abgebildeten Stellen auf der Wandkarte.
2. An der Ostseeküste herrschen bestimmte Windrichtungen und Küstenströmungen vor. In welche Himmelsrichtungen findet hier also auf keinen Fall aufbauende Meeresarbeit statt? Begründet eure Aussage.
3. Abbildungen 63.2 und 3 sind absichtlich in dieser Reihenfolge angelegt worden. Begründet dies mithilfe des Textes.

Der Müritz-Nationalpark – wir erstellen eine Themenmappe

EK / Bio

64.1 Weißstorch

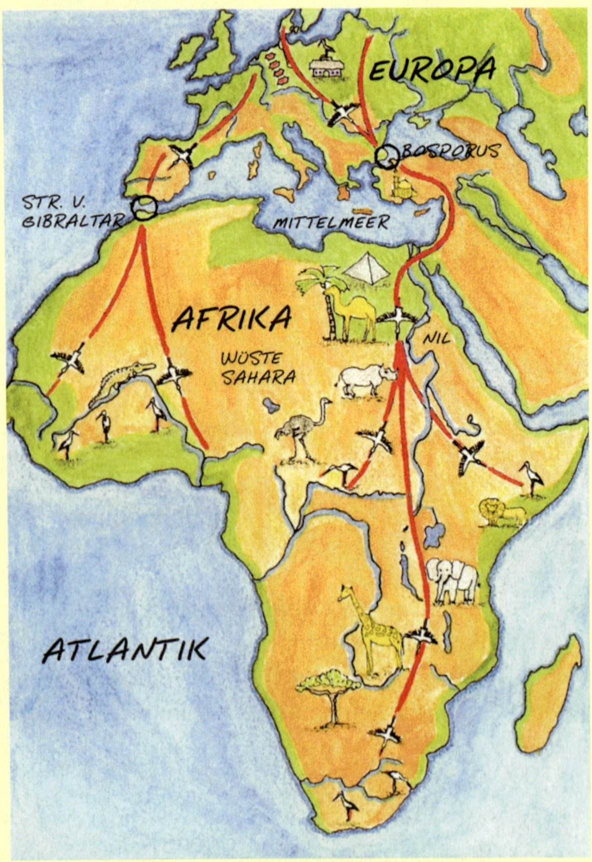

64.2 Die Flugbahn der Weißstörche

Die Klasse 5d hat an ihrem Wandertag den Müritz-Nationalpark in Mecklenburg-Vorpommern besucht. Dabei sahen sie auch einige Störche. Herr Becker, ein Mitarbeiter des Naturparks, erzählte der Klasse einige interessante Dinge über den Storch:

„Die Weißstörche waren in Deutschland selten geworden. Da viele Wiesen für die Landwirtschaft trockengelegt wurden, fanden sie nicht mehr genügend Nahrung und hatten aus diesem Grund auch weniger Nachwuchs. Zudem verunglückten die unerfahrenen Jungstörche oft an Stromleitungen.
Durch Naturschutzmaßnahmen sind die Lebensbedingungen für die Störche wieder besser geworden. Seitdem vermehren sich die Bestände wieder. Ein Storch wird bis zu einem Meter groß. Wenn das Nahrungsangebot ausreichend ist, zieht ein Storchenpärchen im Sommer meistens zwei, manchmal aber auch bis zu fünf Junge groß. Nach 30 bis 32 Tagen Brutzeit und etwa 10 Wochen Aufzucht müssen die jungen Störche für sich selbst sorgen. Auf ihrem Speisezettel stehen Frösche, Würmer, Fische, Eidechsen und Insekten. Bis August müssen die Jungvögel so weit sein, dass sie die weite Reise bis nach Afrika schaffen können, wo sie überwintern. Man nennt solche Vögel deshalb Zugvögel. Manche Störche legen auf ihrem Weg nach Südafrika und zurück eine Strecke von etwa 20 000 km zurück. Das ist eine halbe Erdumrundung. Bereits Ende März sind die ersten Störche wieder bei uns, weil sie hier im Sommer ein besseres Nahrungsangebot haben. Ein Storch braucht nämlich täglich etwa 700 g Nahrung."

Im Müritz-Nationalpark gibt es natürlich noch weitere Tiere und auch viele Pflanzen. Jeder aus der Klasse hat sich nach dem Wandertag ein Tier oder eine Pflanze aus dem Heimatraum ausgesucht und eine Informationsseite erstellt. Aus den gesammelten Seiten soll eine Themenmappe „Tiere und Pflanzen im Müritz-Nationalpark" entstehen.

Linda, eine Schülerin der Klasse 5d, hat sich gleich den Storch als Tier ausgesucht. Die Informationen dazu hat sie aus vielen verschiedenen Quellen gewonnen:

- Expertenbefragung
- Bücher
- Zeitungen/Zeitschriften
- Internet
- Radio-/Fernsehberichte
- Video/DVD

Für ihre Seite der Themenmappe hat Linda ein Bild eines Weißstorches und eine Karte mit den Flugrouten der Störche gefunden (Abb. 64.1 und 2). Beides will sie auf ihrer Seite einbauen. Außerdem will sie einen Steckbrief über den Weißstorch anfertigen (Abb. 65.1).

Steckbrief Storch

Name: Weißstorch
Wissenschaftlicher Name: Ciconia ciconia
Größe: 85–100 cm
Vorkommen:
Lebensraum:
Gewicht:
Alter:
Nahrung:
Anzahl der Jungen:
Spannweite:
Besonderheiten:
...

65.1

Wurmfarn

Maikäfer

Wald-Champignon

Buntspecht

65.2–5 *Beispiele für eine Themenseite*

Nachdem die Mappe fertig war, hat jeder sein Tier oder seine Pflanze in der Klasse vorgestellt.

1. Woher hat Linda ihre Informationen bekommen?
2. Helft Linda und vervollständigt ihren Steckbrief (Abb. 65.1).
3. Plant einen Wandertag zu einem Natur- oder Nationalpark in eurer Nähe.
4. Erstellt selber eine Themenmappe zu einem Natur- oder Nationalpark. Welche Inhalte sollte so eine Mappe haben?
5. Falls ihr keinen Ausflug in einen Natur- oder Nationalpark macht, könnt ihr trotzdem einen Steckbrief über ein Tier oder eine Pflanze erstellen.

Landwirtschaft im Norddeutschen Tiefland

In den vergangenen 40 Jahren hat sich die Landwirtschaft stark verändert. 1960 ernährte ein Bauer 17 Menschen, heute sind es 125. Auf immer größeren Flächen werden mit leistungsfähigeren Maschinen mehr landwirtschaftliche Produkte erzeugt.
Mit der Massentierhaltung stieg die Produktion von Fleisch rasant an. Damit fielen die Preise. Kann die Entwicklung so weitergehen?

Landwirtschaft im Norddeutschen Tiefland

Die Eiszeiten – Gestalter des Tieflandes

Südlich der Ostsee erstreckt sich bis zu den Mittelgebirgen eine breite Tieflandzone. Das Aussehen dieser Landschaft wurde in den Eiszeiten geprägt. Gewaltige Schuttmassen aus dem Skandinavischen Gebirge wurden damals durch Gletscher nach Mitteleuropa verfrachtet. Als das Eis abschmolz, blieb das mitgeführte Material als **Moränen** liegen. Wind und Wasser sortierten dann die Ablagerungen und hinterließen **Sander** und **Urstromtäler**. Diese typische Abfolge von Ablagerungen nennen wir **glaziale Serie** (Abb. 68.1 und 69.1).

Gliederung des Tieflandes

Vor ungefähr 600 000 Jahren schoben sich von Skandinavien riesige Gletscher nach Süden. Sie bedeckten auch weite Teile Norddeutschlands mit Eis (Abb. 71.1). Mindestens viermal drangen gewaltige Eismassen vor. Der jüngste Vorstoß war erst vor ca. 15 000 Jahren zu Ende. Zwischen den Kaltzeiten (Eiszeiten), in denen sich das Eis ausbreitete, lagen auch Warmzeiten. Zu den Kaltzeiten war es bei uns um etwa 8 °C kälter als heute.

Während der jüngsten Eiszeit schufen Gletscher die Endmoränen des Nördlichen Landrückens. In dieses Jungmoränenland sind zahlreiche Seen eingebettet (z. B. der Schweriner See, Müritzsee). Die Moränen des Südlichen Landrückens stammen aus einer älteren Zeit. Durch die länger wirkende Abtragung sind die Hügel flacher.

Die Böden der flachen bis kuppigen Grundmoränenlandschaft bestehen aus fruchtbarem Geschiebemergel, ein mit Steinen (Geschieben) durchsetz-

Grundmoränen sind leicht wellige Hügel. Sie bestehen aus Material, das der Gletscher am Untergrund mitgeführt hat. Beim Abtauen des Eises blieb es liegen. Aus dem Geschiebemergel haben sich fruchtbare Böden entwickelt, die landwirtschaftlich genutzt werden.

Endmoränen sind Hügel, die das abtauende Eis hinterlassen hat. Sie erreichen Höhen von mehr als 100 m und markieren eine ehemalige Grenze des Eises. Die Endmoränen bestehen aus vorwiegend kiesigen und sandigen Materialien.

Sander sind flache Kies- und Sandablagerungen. Das Material wurde durch das Schmelzwasser transportiert und vor dem Eisrand fächerförmig abgelagert. Sie unterscheiden sich von Moränen durch die deutliche Schichtung, die das fließende Wasser verursachte.

Als das Schmelzwasser aus großen Gletschertoren austrat, lagerte es mitgeführten Sand und Kies ab (Sander) und sammelte sich in kilometerbreiten Flüssen. Die Täler dieser Flüsse nennt man **Urstromtäler**. Auch die Elbe fließt in einem Urstromtal.

68.1 Ablagerungen der glazialen Serie

tes Ton-, Sand-, Lehm-, Kalkgemisch. Die Endmoränen werden aufgrund ihrer schlechten Böden kaum ackerbaulich genutzt, sie sind überwiegend bewaldet. Noch nährstoffärmer sind die sandig-kiesigen Sanderflächen, die vor dem Eisrand abgelagert wurden. Manche Bauern bezeichnen sie scherzhaft als 3-K-Böden: Sie sind gut für Kiefer, Kartoffeln und Karnickel. Die gewaltigen Schmelzwassermengen sammelten sich schließlich in breiten Urstromtälern. In den dadurch geschaffenen Niederungen suchen noch heute Flüsse ihren Weg meerwärts. Viehweidewirtschaft ist auf den Talböden verbreitet.

Am Rand des Tieflands vor den Mittelgebirgen liegen die Börden. Hier entwickelten sich besonders fruchtbare Böden (▷ S. 71).

1. Stelle in einer Tabelle die Landschaften der glazialen Serie zusammen. Beschreibe die typischen Oberflächenformen (Abb. 68.1). Welche wurden durch Gletscher, welche durch Wasser geschaffen?
2. Ordne die Abbildungen 68. A–D dem Blockbild 69.1b richtig zu.

Wir werten ein Blockbild aus

Blockbilder zeigen den senkrechten Schnitt durch die Erde und zugleich die Oberfläche einer Landschaft. Du kannst aus ihnen den Zusammenhang zwischen den Formen der Erdoberfläche und ihrer Entstehung ablesen.

Beschreibe zunächst das linke Blockbild. Denke dabei an die Vorwärtsbewegung des Eises, den Materialtransport aus Nordeuropa und an das Abschmelzen des Eises an der Stirn. Wo blieb das Schmelzwasser, was transportierte und setzte es ab? Die ins Blockbild eingetragenen Begriffe und der Text auf den Seiten 68/69 helfen dir.

Das rechte Blockbild zeigt nun den gleichen Landschaftsausschnitt nach der Eiszeit. Was hat sich verändert? Wie können die Ablagerungen der Eiszeit genutzt werden? In welchen Teilen der glazialen Serie wurde das Material abgesetzt, welches Landschaftselement entstand durch Abtragung?

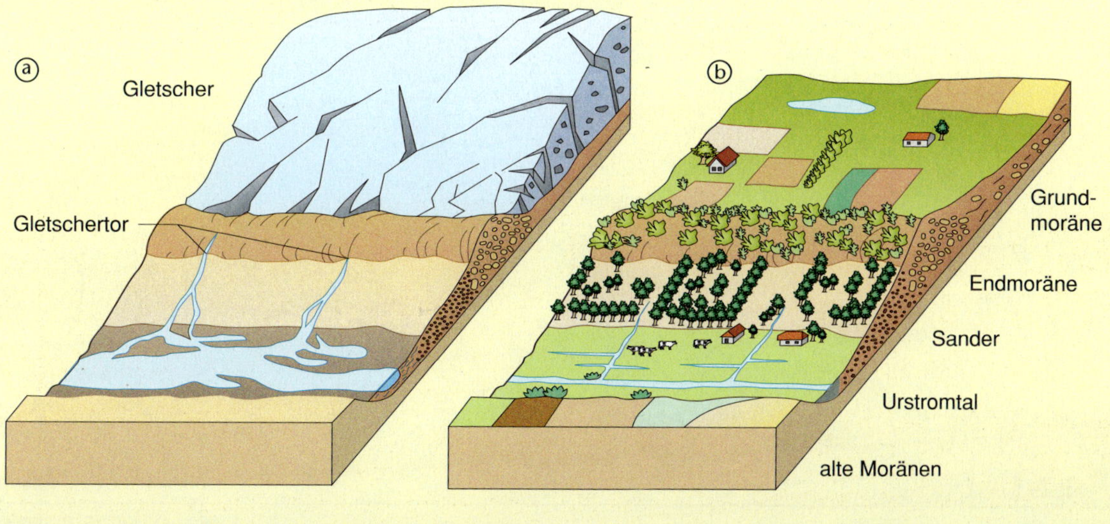

69.1 Entstehung der glazialen Serie

Landwirtschaft im Norddeutschen Tiefland

Ackerbau in Gunsträumen

70.1 In der Soester Börde

Weizen:	Wachstumszeit: 160 (Sommerweizen) bis 300 Tage (Winterweizen), hoher Wasserbedarf, hoher Nährstoffbedarf, gute bis sehr gute Böden
Zuckerrübe:	Wachstumszeit: 210–250 Tage, hoher Wasserbedarf, sehr hoher Nährstoffbedarf, gute Böden

70.2 Anbaubedingungen zweier Nutzpflanzen

Landwirtschaftliche Gunsträume

Nutzpflanzen haben unterschiedliche Ansprüche an Temperatur, Niederschlagsmenge und den Boden (Abb. 70.2). Die Wachstumszeit, also der Zeitraum von der Keimung bis zur Erntereife, ist je nach Pflanzenart unterschiedlich lang. Ein mildes bzw. warmes Klima sowie gute Böden verkürzen die Wachstumszeit, bringen hohe Erträge und sind somit Kennzeichen von landwirtschaftlichen Gunsträumen.

Besonders fruchtbar sind Böden auf Löss. Der vom Wind während der Eiszeit aufgewehte Lössstaub wurde vor den Mittelgebirgen und in den Beckenlandschaften abgelagert. Vermengt mit Lehm, bildet Löss einen nährstoffreichen, feinkörnigen, lockeren und kalkhaltigen Boden, der luftdurchlässig ist und das Niederschlagswasser speichern kann.

Fruchtbare Böden auf Löss befinden sich vor allem in den Börden (z. B. die Magdeburger Börde). Der Name „Börde" stammt vom niederdeutschen „boren, bören" und bedeutet tragen. Die waldarmen Börden gehören zu den ertragreichsten Ackerbaulandschaften in Deutschland und Europa. Andere Gunsträume sind die Oberrheinebene sowie die süddeutschen Gäulandschaften an Blies, Main, Neckar, Tauber und Donau, z. B. Bliesgau, Dungau, Kraichgau und Zabergäu (Atlas).

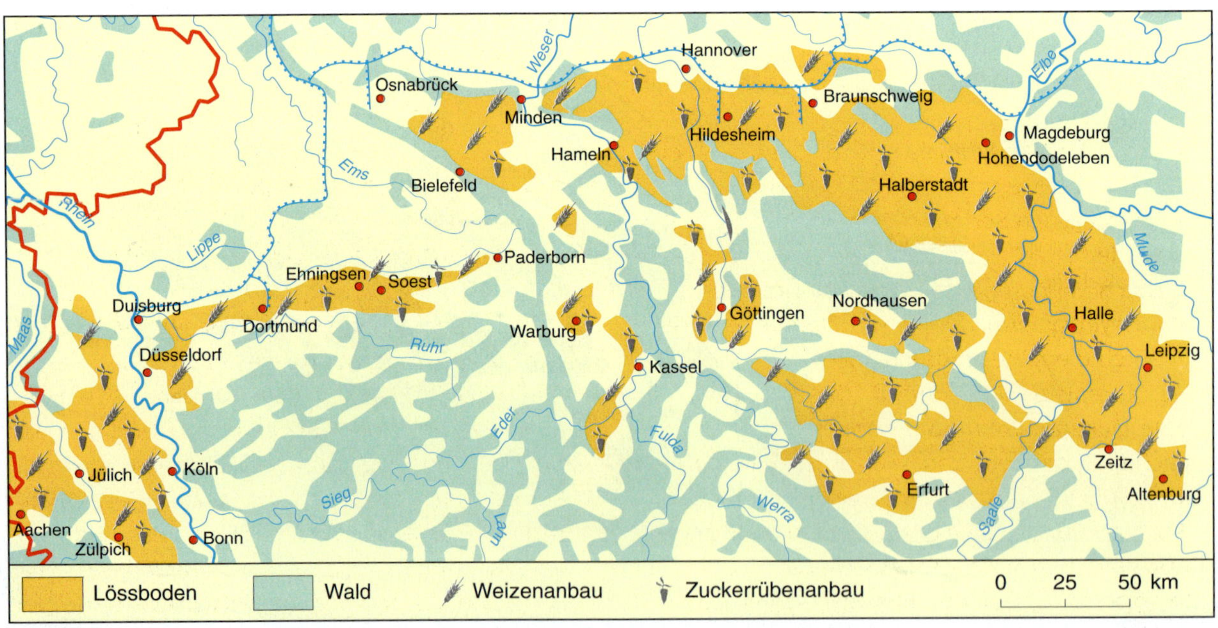

70.3 Bodennutzung in den Börden

Löss ist ein Boden, der während der Eiszeiten entstanden ist. Er besteht aus feinem Material. Vor dem mächtigen Eisrand lagen Moränen, Schotterfelder und Flussablagerungen. Sie wurden während des damals herrschenden kalten, trockenen Klimas nicht durch eine Grasnarbe geschützt. So konnte der Wind feine Bestandteile auswehen, sie über weite Strecken transportieren und an ganz anderer Stelle wieder ablagern. Das geschah dort, wo die Kraft des Windes von einem Hindernis gebremst wurde: am Rand der Mittelgebirge. Deswegen findet man hier die großen Lössgebiete (Abb. 71.1). Mithilfe deines Atlas kannst du sie benennen.

Der Löss ist erbsengelb, krümelig, mit senkrechten Haarröhrchen, vermoderten Wurzeln und Halmen durchsetzt. Er ist porös und daher luft- und wasserdurchlässig. Im trockenen Zustand lässt er sich leicht zwischen den Fingern zerreiben. Löss verfügt an steilen Böschungen über eine hohe Standfestigkeit.

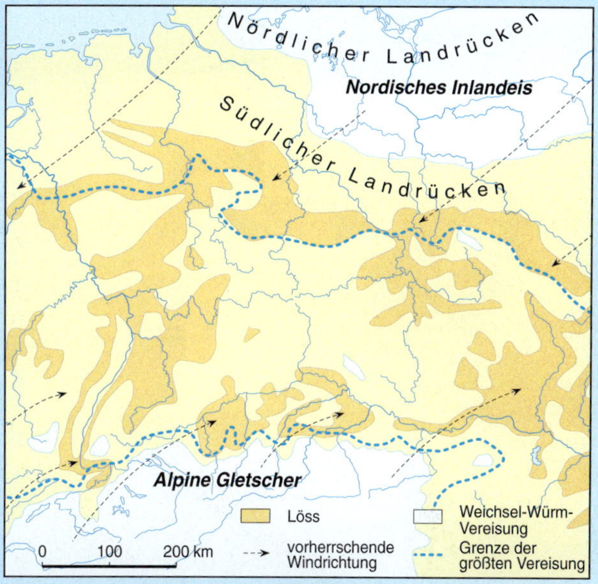

71.1 Lössgebiete in Deutschland

71.2 Bodenprofil der Schwarzerde

Lössböden und ihre Entstehung

Unter dem Einfluss von Niederschlag und Temperatur haben sich aus dem Löss im Laufe der Zeit unterschiedliche Böden entwickelt.

1. Zu ihnen gehört die weit verbreitete Schwarzerde (Abb. 71.2). Sie entsteht dort, wo Sommerdürre und Winterkälte die Vegetationsperiode (Wuchszeit der Pflanzen) während eines Jahres wie folgt bestimmen:
   - Im feuchten Frühjahr gedeiht eine üppige Pflanzendecke;
   - im trockenen Sommer verdorrt diese frühzeitig;
   - im feuchten Herbst wird die Pflanzendecke durch Verwesung zu Humus umgestaltet;
   - im Winter wird die Humusbildung schließlich durch die Kälte eingeschränkt.

   Der so entstandene Humus, der Kalkgehalt, die gute Durchmischung des Bodens durch die zahlreichen Bodentiere und seine gute Durchlüftung lassen die Schwarzerde zu einem sehr fruchtbaren Boden werden. Er eignet sich vorzüglich zum Anbau von Zuckerrüben und Weizen.
2. In unserem Klima mit Niederschlägen zu allen Jahreszeiten geht die Humusbildung auf dem Löss zurück. Das einsickernde Regenwasser wäscht den Kalk der oberen Lössschicht aus und reichert ihn in der Tiefe in Knollen wieder an. (Diese werden, weil sie kleinen Puppen ähnlich sind, Lösspuppen genannt.) Durch die Auswaschung des Kalkes verliert der Löss seine pulvrige Beschaffenheit und seine Standfestigkeit. Er bekommt eine braune Farbe, wird wasserundurchlässig und schmierig. Es entsteht ein kalkarmer Lehm, der Lösslehm genannt wird.

Landwirtschaft im Norddeutschen Tiefland

Vom Acker in die Tüte – die raffinierte Verarbeitung der Zuckerrübe

Habt ihr eine Zuckerfabrik in eurer Nähe? Wenn ja, wisst ihr bestimmt, dass es dort manchmal ganz schön übel riecht. Denn hier wird aus Zuckerrüben Zucker gemacht.

72.1 Moderne Zuckerfabrik in Klein Wanzleben (Magdeburger Börde)

Wachsen

Im März und April beginnt der Weg des Zuckers vom Acker in die Tüte. Dann werden von einer Maschine die Samenkörner in die Erde gelegt. Bei gutem Wetter sind schon bald die ersten Pflanzen zu sehen. Etwa 70 000 Rüben stehen auf einem Hektar. Besonders gut wachsen die Rüben in den **Börden**. Dort gibt es für sie den besten Boden (▷ S. 70). Wenn es im Sommer genug Regen gibt und im Herbst viel Sonne scheint, wird der Zuckergehalt in den Rüben recht hoch. Das ist für den Bauern wichtig, denn dann bekommt er mehr Geld dafür.

Ernten

Ende September beginnt die Ernte. Vollmaschinen schneiden die Blätter ab, ziehen die Rüben aus dem Boden, reinigen sie und laden sie auf einen Hänger. Jeder Bauer bekommt von der Zuckerfabrik einen festen Termin für die Anlieferung, damit keiner zu lange warten muss. Schließlich fahren die Trecker mit ihren Anhängern in Richtung Fabrik. Viele Autofahrer ärgern sich über die langsamen Trecker und schimpfen dann. Aber schließlich wollen sie ja später auch mal ihren Zucker im Kaffee genießen.

72.2 Zuckerrübe

72.3 Zuckerrübenernte

73.1 *Anlieferung von Rüben*

Verarbeiten

In der Zuckerfabrik werden die angelieferten Rüben gewogen und der Zuckergehalt wird gemessen. Anschließend werden die Rüben klein geschnitten. Es entstehen „Rübenschnitzel". Diese werden auf 70 °C erhitzt. Mit Wasser wird der Zucker herausgeschwemmt. In weiteren Arbeitsgängen wird der Rohsaft gereinigt und gekocht. Das Wasser verdampft und der Rohzucker bleibt übrig. Nun wird der Sirup stark geschleudert, wodurch sich die Kristalle von der Flüssigkeit trennen.

73.2 *Zuckerrübenschnitzel*

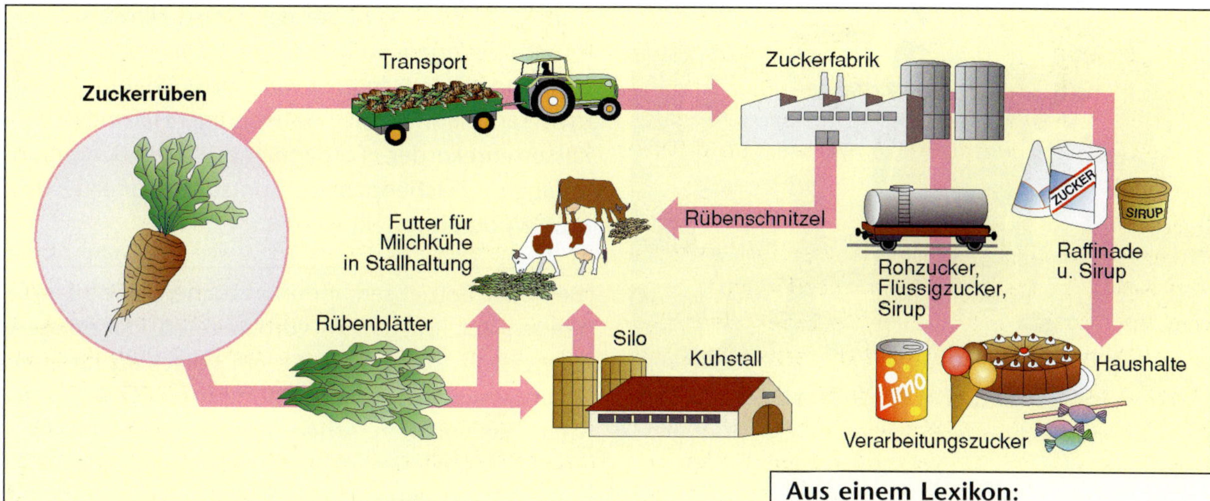

73.3 *Verarbeitung und Verwertung der Zuckerrübe*

Aus einem Lexikon:
raffinieren = Zucker reinigen (...)
raffiniert = schlau (...)
Kannst du jetzt die Überschrift erklären?

73.4

1. Schau dir die Abb. 73.3 an. Schreibe einen Bericht über die einzelnen Stationen.
2. Suche auf einer Atlaskarte die Gebiete in Brandenburg, in denen Zuckerrüben angebaut werden. Schreibe die Namen in dein Heft.
3. Zucker ist in sehr vielen Lebensmitteln enthalten. Überlege dir mindestens zehn und schreibe sie in dein Heft.

Landwirtschaft im Norddeutschen Tiefland

Wir besuchen einen Bauernhof

Die Klasse 5c beschäftigt sich im Erdkundeunterricht mit dem Thema *„Landwirtschaft“*. Da viele Kinder nicht wissen, wie es auf einem Bauernhof aussieht, beschließen sie, einen landwirtschaftlichen Betrieb zu besuchen.

Die Klasse überlegt gemeinsam mit der Erdkundelehrerin, was man bei der Vorbereitung einer Betriebserkundung alles beachten muss:

„Was wir vorher tun müssen“
- Gruppen nach Themenbereichen bilden
- überlegen, was man den Bauern alles fragen kann
- Fragen den einzelnen Themenbereichen zuordnen
- Aufgaben verteilen
- einen geeigneten Bauernhof aussuchen, rechtzeitig den Bauern fragen und einen Termin vereinbaren
- Landkarten, Stadtpläne, Luftbilder, Flurkarten (auf dem Rathaus) besorgen, um die Lage des Hofes gut einordnen zu können
- günstige Wegstrecke oder Verkehrsverbindung herausfinden

74.1 Schülerinnen beim Interview

Die Lehrerin wird eine Flurkarte besorgen. Für die weitere Planung gibt sie der Klasse Hinweise: „Ihr müsst überlegen, welche Informationen ihr mithilfe von Fragebogen, Interviews, Fotos, Skizzen, Karten usw. sammeln könnt. Notwendige Hilfsmittel wie Kassettenrekorder, Fotoapparate, feste Schreibunterlagen, Zeichenpapier, Buntstifte, Lineale u. a. müssen bereitgestellt werden.“

Bildet Gruppen, die die verschiedenen Themen der Betriebserkundung vor- und nachbereiten. Die Ergebnisse der einzelnen Gruppen werden nach der Besichtigung in den Betriebsspiegel (Abb. 85.3) eingetragen sowie im Fragebogen notiert.

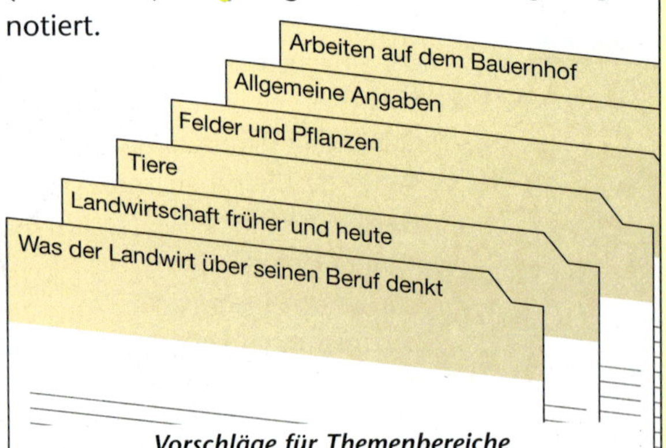

74.2 Gruppen bilden

Bei jeder Betriebserkundung tauchen eine Menge Fragen auf. Mit einem vorbereiteten Fragebogen vergesst ihr nichts. Hier ist ein Vorschlag für euer Interview. Ergänzt diesen Bogen um weitere Fragen, die von den Arbeitsgruppen zusammengestellt wurden.

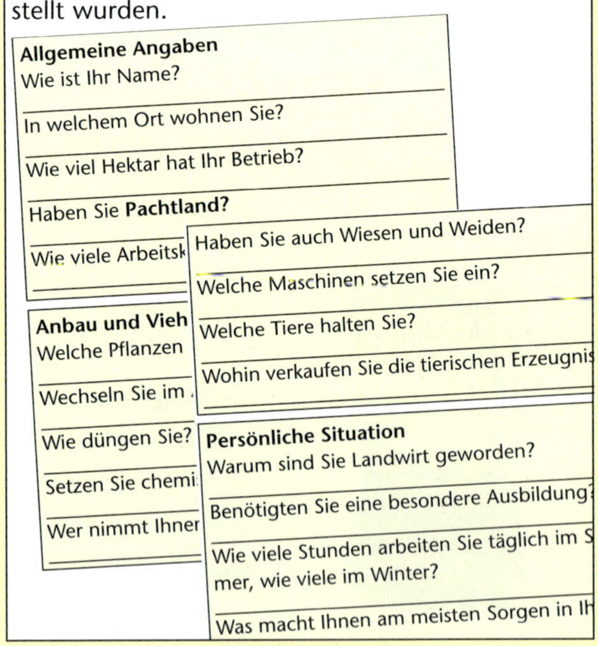

74.3 Fragebogen entwickeln

75.1

75.3

75.2

75.4

Ein Betriebsspiegel beschreibt die Größe und Merkmale eines Bauernhofes. Ein Beispiel dafür zeigt euch die Abbildung. Während des Besuches sowie im anschließenden Unterricht könnt ihr den Betriebsspiegel ergänzen. Verwendet dazu auch die Informationen des Interviews (Fragebogen).

Lage, Klima, Böden:
Höhe ca. 200 m über NN
mittlere Jahrestemperatur:
9,5 °C
mittlere Jahresniederschläge:
770 mm
Böden: sandige Lehmböden

Betriebsfläche:
36 ha
17 ha Eigenbesitz
19 ha Pachtland
Arbeitskräfte:
Betriebsleiter, Ehefrau

Bodennutzung:
Mais 15 ha
Wintergetreide 7,5 ha
Sommergetreide 7,5 ha
Dauergrünland 6 ha

Gebäude:
Wohngebäude
Wirtschaftsgebäude
(Stallung, Scheuer,
Lagerraum)
Geräteschuppen
Schweinestall mit Auslauf

Viehbestand:
35 Mastbullen
20 Mutterschweine
(Ferkelaufzucht)
50 Stück Kleinvieh

Maschinenpark:
3 Traktoren
1 Maishäcksler (für Silage)
2 Heuerntegeräte
Anhänger, Pflug,
Sämaschine …

75.5 Betriebsspiegel erstellen

Die Schüler der Klasse 5c haben ihre Erkundung mit einer Ausstellung beendet. Berichte, was sie zusammengetragen haben (Abb. 75.6).
Wenn du mit deiner Klasse ebenfalls einen Bauernhof besucht hast, kannst du folgende Aufgaben bearbeiten:

- Vergleiche den Hof, den ihr erkundet habt, mit dem Hof, der hier beschrieben worden ist. Lege eine Tabelle an und trage wichtige Merkmale der zwei Betriebe dort ein.
- Wenn ihr auch eine Ausstellung nach eurer Hoferkundung gestaltet habt, stellt diese doch anderen Klassen vor.

75.6 Ergebnisse präsentieren

Landwirtschaft im Norddeutschen Tiefland

Wir erkunden einen Bauernhof im Internet

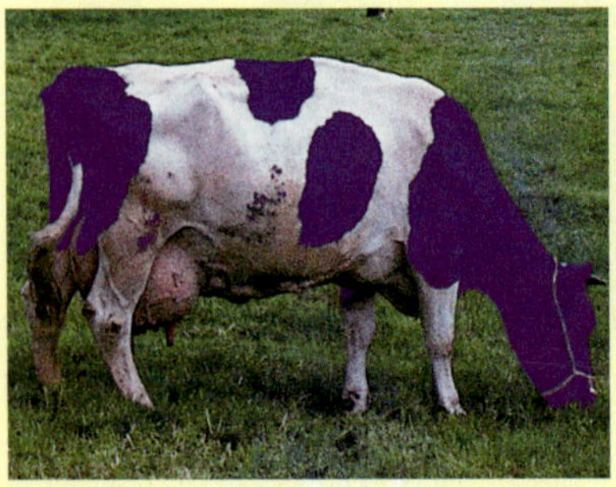

76.1 Sieht so eine Kuh aus?

Kennst du dich in der Landwirtschaft aus? Lebst du auf dem Land und kannst du manchmal Bauern bei der Arbeit zusehen? Vielleicht wohnst du ja in einer großen Stadt und hast noch nie einen Bauernhof gesehen. Vor dem Hof liegt ein Misthaufen. Die Bäuerin sitzt in der Küche und rührt den Jogurt. Die Kinder spielen im Schweinestall oder reiten auf der Wiese. Auf der Wiese stehen lila Kühe. So sieht die Landwirtschaft aber nur in der Werbung aus. Um einen Einblick ins Leben auf einem Bauernhof zu bekommen, habt ihr zwei Möglichkeiten: Entweder ihr besucht einen Bauernhof im Internet oder ihr macht einen Ausflug auf einen richtigen Bauernhof (▷ S. 74/75). Natürlich könnt ihr euch auch mit den Internetseiten auf die Erkundung eines Bauernhofs vorbereiten.

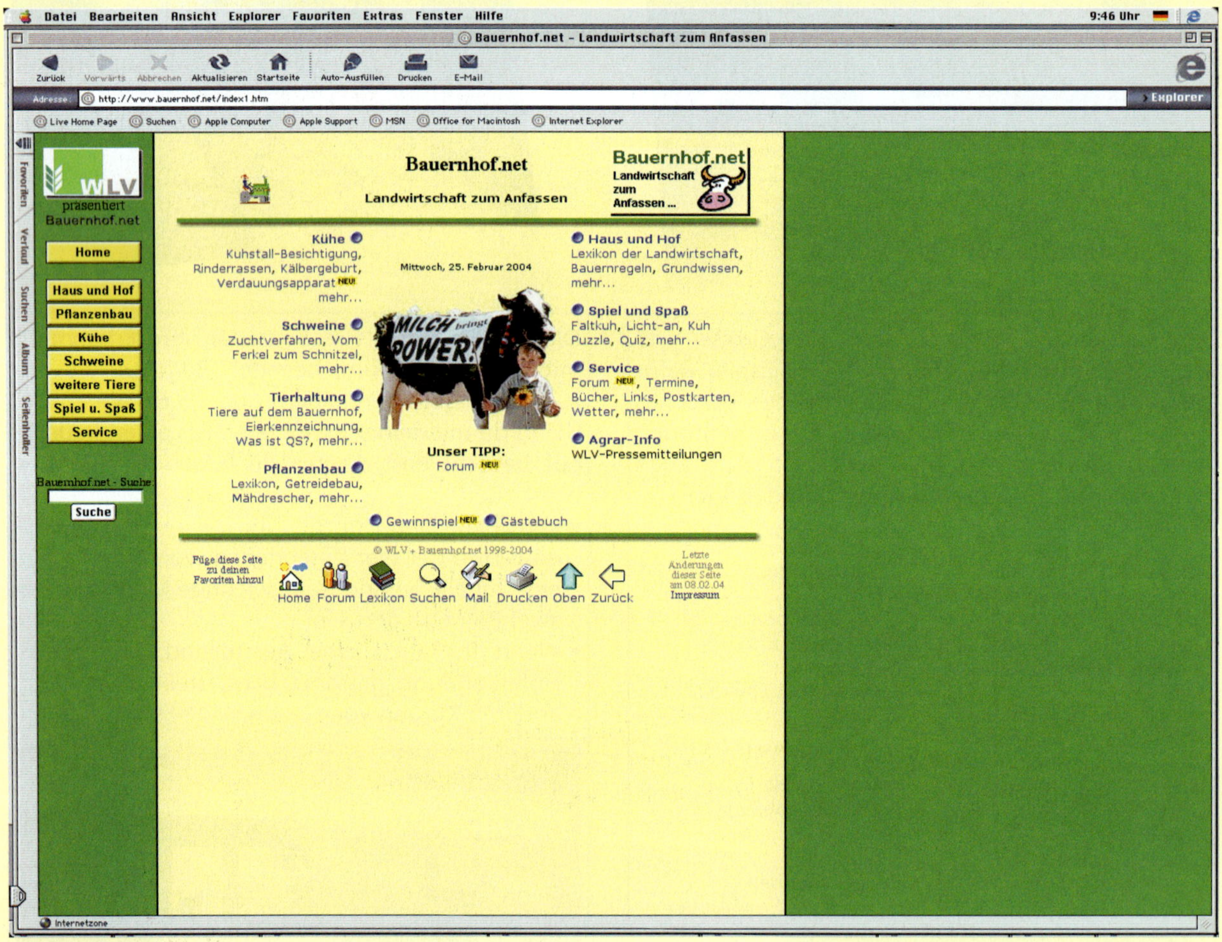

76.2

Auch bei der Besichtigung eines Bauernhofs im Internet könnt ihr die verschiedenen Themen in Gruppen erarbeiten. Mögliche Themenbereiche findet ihr in Abb. 76.2. Natürlich habt ihr auf dem Internet-Bauernhof keinen Bauern, den ihr befragen könnt. Dennoch solltet ihr auch hier einen Fragebogen vorbereiten, den ihr dann mithilfe der Seite www.bauernhof.net beantworten könnt.

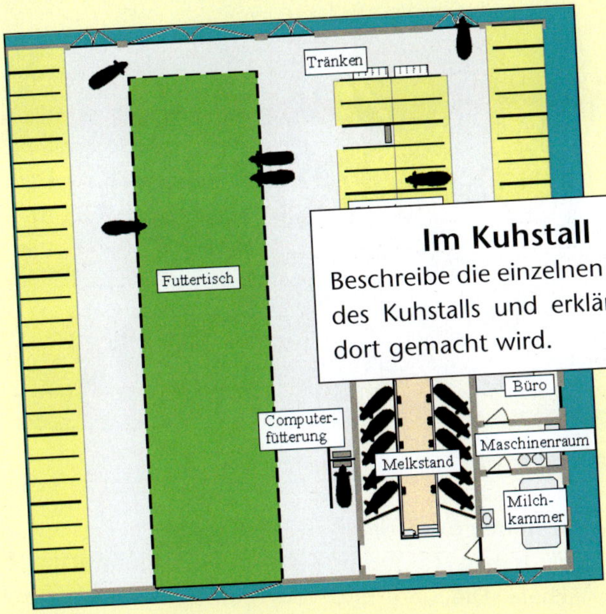

77.1

Bauernregeln
Nenne die Bauernregeln des aktuellen Monats und erkläre ihre Bedeutung für den Bauern. Wenn du magst, kannst du die Regel auch zeichnerisch darstellen.

Im Kuhstall
Beschreibe die einzelnen Räume des Kuhstalls und erkläre, was dort gemacht wird.

Vom Schwein zum Schnitzel
Verfolge den Weg vom Schwein zum Schnitzel. Notiere Stichworte für die einzelnen Stationen.

77.3

77.2

Maschinen
Erkläre, wie ein Mähdrescher arbeitet.

Tiere auf dem Bauernhof
Nenne die verschiedenen Tiere auf einem Bauernhof. Erkläre, warum sie wichtig für den Hof sind. Nenne mögliche Produkte, die aus den Tieren gewonnen werden.

Getreideanbau
Beschreibe den Anbau von Winterweizen in eigenen Worten.

1. Bearbeitet in Gruppen die einzelnen Stationen dieser Seite. Erstellt kleine Skizzen oder Bilder, die eure Antworten anschaulich darstellen.
2. Schlagt Begriffe nach, die ihr nicht kennt. Benutzt dazu ein Lexikon oder die Internetseite www.bauernhof.net
3. Überprüft euer Wissen. Löst dazu das Quiz auf der Internetseite in den verschiedenen Schwierigkeitsstufen.

Ökologische Landwirtschaft: Der Kampfelder Hof

Der Kampfelder Hof
15 km südwestlich von Hannover betreibt das Ehepaar Baxmann seit etwa zehn Jahren seinen Hof ökologisch. Wir wollen wissen, was einen ökologischen Hof kennzeichnet.

78.1 *Hühner auf dem Freilandgelände*

Frau Baxmann, was ist eigentlich eine ökologische Landwirtschaft?
Unser Hof wird nach den Richtlinien des BIOLAND-Verbandes bewirtschaftet. Durch eine schonende Bodenbearbeitung und eine vielfältige Fruchtfolge wird der Boden zu einem lebendigen Organismus. Wir verzichten auf den Einsatz von Chemie und Kunstdünger. Dadurch kann sich das Bodenleben voll entfalten und unser wertvolles Grundwasser bleibt sauber.

Was verstehen Sie unter „vielfältiger Fruchtfolge?"
Wir bauen von Jahr zu Jahr auf derselben Fläche möglichst viele verschiedene Pflanzenarten an. So entsteht ein stabiles Gleichgewicht zwischen den unterschiedlichen Bodenorganismen. Die Pflanzen werden dadurch vitaler, das heißt, sie sind gesünder und widerstandsfähiger gegen Krankheiten. Deshalb können wir auch auf chemische Spritzmittel verzichten.

Und wie düngen Sie den Boden?
Wir benutzen organischen Dünger. Das ist einmal der Stallmist von unseren Tieren und zum anderen die Gründüngung. Gründüngung ist eine Mischung aus Ölrettich, Wicken und Bohnen. Diese Pflanzen bilden an den Wurzeln Stickstoff. Wir erzeugen also einen natürlichen Dünger. Trotzdem können wir auf unseren Flächen nicht ganz so viel erzeugen wie in der traditionellen Landwirtschaft.

Gibt es denn bei Ihnen kein Unkraut mehr?
O doch! Und das macht bei der Bodenbearbeitung viele mechanische Arbeitsgänge nötig – das heißt: hacken, hacken, hacken. Ökologischer Anbau ist recht arbeitsintensiv. Deshalb sind unsere Produkte auch etwas teurer.

Sie halten auch Tiere?
Wir haben 15 Angus-Kühe und 20 Schwarzkopf-Schafe. Die Tiere sind von April bis November auf der Kleegras-Weide. Sie haben somit Bewegungsmöglichkeiten und fühlen sich „kuhwohl". Im Winter sind sie im Stall und werden mit Kartoffeln, Heu und Stroh gefüttert.
Für die Weide und die Futtergewinnung haben wir sechs Hektar Grünland. Das Kleegras ist ein ausgezeichnetes Futter für die Tiere und es benötigt keinen Dünger.

Betreiben Sie auch Ackerbau?
Auf unseren Flächen bauen wir Weizen, Roggen, Dinkel, Kartoffeln, Erbsen und Bohnen an. In der Gärtnerei werden viele Gemüsesorten angebaut. Ein Teil der Flächen liegt zur Gründüngung brach.

Was ist denn Ihr wichtigster Betriebszweig?
Der Schwerpunkt liegt bei uns in der Vermarktung. Deshalb spielt der Hofladen auch die entscheidende Rolle. In unserer eigenen Hofbäckerei backen wir zehn verschiedene Brotsorten, Kuchen, Brötchen und andere Backwaren, die wir im Hofladen verkaufen. Zum Angebot gehören auch Kartoffeln und unser Gemüse sowie das selbst erzeugte Fleisch.

Wo wachsen denn bei Ihnen die Bananen und Zitronen, die Sie im Hofladen verkaufen?
Ja, wir erweitern natürlich unser Angebot, indem wir Obst, Nudeln, Gewürze usw. zukaufen. Aber alles kommt aus kontrolliertem, also ökologischem Anbau.

79.1 Widerstandsfähige Angusrinder im November auf der Weide

79.2 Die Hofbäckerei

79.3 Hoffest

Der Kampfelder Hof

Familienangehörige:
Bärbel & Cord Baxmann
Marie (9 Jahre), Peer (7 Jahre)
Hermann Baxmann (Altbauer)
Mitarbeiter: 8 Vollzeitkräfte, 3 Azubis, 8 Teilzeitkräfte
Betriebsgröße, insges. 90 ha.

Ackerbau

• Weizen	30 ha
• Roggen	15 ha
• Dinkel	2 ha
• Kartoffeln	5 ha
• Erbsen, Bohnen	21 ha
• Gemüse	5 ha
• Weide/Futtergewinnung	8 ha

Viehwirtschaft

- 15 Angus-Mutterkühe
- 20 Schwarzkopf-Schafe

Maschinenpark:
2 Ackerschlepper, 1 Kartoffelroder, 1 achtschariger Wendepflug, 1 Striegel sowie Anhänger usw.

Hofbäckerei: Verarbeitung des eigenen Getreides zu 10 Brotsorten, Brötchen, Kuchen u. a. Backwaren

Hofladen: Vermarktung der selbst erzeugten Produkte sowie der Backwaren aus der Hofbäckerei; Ergänzung des Angebots durch Zukäufe von anderen Öko-Produkten

Bekleidungsshop: Verkauf von Bekleidung aus ökologisch erzeugten Rohstoffen

1. Was erfährst du in dem Text über „Schonende Bodenbearbeitung und vielfältige Fruchtfolge"?
2. Wie vermarktet dieser Betrieb seine Erzeugnisse?

Massentierhaltung – Schweinezucht in Südoldenburg und Vechta

80.1 *Schweine in einem Mastbetrieb*

In einem einzigen Stall stehen 200 und mehr Schweine dicht an dicht. Die größte Gefahr droht hier durch Ansteckung von Krankheiten.

Im Zentrum der Schweinezucht

Fährt man nach Südoldenburg, in den Kreis Vechta, in das Münsterland und bis in die östlichen Niederlande, so fallen die vielen fabrikähnlichen Gebäude mit den runden Futtersilos auf. Auf den Feldern wächst Mais, so weit das Auge reicht.

Wir befinden uns in dem größten europäischen Verdichtungsraum der Schweinezucht. Die Schweine werden so gezüchtet, dass sie in kürzester Zeit ihr Schlachtgewicht erreichen. Diese Schweine sind sehr empfindlich, sie sterben oft vor Aufregung.

Abhängigkeit von Futtermittel-Importen

Die Tiere erhalten zweimal täglich ein spezielles Mastfutter. Die Fütterung erfolgt computergesteuert und wird meist nur von ein oder zwei Leuten erledigt. Das Futter beziehen die Mäster von speziellen Futtermittel-Herstellern. Mais und vor allen Dingen das eiweißreiche Soja werden aus den USA bezogen. Nur durch diese Importe ist es in Deutschland möglich, dass Schweine in so großer Zahl gemästet werden können.

Gülle

Bei der Massentierhaltung entsteht sehr viel Gülle. Das ist ein Gemisch aus Kot und Urin. Jedes Schwein scheidet täglich etwa 7 Liter aus.
Ein mittlerer Betrieb muss täglich die Gülle von etwa 800 Schweinen aus dem Stall abpumpen, in Tanks lagern oder auf die Felder bringen.
Gülle enthält Sauerstoff, Phosphat, Kalium und Nitrat – es ist damit ein hochwertiger Dünger.

Interview mit dem Schweinezüchter Herrn Strube

Herr Strube, haben Sie Probleme mit der Gülle?
O ja. Ich habe nur 29 ha. Das ist mein Problem!

Was hat der Landbesitz mit der Gülle zu tun?
Die Gülleverordnung legt fest, dass pro Hektar höchstens 2,5 Dungeinheiten aufgebracht werden dürfen.

Was sind Dungeinheiten?
Sieben Schweine produzieren eine Dungeinheit (DE) als Gülle. Das entspricht 80 kg Stickstoff. Mehr als 2,5 DE/ha würden den Boden überdüngen. Meine 800 Mastschweine produzieren ca. 114 DE. Ich müsste dafür schon 41,5 ha Land haben.

Wie lösen sie denn Ihr Problem?
Ich gebe zurzeit Gülle an einen Betrieb im Nachbarkreis ab. Aber das ist teuer und geht wohl auch nicht auf ewig. Irgendwann brauchen die ihr Land für die Gülle aus ihrem eigenen Betrieb.
Im Winter kommt noch etwas anderes dazu – dann darf ich gar keine Gülle ausbringen.

Und wo bleibt die Gülle dann?
In Tanks. Aber wehe, wenn der Winter länger dauert. Dann reichen meine Tanks nicht aus.

Sie müssten eigentlich weniger Schweine mästen.
Das geht leider nicht, denn wir verdienen an dem einzelnen Schwein so wenig, dass ich die Masse schon brauche.
Und noch etwas. Ich habe Angst, dass die Gülleverordnung demnächst verschärft wird. Im Augenblick sind 2 DE/ha im Gespräch. Wenn das kommt, bin ich mit meinem Betrieb am Ende.

81.1 Verteilen von Gülle

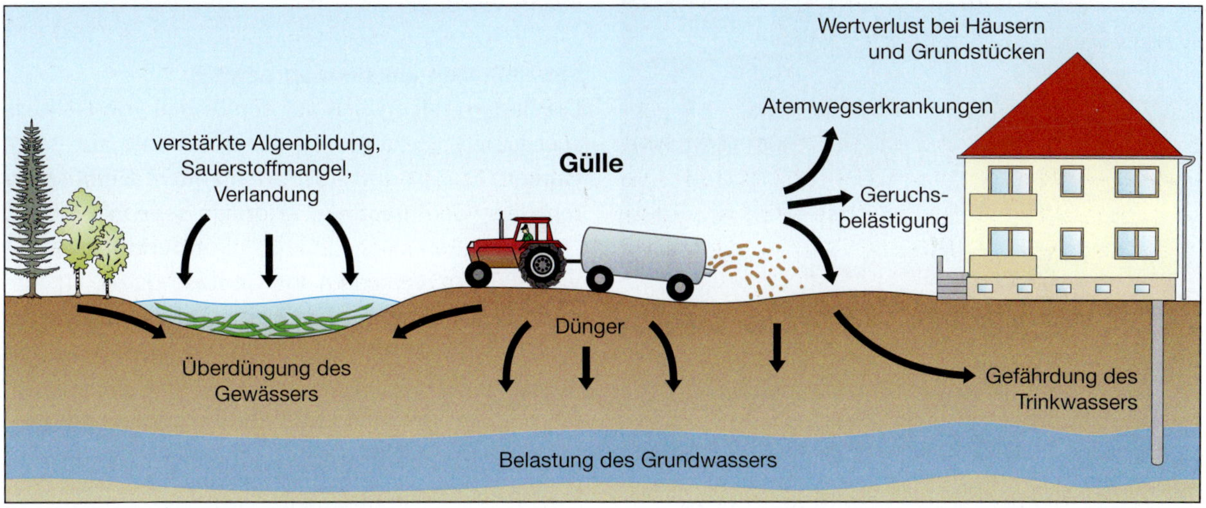

81.2 Ökologische Probleme der Gülle

Folgen der Überdüngung

Die Pflanzen nehmen nicht sofort alle Nährstoffe der Gülle auf. Viele Nährstoffe werden deshalb oberflächlich in die *Gewässer* und *Seen* gespült. Dort führen sie zur Überdüngung. Auf sandigen Böden gelangen die Nährstoffe leicht ins Grundwasser. Vor allem das Nitrat verseucht dann das Wasser für lange Zeit.
Auf überdüngten Böden wachsen kaum noch Pflanzen. Der Mais gehört zu den wenigen, die auf solchen Böden überhaupt noch gedeihen können.

1. Könnte die Schweinemast ohne Futtermittelimport auskommen? Erkläre.
2. Erläutere Abb. 81.1 und 81.2. Welche Probleme entstehen?
3. Erkläre, warum die Gülleverordnung wichtig ist.
4. Welche Probleme ergeben sich aus der Massentierhaltung?

Landwirtschaft im Norddeutschen Tiefland

Ein Besuch im Spreewald

82.1 Touristen im Spreewald

82.2 Verkehrsregeln gelten auch für Wasserstraßen

82.3 Verkaufsstand

Der Spreewald – eine einzigartige Landschaft

Der Spreewald ist eine ganz besondere Landschaft, er ist nämlich von vielen kleinen Flüssen und Kanälen durchzogen.

Am eindrucksvollsten erlebt man als Besucher diese Landschaft, wenn man sich von einem Spreewälder Fährmann durch das unüberschaubare Netz der Kanäle und Fließe führen lässt.

Früher wurde der Verkehr im Spreewald noch ausnahmslos mit Kähnen abgewickelt, und jedes Gehöft besaß seinen eigenen Hafen. Auch die Fahrt in die Schule, der Einkauf oder die Postzustellung waren nur auf dem Wasserweg möglich. Heute gibt es immer noch 194 befahrbare Fließe.

Diese reizvolle Landschaft ist einzigartig in Mitteleuropa. Um den Spreewald mit seinen Schönheiten zu erhalten, ist es 1960 zum Landschaftsschutzgebiet erklärt worden.

Spezialitäten aus dem Spreewald

Die Bauern haben sich auf den Anbau von Gemüse spezialisiert. Bekannt ist der Spreewald für seine Gurken. Es gibt dort aber auch andere Gemüsesorten. Der Gemüseanbau erfordert sehr viel Arbeit. Darum heißen solche Pflanzen **Sonderkulturen.**

Viele Bauern verkaufen ihr Gemüse direkt an ihre Kunden. Dazu haben sie kleine Verkaufsstände an den Flüssen eingerichtet (Abb. 82.3). Die besten Kunden sind die vielen Touristen. Bei einer Kahnfahrt wollen sie die einzigartige Landschaft erleben. Sie nutzen die Gelegenheit und kaufen bei einem kurzen Halt die leckeren Gurken.

1. Tausende Touristen besuchen den Spreewald jedes Jahr. Bestimme im Atlas die Entfernung von Berlin, Dresden und deinem Heimatort bis Lübbenau.
2. Sucht im Supermarkt nach Spezialitäten aus dem Spreewald. Welche Gemüsesorten werden dort noch angebaut?

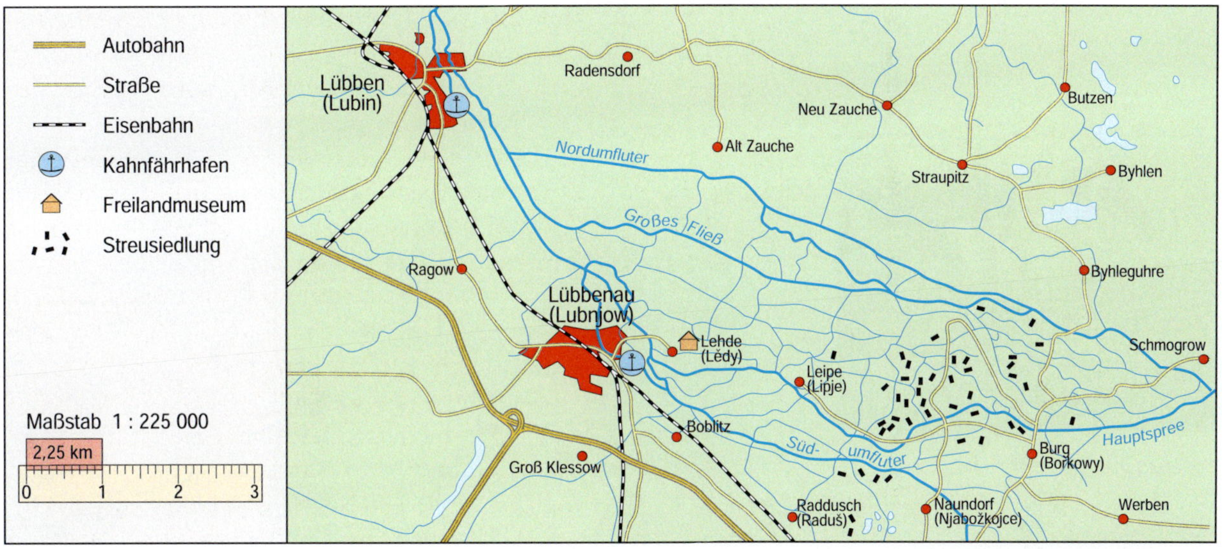

83.1 Der Spreewald

Siedlungsgebiet der Sorben

Zwischen dem Spreewald und dem Lausitzer Bergland leben zwei Nationalitäten. Zwischen Lübben und Bautzen leben etwa 40 000 sorbische Bürger gemeinsam mit deutschen Bürgern. Ortsschilder, Straßennamen und Geschäfte tragen oft deutsche und sorbische Namen. Ein deutliches Zeichen für die Besonderheit dieser Region ist diese Zweisprachigkeit. Zeitungen erscheinen in Sorbisch, und in den Schulen wird auch Sorbisch gelehrt. Diese Sprache hat viele Gemeinsamkeiten mit der tschechischen und der polnischen Sprache. Die Sorben kamen im 6. Jahrhundert im Zuge der Völkerwanderung aus dem Osten Europas. Die Lausitzer Sorben sind die Nachkommen dieser Völker. In ihrer wechselvollen Geschichte mussten sie immer wieder um ihre eigene Sprache und Kultur kämpfen. Viele alte sorbische Bräuche sind aber heute noch lebendig, zum Beispiel die Vogelhochzeit oder das Ostereierverzieren. Zu besonderen Anlässen werden auch die alten Trachten getragen (Abb. 83.2).

83.2 Sorbische Trachten

83.3 Siedlungsgebiet der Sorben

1. Erkundigt euch bei eurem Geschichtslehrer über die Sorben.

Landwirtschaft im Norddeutschen Tiefland

Weißt du, wo der Bauer ackert?

84.1 *Viehzucht in der Marsch*

84.2 *Kartoffeln in der Lüneburger Heide*

84.3 *Weinbau am Rhein*

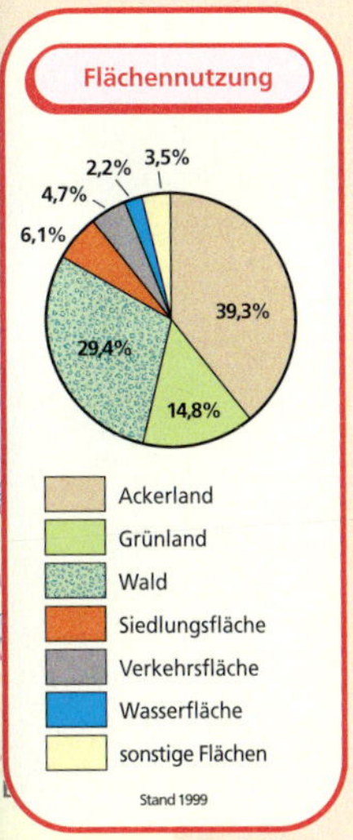

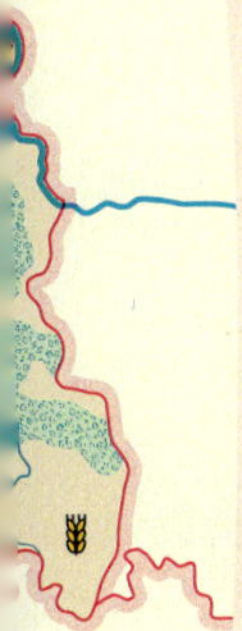

85.1 Apfelanbau im Alten Land

85.2 Zuckerrüben in der Börde

85.3 Weizen im Thüringer Becken

Bodennutzung in Deutschland

Klima und Böden sind die wichtigsten Faktoren für die Möglichkeiten der Bodennutzung. Deutschland ist in dieser Hinsicht sehr unterschiedlich ausgestattet. Auf den Böden der Marsch an der Nordseeküste können anspruchsvolle Pflanzen wie Kohl und Weizen angebaut werden. Im *Alten Land* wird wegen des günstigen Klimas Obst in Sonderkulturen angebaut. Die nassen älteren Marschböden eignen sich nicht zum Ackerbau, jedoch hervorragend zur Viehzucht. Die **Moore** sind landwirtschaftlich kaum nutzbar. Allerdings gedeihen auf moorigen Böden Rhododendren und Azaleen besonders gut. Sie werden im *Ammerland* in Sonderkulturen angebaut.

Auf den Sandböden (z. B. in der *Lüneburger Heide und in Mecklenburg-Vorpommern*) gedeihen Kartoffeln besonders gut. Aber auch Sonderkulturen – wie der Spargel – finden hier beste Voraussetzungen.

Löss ist der beste Boden. Er bedeckt die *Börden*. Auf Lössböden gedeiht fast alles. Deshalb werden in den Börden Zuckerrüben und Weizen angebaut. Sie sind besonders anspruchsvolle Pflanzen.

Ähnlich günstige Voraussetzungen findet man im *Oberrheingraben*. Da dieser Raum zudem ein wärmeres Klima als das übrige Deutschland hat, können hier alle Früchte früher geerntet werden.

In vielen Flusstälern Süddeutschlands (*Rhein, Main, Neckar, Ahr, Nahe, Mosel*) wird wegen des warmen Klimas Wein angebaut.

In den höheren Regionen des *Mittelgebirges* und der Alpen ist es schon zu kalt für den Ackerbau. Hier herrschen Grünlandwirtschaft und Viehzucht vor.

An steileren Hängen und in noch größeren Höhen der *Gebirge* ist es zu rau für den Ackerbau. Hier ist nur noch Wald- und Holzwirtschaft möglich.

1. a) Suche die fruchtbarsten Gebiete Deutschlands.
   b) Wie heißen sie?
   c) Was wird dort angebaut?
2. Benenne die Gebiete, die hauptsächlich zur Viehzucht genutzt werden (Atlas).
3. Nenne Sonderkulturen und bestimme ihre Lage.

Leben mit der Kohle

Leben mit der Kohle

Kohle – gespeicherte Sonnenenergie

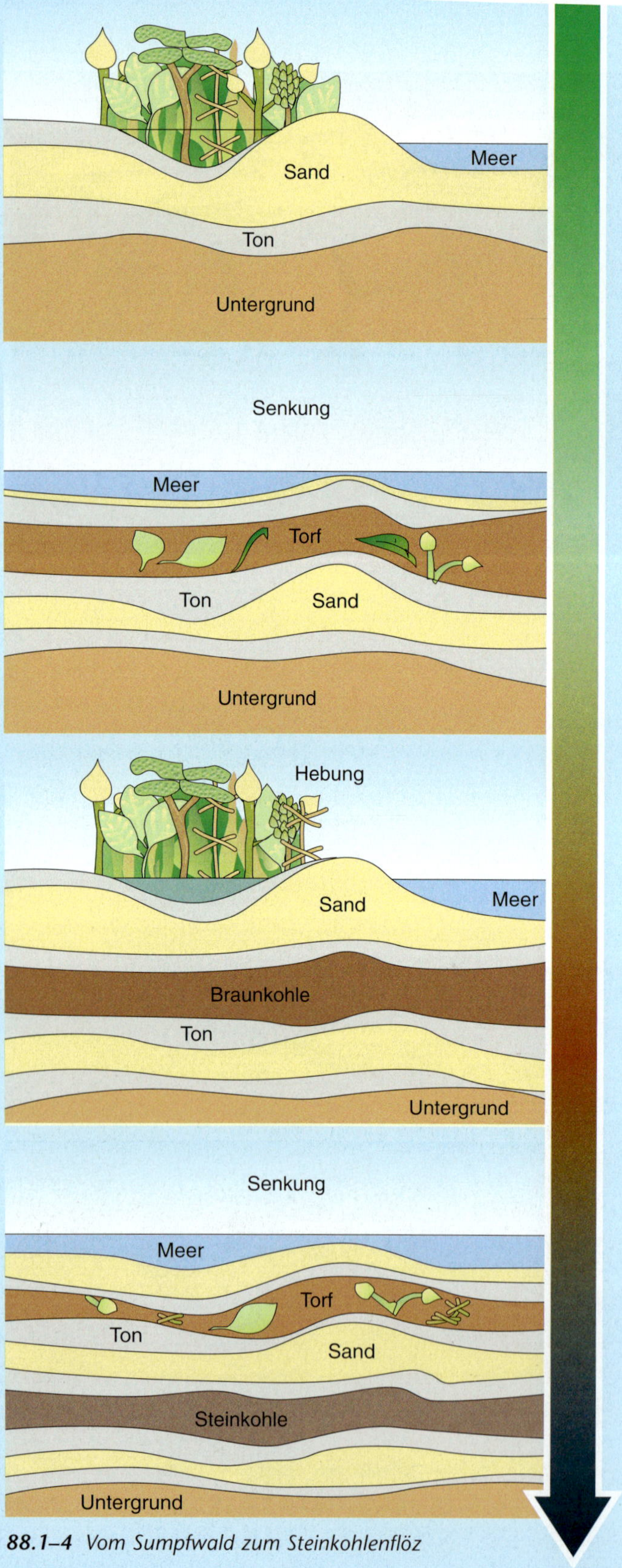

88.1–4 Vom Sumpfwald zum Steinkohlenflöz

Vor vielen Millionen von Jahren, als die Saurier die Erde bevölkerten, waren große Gebiete der Erde mit Sumpfwäldern bedeckt. Im feuchten und warmen Klima der **Steinkohlenzeit** (Karbon) wuchsen riesige Pflanzen, zum Beispiel Farne und Bäume. Die abgestorbenen Pflanzen versanken im Schlamm und gerieten dort unter Luftabschluss. So konnten sie nicht verfaulen, sondern bildeten mit der Zeit eine feste Pflanzenmasse, den **Torf**. In Mooren kann man diesen Vorgang auch heute noch beobachten.

Im Laufe der Zeit senkte sich das Land, Wasser bedeckte die Torfschichten und überspülte sie mit Schlamm, Geröll und Sand. Auf diesen Ablagerungen entwickelten sich neue Sumpfwälder. Auch sie wurden nach einiger Zeit wieder überflutet. Dieser Vorgang wiederholte sich viele Male. Eine große Anzahl übereinander liegender Schichten aus abgestorbenen Pflanzen, Sand und Geröll entstand.

Das Gewicht der Gesteinsschichten presste die Torflagen mit der Zeit zusammen. Nach einigen Millionen Jahren entstand daraus **Braunkohle**. Durch die weitere Ablagerung von Geröll und Sand gelangte sie in immer tiefere Lagen. Dort wandelte sich bei hohen Temperaturen und starkem Druck die Braunkohle in **Steinkohle** um. Steinkohle enthält im Unterschied zur Braunkohle oder Torf fast kein Wasser mehr und besitzt deshalb einen besseren Brennwert.

Die Steinkohlenschichten **(Flöze)** liegen meist in großer Tiefe. Nur wenige sind über eineinhalb Meter dick und kommen deshalb für den Abbau in Frage. Braunkohlenflöze sind dagegen mehrere Meter mächtig. Sie liegen nahe der Erdoberfläche und können deshalb mit weniger Aufwand im **Tagebau** abgebaut werden.

Sumpfwald

Torf

Braunkohle

Steinkohle

89.1–4

89.5 Braun- und Steinkohle entstehen aus Pflanzen wie Bäume und Farne.

1. Erkläre, warum Kohle als Energiespeicher bezeichnet wird.
2. Beschreibe in Kurzform die Entstehungsgeschichte vom Sumpfwald bis zur Steinkohle.
3. Erkläre mithilfe des Geolexikons den Begriff „Tagebau“ am Beispiel Torf oder Braunkohle.
4. Wozu werden Torf und Braunkohle verwendet?
5. Was ist mit „besserem Brennwert“ gemeint?

89.6 Auf manchen Kohlestücken kann man sogar noch Abdrücke der Pflanzen erkennen.

Leben mit der Kohle

Im Steinkohlenbergwerk – ein Bergmann erzählt

Mittagsschicht

Heute habe ich Mittagsschicht. Ich mache mich mit der Straßenbahn auf den Weg zur **Zeche**, so nennen wir das Bergwerk. Dort arbeiten über 4000 Bergleute, die meisten davon unter Tage im Tiefbau. Sobald ich angekommen bin, ziehe ich mich um und lege meine Ausrüstung an: Grubenlampe, Akku, Arbeitsanzug, Atemschutzgerät und Verpflegungstasche. Wir warten am Aufzug, bis die Kumpels von der Frühschicht hochkommen. Staubig und mit schwarzen Gesichtern steigen sie aus dem Aufzug. Jetzt sind wir dran. In wenigen Minuten erreichen wir mit dem Fahrstuhl unseren Arbeitsort in fast 1000 m Tiefe.

90.1 *Einfahrt in die Zeche*

Vor Ort

Ich steige am Füllort aus. Diese große Halle gleicht einem Güterbahnhof. Alles ist hell erleuchtet. Ständig rollen Züge voller Kohle an. Mit einem Elektrozug fahre ich vor Ort zu meinem Arbeitsplatz.

Ich bediene einen Kohlehobel. Er fährt am Kohlenflöz entlang und hobelt dicke Kohlestücke ab. Damit der Stollen nicht einbrechen kann, wird die Gesteinsdecke mit hydraulischen Stahlschilden abgestützt. Auf einem Förderband wird die Kohle zu den Waggons transportiert. Hier unten herrschen Temperaturen von 25 °C. Die Luft ist feucht und staubig. Aber mit dem Hobel fällt die Arbeit leichter als früher. Sie musste damals noch mit dem Presslufthammer losgebrochen werden. Pro Tag fördert unsere Zeche über 8000 Tonnen Steinkohle.

90.2 *Kohlehobel*

90.3 *Transportbahn unter Tage*

Abtransport der Kohle

Eine Elektrolokomotive bringt die gefüllten Waggons zum Förderaufzug. Dort werden sie gegen leere Waggons ausgetauscht und nach oben gebracht. Viele Waggons enthalten auch Abraum. Er fällt an, wenn neue Kohlenflöze erschlossen werden. Nach sechs Stunden ist unsere Schicht unter Tage vorbei. Wir fahren wieder über Tage, wo wir schon von den Kollegen der Spätschicht erwartet werden. Jetzt noch die Grubenlampen abgeben, damit die Akkus für morgen wieder aufgeladen werden können, dann in die Umkleideräume und ab unter die Dusche. Die Arbeit in der Zeche ist zwar sehr hart, aber ich liebe meinen Beruf. Ich hoffe nur, dass meine Zeche nicht wie viele andere stillgelegt wird.

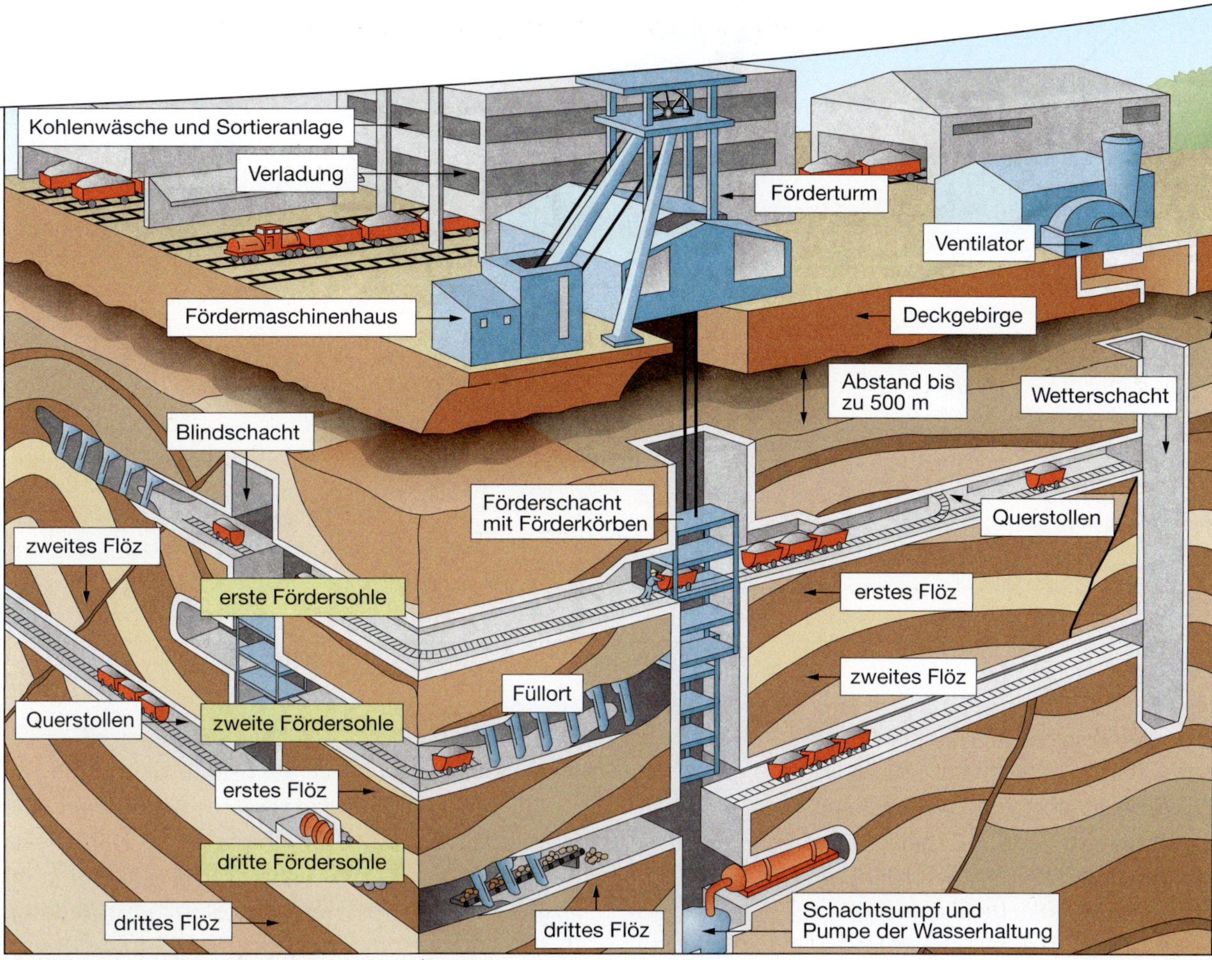

91.1 Querschnitt durch ein Steinkohlenbergwerk

91.2 Strom aus Kohle

Verwendung der Steinkohle

Früher wurde die Steinkohle vielfältig verwendet. Sie diente in der chemischen Industrie als wichtiger Grundstoff. Aus ihr wurden Kunststoffe, Medikamente, Farben, flüssige Brennstoffe und vieles mehr hergestellt.

Heute wird die Steinkohle fast nur noch zur Stromerzeugung in Kraftwerken und bei der Stahlherstellung eingesetzt.

91.3 Stahlerzeugung

1. Ordne die Fotos von Seite 90 der Abbildung 91.1 zu.
2. Erkläre mithilfe des Textes, der Bilder und der Zeichnung die Begriffe Zeche, Tiefbau, Füllort, Kohlehobel und Förderaufzug.
3. Errechnet, wie viele Tonnen Steinkohle in der Zeche jährlich gefördert werden.
4. Wofür wird die Steinkohle verwendet?

Leben mit der Kohle

Das Ruhrgebiet

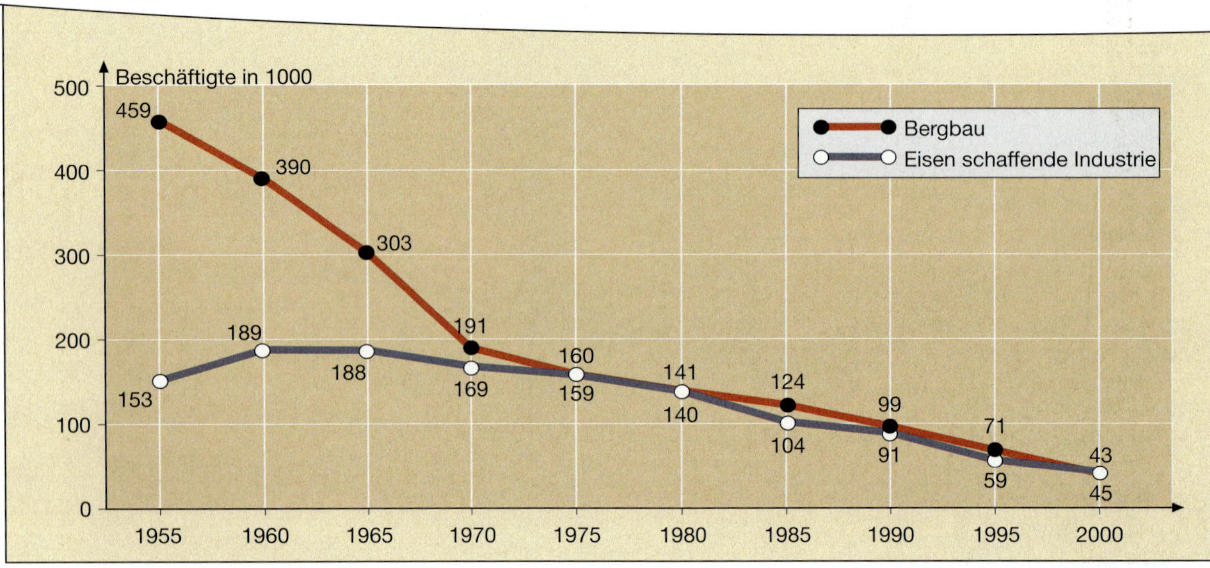

92.1 Entwicklung der Beschäftigten im Ruhrgebiet

Der Aufschwung

Ohne die großen Steinkohlelagerstätten wäre das Ruhrgebiet nicht entstanden. Seit 700 Jahren wird im Gebiet an der Ruhr Steinkohle abgebaut. Zuerst wurde die Kohle dort gefördert, wo die Flöze dicht an der Erdoberfläche lagen. Später gruben die Bergleute brunnenartige Schächte und von dort waagrechte Stollen in die Erde. Durch die Erfindung der Dampfmaschine und den Einsatz von Pumpen zum Absaugen des Grundwassers konnten die Stollen immer tiefer in den Berg getrieben werden. Zusammen mit dem Bergbau wuchs die Eisen verarbeitende Industrie. Das Ruhrgebiet entwickelte sich zum bedeutendsten **Verdichtungsraum** Deutschlands.

Die Krise

In den 50er Jahren war Steinkohle der wichtigste Energieträger. In fast allen Häusern wurde mit Kohle geheizt. Die Bundesbahn fuhr noch mit Dampfloks. Im Ruhrgebiet war die Hälfte aller Beschäftigten im Bergbau und in der Eisen- und Stahlindustrie tätig. Ab 1957 kam es im Bergbau zu einer großen Krise. Viele stellten ihre Heizanlagen um. Kohle wurde immer öfter durch Erdöl ersetzt. Trotz der langen Transportwege war Erdöl wegen der geringeren Förderkosten billiger. Es wurde auch immer mehr Steinkohle aus dem Ausland eingeführt. Sie war billiger, weil sie nicht mühsam unter Tage, sondern großflächig im Tagebau abgebaut werden konnte.

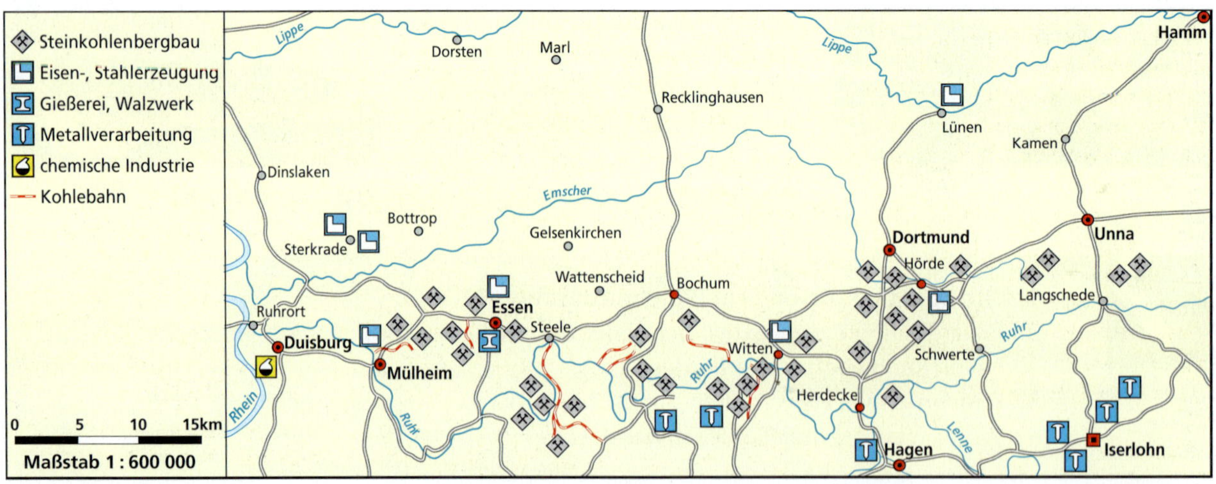

92.2 Industrie und Bergbau im Ruhrgebiet um 1850

Standortfaktoren beeinflussen ein Unternehmen bei der Wahl eines Standorts. Für die Erzeugung und Weiterverarbeitung von Eisen und Stahl wird Steinkohle benötigt. Darum haben sich solche Betriebe im Ruhrgebiet angesiedelt. Die Kohlevorkommen waren der wichtigste Standortfaktor, das Eisenerz kam aus dem Ausland.
Es gibt aber auch noch andere Standortfaktoren. Welche Standortfaktoren wichtig sind, hängt von der Art des Betriebes ab.

93.1 Sprengung eines Förderturms

Die Zahl der fördernden Schachtanlagen ging von 143 (1954) auf 11 (2000) zurück. Tausende Bergleute verloren ihre Arbeitsplätze. Der Steinkohlenkrise folgte in den 70er Jahren die Stahlkrise, denn Eisen und Stahl wurden durch Aluminium und Kunststoffe ersetzt. Der Bedarf an Koks für die Hüttenindustrie sank. Betriebsschließungen führten zum Verlust vieler Arbeitsplätze. Die Zukunft für das Ruhrgebiet sah düster aus.

1. Fertige eine Liste mit wichtigen Städten und Flüssen des Ruhrgebiets an.
2. Arbeite aus den Karten 92.2 und 93.2 die Unterschiede zwischen 1950 und heute heraus.
3. Der Duisburger Hafen entwickelte sich zum größten Binnenhafen Deutschlands. Erklärt, warum.
4. Mit welchen Problemen hatte das Ruhrgebiet ab Ende der 50er Jahre zu kämpfen?
5. Erklärt den Satz: „Die Abhängigkeit von der Kohle brachte das Ruhrgebiet fast an den Abgrund."

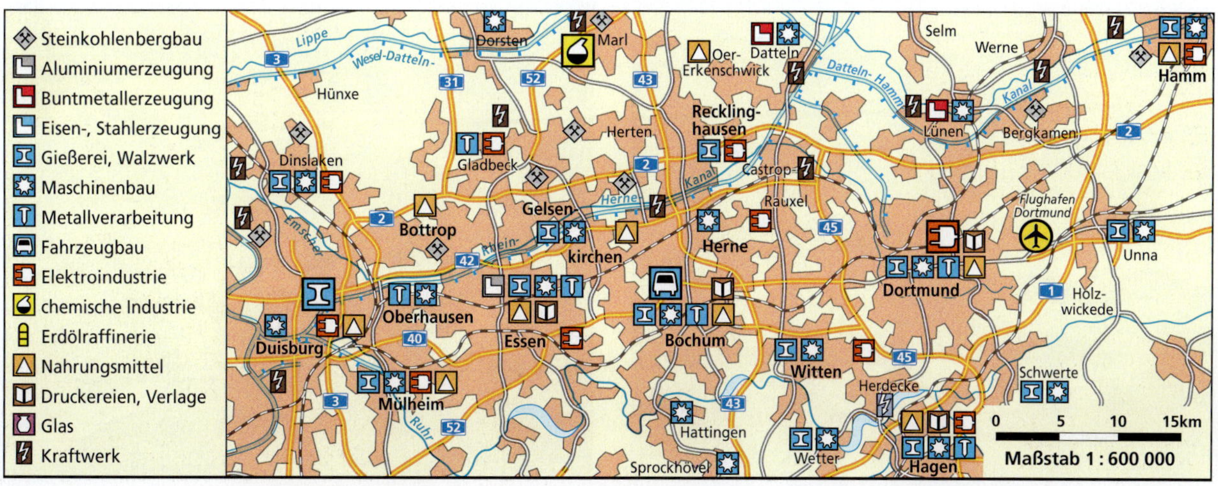

93.2 Industrie und Bergbau im Ruhrgebiet heute

Der Strukturwandel

Im Ruhrgebiet wurden nun Wege aus der Krise gesucht. Man löste sich von der einseitigen Abhängigkeit von Kohle und Stahl. Heute bestimmen nicht mehr die Fördertürme und große Hüttenwerke das Bild der Region. Um neue Unternehmen anzulocken, wurde das Verkehrsnetz ausgebaut. Städte und Gemeinden stellten ansiedlungswilligen Firmen kostengünstig Gewerbeflächen zur Verfügung. So baute Opel in Bochum ein großes Automobilwerk mit 15 000 neuen Arbeitsplätzen. Gewerbeparks und Technologiezentren entstanden. Dort haben sich zahlreiche Hightech-Firmen niedergelassen.

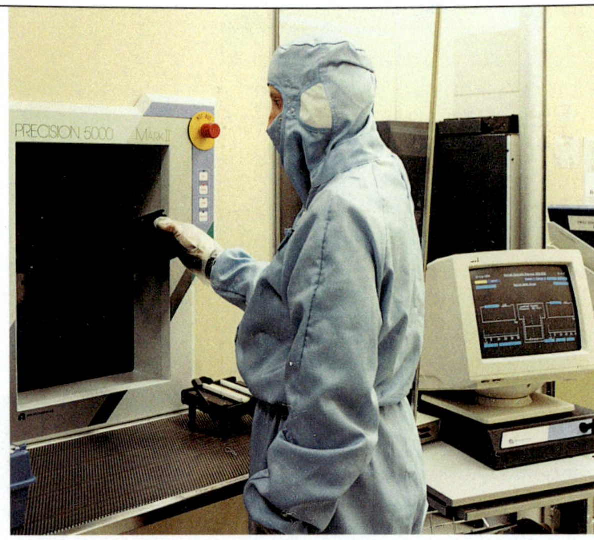

94.3 Arbeitsplatz in einer Hightech-Firma

94.1 Opelwerk in Bochum

Alte Fabriken wurden abgerissen und der Boden entgiftet. Firmen aus dem Ruhrgebiet verkaufen heute weltweit Einrichtungen für Umwelttechniken oder das Wissen darüber. Dieses Wissen wurde auch durch die Gründung und den Ausbau von Universitäten (z. B. Bochum, Essen, Dortmund, Duisburg) gefördert. Der größte Teil der Menschen im Ruhrgebiet arbeitet heute nicht mehr in der Industrie, sondern in Dienstleistungsberufen. Auf den sanierten Industrieflächen entstanden neue großflächige Einrichtungen (Abb. 94.4). Sie sollen dazu beitragen, dass das Werbemotto „Das Ruhrgebiet – ein starkes Stück Deutschland" Wirklichkeit wird.

94.2 Gebäude einer Zeche in Bottrop 1924

94.4 Heutige Nutzung: ein Industrie-Gewerbepark

1. Wie wurden die Probleme im Ruhrgebiet behoben?
2. Ordnet folgende Namen den Bildern zu: Ruhr-Universität Bochum, Movie-World Bottrop, Opelwerk Bochum, Einkaufszentrum Oberhausen, Westfalenhalle Dortmund, Arena auf Schalke, Stahlwerk Duisburg.
3. Welche Bilder gehören in den Bereich Industrie und welche zu den Dienstleistungen?
4. Fertigt eine Liste mit Bundesligaklubs aus dem Ruhrgebiet an.

Im Reich der Riesenbagger

96.1 Bagger im Tagebau

Braunkohleabbau im Lausitzer Revier

Schon von weitem sind sie zu sehen. Aus der flachen Landschaft ragen Stahlträger hoch in die Luft. Langsam bewegen sie sich wie mächtige Saurier aus Stahl. Es sind Braunkohlebagger, die mit ihren riesigen Schaufeln das „braune Gold" der Lausitz – die Braunkohle – fördern. Um Braunkohle abzubauen, werden riesige Schaufelradbagger benötigt. Zuerst tragen sie den Abraum ab. Das sind die Schichten aus Erde, Sand, Kies und Geröll, die über der Braunkohle lagern. Die Schaufeln fressen sich dann durch die Kohlenflöze und laden sie auf Laufbänder, die sich kilometerweit durch das Abraumgebiet erstrecken.

Braunkohle kann im **Tagebau** gewonnen werden, weil sie jünger ist als Steinkohle und somit näher an der Erdoberfläche liegt. Darum wurde die Braunkohle auch nicht so stark zusammengepresst. Sie hat deshalb einen höheren Wassergehalt und einen geringeren Brennwert.

Die Braunkohle wird in nahe gelegenen Kraftwerken zu Strom umgewandelt (Karte 97.2). Bei der Verbrennung entsteht giftiger Schwefelrauch, der in besonderen Filtern gereinigt werden muss. Früher entstand durch den schwefelhaltigen Rauch saurer Regen. Heute sind viele Kraftwerke mit Filtern ausgerüstet, sodass die Belastung der Umwelt geringer geworden ist.

Deutschland ist eines der wenigen Länder, die Braunkohle abbauen. Neben dem Lausitzer Revier gibt es noch bei Leipzig und in der Nähe von Köln Braunkohlenfördergebiete.

1. Nennt die Unterschiede zwischen Braunkohle- und Steinkohleabbau (▷ S. 90/91).
2. Sucht das Braunkohleabbaugebiet Lausitz auf der Karte 97.1. Wie weit ist euer Heimatort von dort entfernt?
3. Vergleiche die Ausdehnung der Abbaufelder (Abb. 97.2) mit Entfernungen in deinem Heimatraum.

97.1

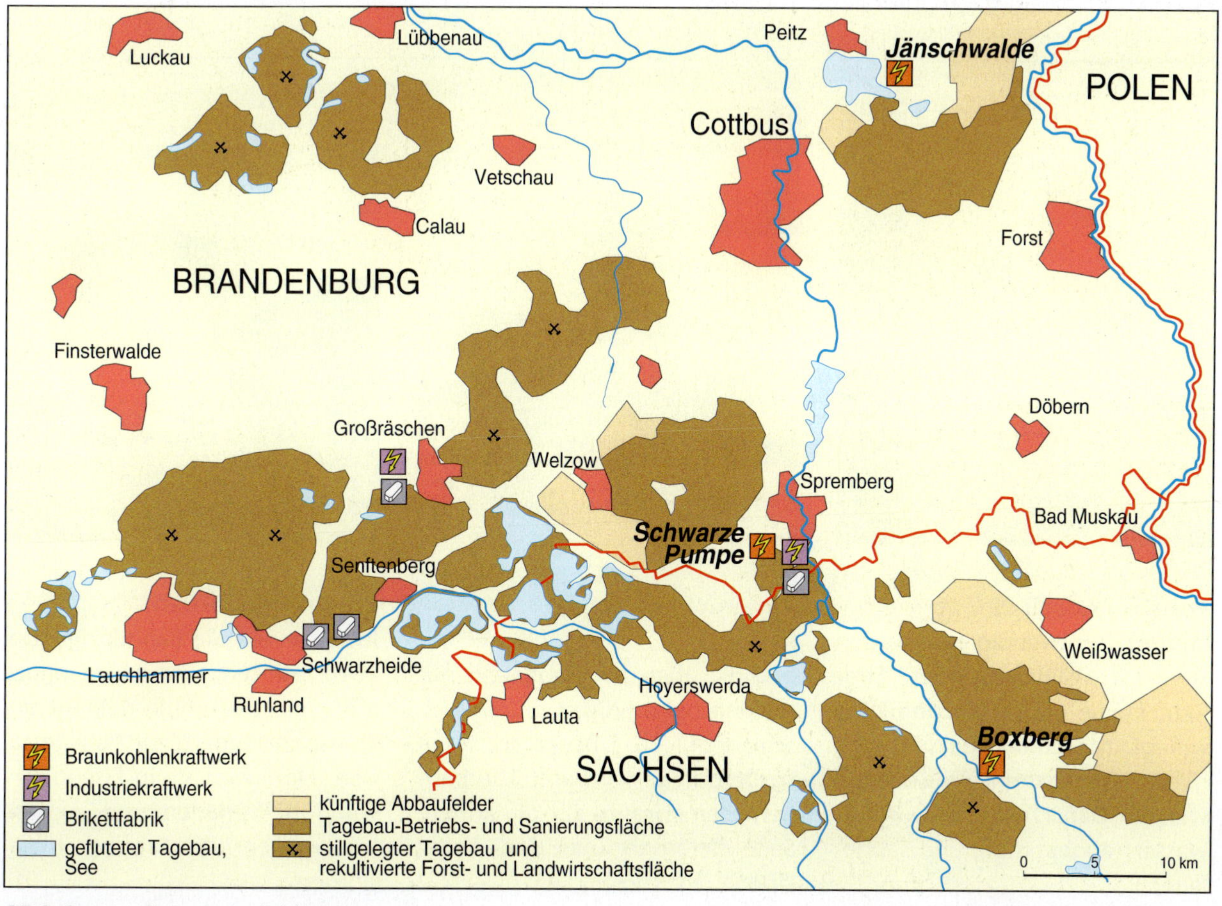

97.2 Das Lausitzer Braunkohlenrevier

Leben mit der Kohle

Im Reich der Riesenbagger

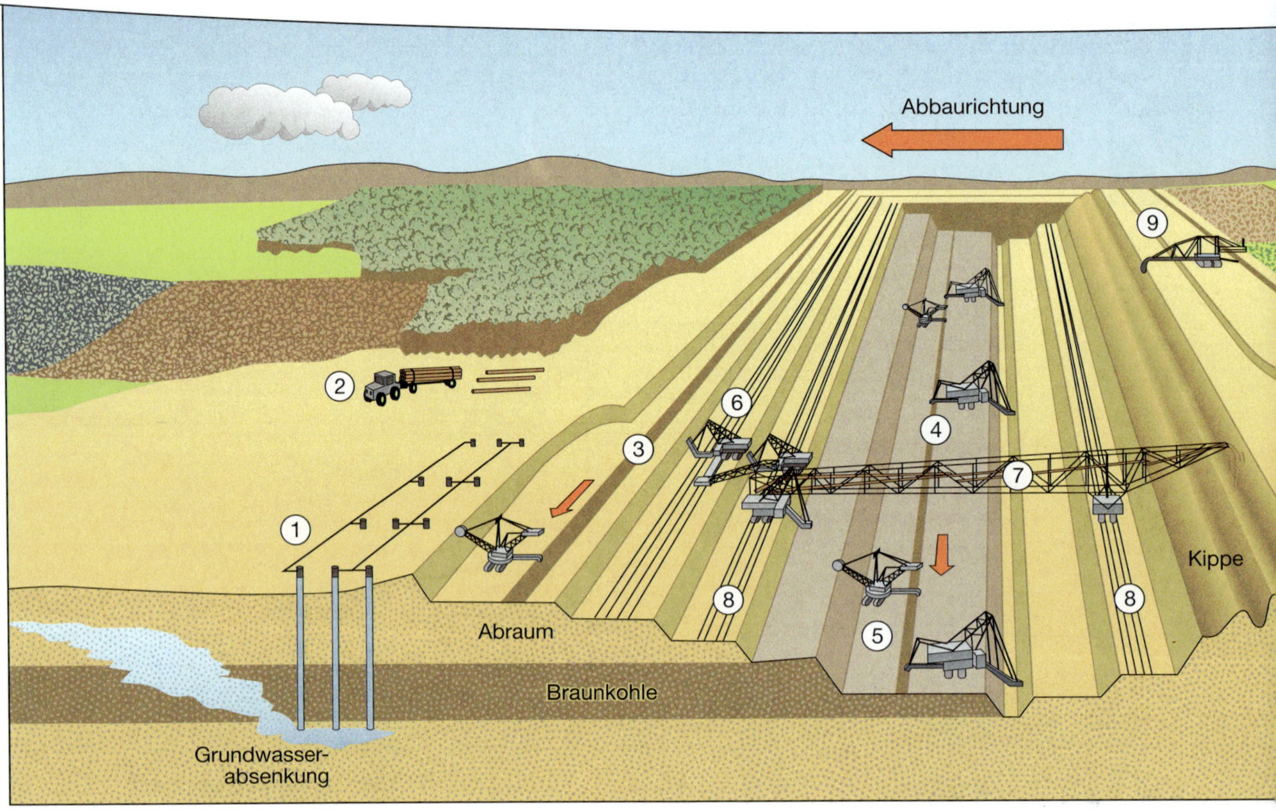

98.1

Vor dem Abbau
Wenn es notwendig ist, werden zunächst Wälder gerodet, Straßen, Flüsse und Eisenbahnlinien verlegt. Manchmal müssen auch ganze Ortschaften umgesiedelt werden. Danach wird das Grundwasser abgepumpt und abgeleitet.

Abraum bewegen
Mächtige Schaufelradbagger tragen die über der Braunkohle liegenden bis zu 100 m dicken Erdschichten ab. Über eine lange Förderbrücke wird mit Laufbändern der **Abraum** auf die andere Seite befördert und dort abgekippt.

Braunkohle fördern
Jetzt können die Bagger die über 10 m dicken Braunkohlenflöze abbauen. Die Kohle gelangt auf Transportbändern zur Verladestation. Dort wird sie in Eisenbahnwaggons verladen und zu den Kraftwerken oder Fabriken transportiert.

(1) Filterbrunnen
(2) Räumung des Vorfeldes
(3) Bandanlage für Abraum
(4) Bandanlage für Kohle
(5) Kohlebagger
(6) Abraumbagger
(7) Abraumförderbrücke
(8) Gleisanlage
(9) Absetzer
(10) rekultiviertes Land

1. Beschreibt die Abläufe beim Braunkohlentagebau und erklärt, warum es heißt: „Der Tagebau wandert“.
2. Was wird unter Rekultivierung verstanden?

Abraum ablagern
Der Abraum wird auf dem Gelände abgelagert, aus dem die Kohle schon gefördert wurde.
Riesige Absetzer schütten die Abraumkippen mit fruchtbaren Erdschichten auf. Das Grundwasser beginnt wieder zu steigen.

Rekultivierung
Nach dem Abbau wird eine neue Landschaft gestaltet. Der Boden wird gedüngt, Bäume werden gepflanzt, Felder und Seen angelegt, Straßen neu gebaut. Jetzt kann die Landschaft zur Erholung oder für die Landwirtschaft wieder genutzt werden.

Wollt ihr noch mehr erfahren?

Geht ins Internet und beschafft euch weitere Informationen über den Braunkohleabbau.

Internetadresse:
http://www.braunkohle.de
e-mail:
Maassen.debriv@t-online.de

Ihr könnt auch schreiben an:
DEBRIV
Bundesverband Braunkohle
Postfach 40 02 52

oder an:
Lausitzer Braunkohle AG
Spremberger Straße 31
01968 Senftenberg

Leben mit der Kohle

Bergbau und Energie in Deutschland

100.1

1. Welche großen Städte liegen in der Nähe der Braunkohlenreviere?
2. Erklärt den Zusammenhang zwischen Kohlevorkommen und dem Bau von Braunkohle- und Steinkohlekraftwerken.
3. In welchem Gebiet Deutschlands gibt es Braun- und Steinkohlevorkommen?
4. Wie wird Baden-Württemberg mit Energie versorgt?

101.1 Kohletagebau in Nordamerika

101.3 In China belastet die Kohle die Umwelt

Steinkohleabbau in den USA

Die Steinkohle lagert dort nicht so tief wie im Ruhrgebiet. Deshalb kann sie oft im Tagebau gewonnen werden. Die Steinkohlenflöze sind bis zu zehn Meter dick und werden wie bei uns die Braunkohle mit großen Baggern abgebaut. Die Kohle kann deshalb billiger verkauft werden. Trotz des langen Transportweges über den Atlantischen Ozean kosten drei Tonnen Steinkohle aus den USA nur so viel wie eine Tonne Kohle aus dem Ruhrgebiet.

Steinkohle in China

In China wird weltweit die meiste Steinkohle gefördert. In großen Tagebauen wird zwanzigmal so viel Kohle gefördert wie in Deutschland. China exportiert jedoch nur wenig Kohle.

Der größte Teil wird in Kraftwerken zur Stromerzeugung verwendet. Im Gegensatz zu Deutschland werden die Abgase in China kaum von giftigen Gasen gereinigt. Deshalb verschmutzen sie die Umwelt sehr viel stärker.

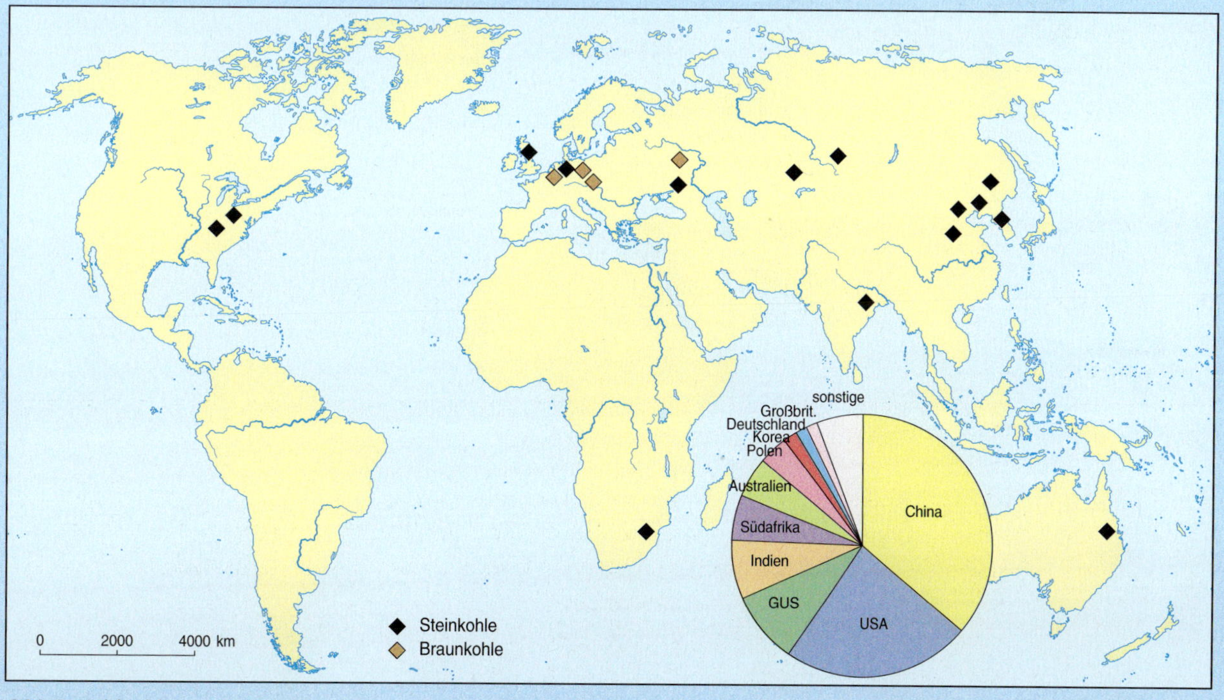

101.2 Kohleabbaugebiete in der Welt

Zwischen Berg und Tal

1. Betrachtet die Bilder: Wie werden die Flüsse durch den Menschen genutzt?
2. Wo könnten die Bilder in Deutschland aufgenommen worden sein? Sucht mögliche Gebiete/Orte im Atlas (physische Karte).

Zwischen Berg und Tal

Die deutschen Mittelgebirge

104.1 Blick auf das Mittelgebirge Rhön

An das rund 200 km breite Tiefland im Norden Deutschlands schließt sich die Mittelgebirgszone an. Sie ist flächenmäßig der größte deutsche Landschaftsraum. Die Nord-Süd-Ausdehnung beträgt rund 400 km. Im Süden bildet die Donau die Grenze zum Alpenvorland. Mittelgebirge unterscheiden sich im Aussehen und in der Höhe deutlich von Hochgebirgen. Mittelgebirge sind sehr vielgestaltig. Abgerundete Berge, Täler und Beckenlandschaften wechseln miteinander ab. Hochgebirge reichen in Europa mit dem höchsten Gipfel der Alpen, dem Mont Blanc, an die 5000 m heran. Dagegen erreichen in den meisten Mittelgebirgen nur einzelne Berge die Höhe von knapp 1500 m.

104.2 Deutsches Mittelgebirge

104.3 Der Harz mit dem Brocken

104.4 Weinfelder Maar in der Eifel

Wie sind unsere Mittelgebirge entstanden?

Wo heute unsere Mittelgebirge liegen, entstanden in der Erdaltzeit (vor rund 325 Mio. Jahren) mächtige Hochgebirge mit steilen Gipfeln und schroffen Felsen (Abb. 105.1ⓐ).

Gleichzeitig mit der Auffaltung der Gebirge setzte die Erosion ein. Das Hochgebirge wurde im Laufe von Jahrmillionen zu einem Rumpfgebirge abgetragen (ⓑ).

Im Erdmittelalter wurde das Rumpfgebirge vom Meer überflutet. Es lagerten sich **Meeressedimente** ab und wurden zu Gestein (ⓒ).

Später, in der Erdneuzeit, wurde das Rumpfgebirge angehoben. Dabei zerbrach es in einzelne Schollen. Es entstanden Horste und Gräben (ⓓ).

Entlang der Bruchlinien drang an manchen Stellen zähflüssiges Gestein (Magma) aus dem Erdinneren auf und ließ Vulkangebiete entstehen (z. B. Rhön, Eifel). Die Deckschichten wurden vielerorts durch die **Erosion** abgetragen. So erhielt die Landschaft ihr heutiges Aussehen (ⓔ).

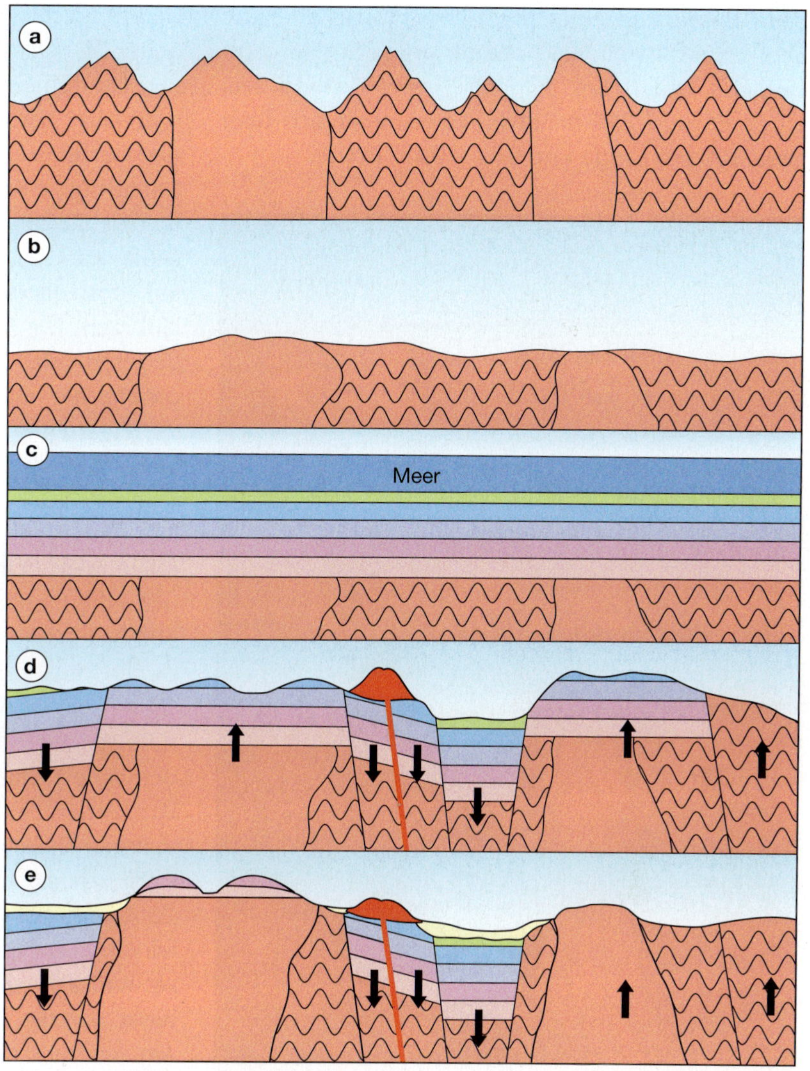

105.1 Die Entstehung der Mittelgebirge

105.2 Besondere Felsformen im Elbsandsteingebirge

1. Suche die Mittelgebirge aus Abb. 104.2 im Atlas. Notiere in einer Tabelle die höchste Erhebung jedes Mittelgebirges.
2. Beschreibe ein Mittelgebirge: Lage und Ausdehnung, Flüsse und Talsperren, bedeutende Berge, große Städte und Verkehrsverbindungen.
3. Erkläre die Entstehung der Mittelgebirge (Abb. 105.1).

Zwischen Berg und Tal

Der Rhein hat Platz

Beim Betrachten einer physischen Karte von Süddeutschland ist dir vielleicht der grüne Streifen entlang des Oberrheins aufgefallen: ein Tiefland zwischen 85 und 250 m ü.NN. Es erstreckt sich über etwa 300 km Länge und 30 – 40 km Breite.

106.1 *Bild des Oberrheingrabens (Computerdarstellung)*

Ursprünglich war ganz Süddeutschland eine durchgehende, leicht hügelige Landschaft. Der Wechsel von Landphasen und Meeresbedeckungen im Erdmittelalter verursachte die Ablagerung verschiedener Gesteinsschichten. Kräfte aus dem Erdinneren (= endogene Kräfte) wölbten die Landschaft empor. In den Gesteinen bildeten sich Risse und Spalten (Abb. 106.2a). Die Erdkruste wölbte sich so stark auf, dass das Mittelstück vor etwa 45 Mio. Jahren einbrach. Die Randbereiche, die uns heute z. B. als Vogesen oder Schwarzwald bekannt sind, wurden gleichzeitig angehoben (Abb. 106.2b). Aufgrund der Entstehung spricht man beim Oberrheinischen Tiefland auch von einem **Grabenbruch** oder vom Oberrheingraben. Während der Eiszeiten wurden Kies und Sand ins Tiefland eingeschwemmt, der Rhein grub sich in die Ablagerungen ein und schuf sich eine mehrere Kilometer breite Stromaue (Abb. 106.2c).

Durch Messungen wurde festgestellt, dass sich der Graben heute noch verbreitert und senkt. Bei Karlsruhe senkt er sich um etwa 0,5 mm pro Jahr. Gelegentliche Erdbeben in dieser Region sind die Folge. Vor langer Zeit gab es am Oberrheingraben auch Vulkanausbrüche: Der heutige, 557 m hohe Kaiserstuhl war einst ein durch mehrere Ausbrüche über 2000 m hoher Vulkankegel. Die auf diesen Berg einwirkende Erosion hat jedoch die größten Teile dieses Vulkans abgetragen. Ein weiteres Phänomen weist auf die Aktivität des Oberrheingrabens hin: Am Westrand des Schwarzwaldes befinden sich einige Heilbäder, deren heiße Quellen die Römer schon vor über 2000 Jahren nutzten. Die Erdwärme erhitzt Wasser, das entlang der Bruchlinien aufsteigt. An Stellen, wo dieses Wasser an die Oberfläche steigt, entstanden Kurorte wie z. B. Baden-Baden.

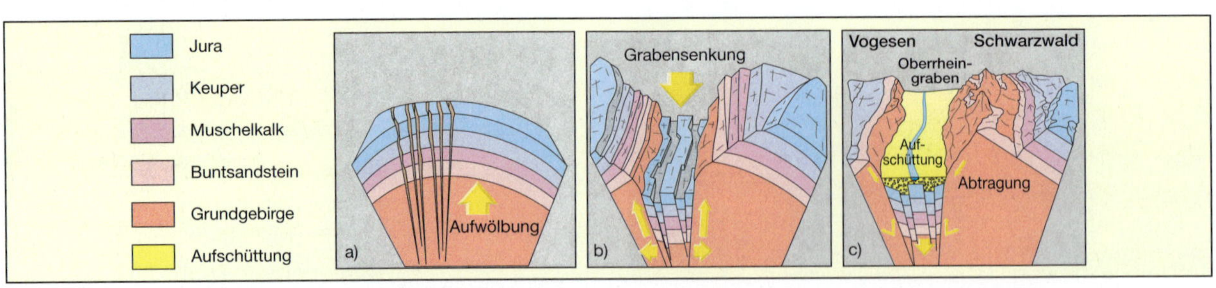

106.2 *Die Entstehung des Oberrheingrabens (schematische Darstellung)*

107.1 Das Durchbruchstal des Rheins

107.2 Das Durchbruchstal in der Karte

Durch das Rheinische Schiefergebirge

Wenn man dem Rheinverlauf folgt, stellt man fest, dass der Oberrheingraben fast plötzlich endet. Östlich von Mainz endet das weitläufige Tal der Oberrheinischen Tiefebene und der Strom fließt durch eine Landschaft, die von steilen, oft felsigen Hängen begrenzt ist, an denen malerische Burgen und Burgruinen zu finden sind. Der schmale Uferbereich bietet nur wenig Platz für Verkehrswege und Siedlungen. Wie kann man sich die Entstehung dieser Landschaft erklären?

Von oben betrachtet, sieht es aus, als hätte sich der Rhein in den Untergrund eingegraben. Tatsächlich aber ist der Rhein etwa auf gleicher Höhe geblieben. Die Landschaft, durch die der Rhein fließt, hat sich jedoch im Lauf der Jahrmillionen angehoben.

Anhebung und Abtragung

Vor etwa 70 Millionen Jahren war die Landschaft des heutigen Rheinischen Schiefergebirges wie auch die Oberrheinische Tiefebene ein flachwelliges Gebiet. (Abb. 107.2a). Ähnlich wie am Oberrhein hob sich die Landschaft in einem lang andauernden Prozess an (Abb. 107.2b). Im Gegensatz zum Oberrheingraben brachen jedoch keine Erdschollen ein. Da die Anhebung der Umgebung langsamer verlief als die Abtragung des fließenden Wassers (Erosion), konnte sich der Rhein so in die umgebende Landschaft einschneiden (Abb. 107.2c). Ein solches Tal nennt man **Durchbruchstal.**

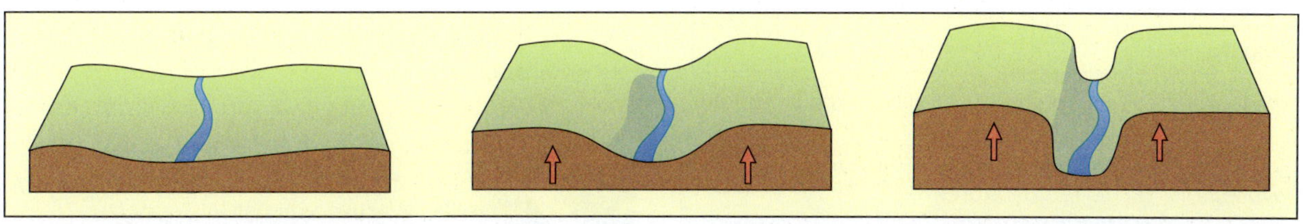

107.3 Entstehung des Durchbruchstals des Rheins

1. Erkläre die Entstehung: a) eines Grabenbruchs; b) eines Durchbruchstals.
2. a) Welche Mittelgebirge liegen entlang des Oberrheingrabens?
   b) Welche Städte liegen am südlichen und am nördlichen Ende des Oberrheingrabens?
3. Welche Erscheinungen deuten darauf hin, dass die Entwicklung am Oberrheingraben noch nicht zu Ende sind?
4. Welche Folgen hat die Enge des Grabenbruchs für die dort lebende Bevölkerung?

Zwischen Berg und Tal

Weinbau am Oberrhein

108.1 und 2 *Flusstal mit Weinhängen und Weinrebe*

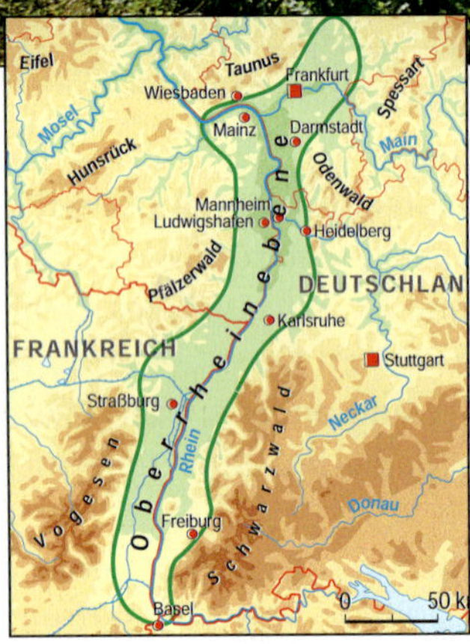

108.3

Weinbau hat besondere Ansprüche

Schon seit über 2000 Jahren wird Wein in klimatisch begünstigten Gegenden angebaut. Dazu gehört auch das Gebiet am Oberrhein. Die Weinrebe stammt aus dem Mittelmeergebiet, braucht viel Sonne und verträgt nur wenig Niederschläge. Um zu gedeihen, benötigt sie gute und nährstoffreiche Böden. Frost ist schädlich für sie.

Für den Weinbau besonders geeignet sind Hanglagen in südlicher Richtung, weil dort die Sonne ihre ganze Kraft und Wärme entfalten kann. Werden die Sonnenstrahlen vom Wasser gespiegelt (z. B. von Flüssen) und auf die Weinreben gelenkt, erhalten diese noch mehr Wärme.

	Jan.	Feb.	März	April	Mai	Juni	Juli	Aug.	Sept.	Okt.	Nov.	Dez.	Jahr
Berlin	0,6	0,3	3,6	8,7	13,8	17,0	18,5	17,7	13,9	8,9	4,5	1,1	8,9
Freiburg	1,1	2,1	6,3	10,3	14,5	17,7	19,4	18,8	15,6	10,1	5,4	1,9	10,3

108.4 *Mittlere Temperaturen (°C) in Berlin und in Freiburg*

Frühjahr:	milde Temperaturen keine Spätfröste, feucht
Sommer:	während der Blüte der Rebstöcke keine starken oder lang anhaltenden Niederschläge, bis zur Ernte viele Sommertage mit hohen Temperaturen
Herbst:	sonnig und trocken, kein Frost vor der Ernte
Winter:	kein starker Frost (unter –15 °C)

108.5 *Das Wetter für guten Wein*

1. Warum wächst Wein besonders gut an den Hängen von Flusstälern?
2. Vergleicht die Temperaturwerte von Berlin und Freiburg.
3. Sucht im Atlas weitere Weinbaugebiete in Deutschland. Notiert, an welchen Flüssen Wein angebaut wird.

109.1–6 Arbeiten einer Winzerfamilie im Jahresverlauf

Das ganze Jahr Arbeit

Die Weinstöcke verlangen von den Weinbauern, den Winzern, das gesamte Jahr über viel Arbeit und Pflege (Abb. 109.1–6). Viele Arbeiten müssen mit der Hand gemacht werden. Zur Weinlese werden oftmals Erntehelfer angestellt, um die vielen Trauben schnell genug pflücken zu können.

Viele Winzer verkaufen ihre Trauben an Genossenschaften. Diese verarbeiten die Trauben zu Wein, füllen ihn in Flaschen ab und verkaufen ihn.

1. Welche Arbeiten müssen im Jahresverlauf im Weinberg getan werden? Beschreibe sie mithilfe der Bilder.
2. Wein gehört zu den **Sonderkulturen.** Erkläre mithilfe des Geolexikons, was damit gemeint ist. Nenne Beispiele.

Zwischen Berg und Tal

Das süddeutsche Schichtstufenland

Während einer Autofahrt von Aschaffenburg über Würzburg und Forchheim nach Weiden fällt dem aufmerksamen Beobachter auf, dass mehrere kurze, oft recht steile Anstiege bewältigt werden, denen je eine längere, sanftere Gefällestrecke folgt (Abb. 110.5). Auf dieser Fahrt reist man durch einen Teil unserer Erdgeschichte – das Erdmittelalter –, in dem mächtige Gesteinsschichten entstanden (Abb. 111.1). Die Schichten wurden im Verlauf von Jahrmillionen bei der Entstehung des Oberrheingrabens schräg gestellt (▷ S. 102). Aufgrund ihrer unterschiedlichen Härte werden sie von der Erosion mehr oder weniger angegriffen und bilden zum Teil deutliche Stufen (Abb. 110.4).
Im Westen, z. B. im Odenwald, findet man die ältesten Gesteine an der Oberfläche, weil die jüngeren Deckschichten dort bereits abgetragen wurden.

110.1 Schichtstufe

Ⓐ

Ⓑ

Ⓒ

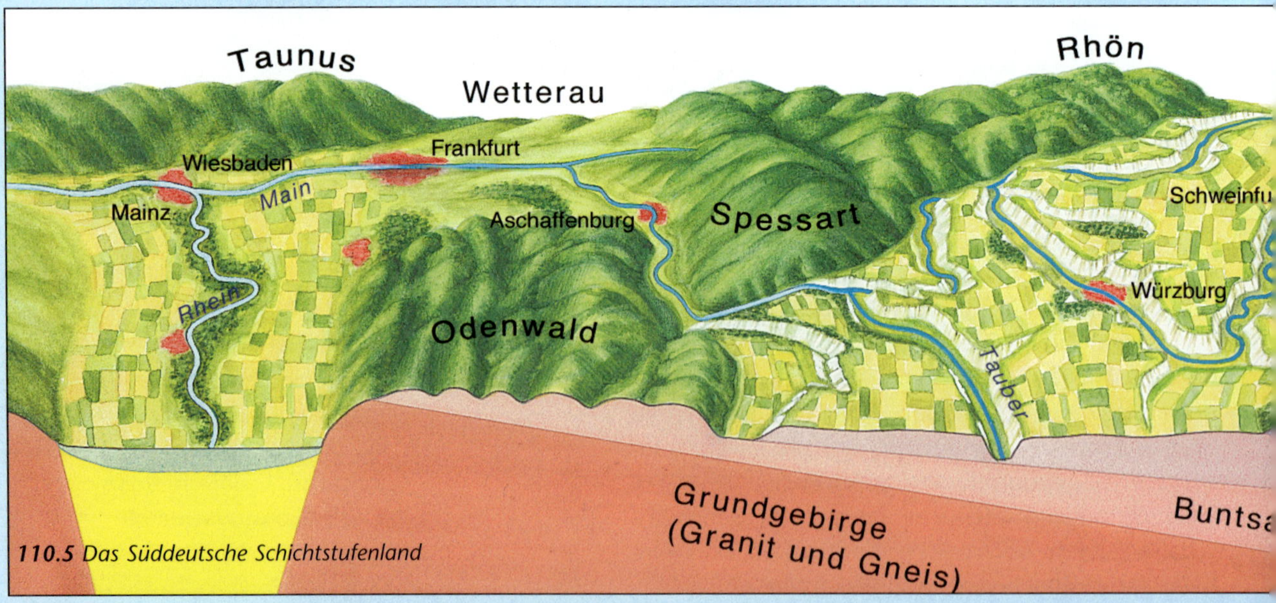

110.5 Das Süddeutsche Schichtstufenland

Erdzeit-alter	Alter der Schichten	Gestein und Ablagerungsbedingungen	Heutige Nutzung	Landschaften
Kreide	145–65 Mio. Jahre	dünne Schichten aus Sand- und Tonsteinen, die auf Meeres-bedeckungen hinweisen	Ackerbau auf sandigen Böden; Waldgebiete	Naabsenke (nur kleinräumig verbreitet)
Jura	205–145 Mio. Jahre	Kalksteine aus dem Jurameer mit zahlreichen Fossilien; berühmt ist der Urvogel aus den Solnhofener Plattenkalken	wasserdurchlässiger Kalkstein führt zu Wasserarmut, die eine landwirtschaftliche Nutzung erschwert; Fremdenverkehr durch Landschaftsbild und Höhlen	Schwäbische Alb, Fränkische Alb, Fränkische Schweiz
Keuper	225–205 Mio. Jahre	Sandsteine, Tone und Schiefer (fossilienreich); unterschiedliche Ablagerungs-bedingungen	Mischwald im Bereich der Schichtstufe, Ackerbau auf sandigen Böden (Sonderkulturen)	Steigerwald, Frankenhöhe, Regnitzsenke
Muschelkalk	240–225 Mio. Jahre	Kalkstein (z.T. Fossilien), Tonstein und Salze; Meeresablagerungen; eiszeitliche Lössauflage	gute Böden, intensiver Ackerbau auf fruchtbaren Lössdecken; Zementherstellung	Gäuland um Würzburg
Buntsandstein	250–240 Mio. Jahre	verschiedenfarbige Sandsteine; überwiegend von Flüssen und Wind abgelagert	wenig fruchtbare Böden, Waldwirtschaft; Bausteingewinnung	Schwarzwald (teilweise), Odenwald (teilweise), Spessart

111.1 Das Süddeutsche Schichtstufenland im Überblick

1. Verfolge die Fahrtroute auf dem Blockbild (Abb. 110.5) sowie im Atlas. Benenne die Schichtstufen in ihrer Abfolge von West nach Ost.
2. Erstelle eine Lageskizze des Süddeutschen Schichtstufenlandes und ergänze die jeweilige Nutzung mithilfe der Tab. 111.1 und des Atlas.
3. Ordne die Fotos Ⓐ – Ⓒ auf Seite 110 einzelnen geologischen Schichten zu. Nutze dafür die Informationen der Tab. 111.1.

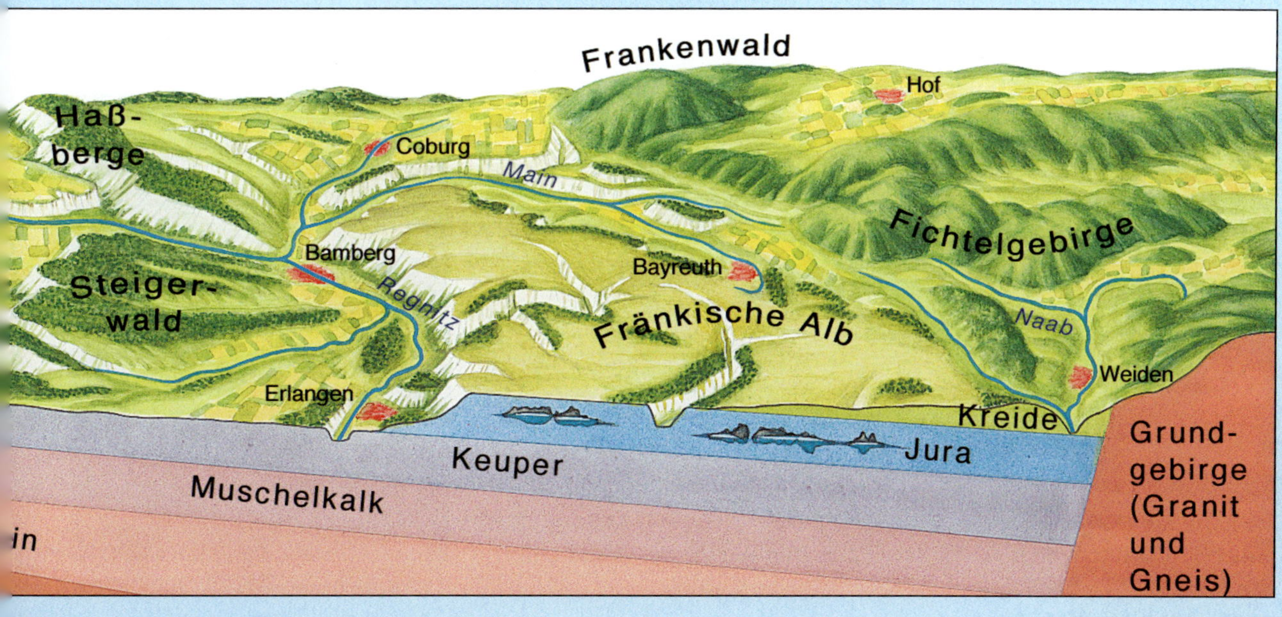

Zwischen Berg und Tal

Wir sammeln Gesteine

112.1 Ausrüstung des Gesteinsjägers

112.2 Fundstücke

Bestimmt hat jeder von euch schon einmal einen Stein aus dem Urlaub oder bei einem Ausflug mitgenommen, der ihm besonders gut gefallen hat. Damit die Steine nicht verloren gehen, könnt ihr eine eigene Gesteinssammlung anlegen. Das braucht ihr für eine Gesteinssammlung:

- einen Hammer und einen Meißel, um die Steine im Gelände auf eine transportable Größe zu zerkleinern, eine Schutzbrille,
- einen Schaukasten, um die Steine gut sichtbar und geordnet aufzubewahren,
- ein Bestimmungsbuch, um die genauen Bezeichnungen der Gesteine herauszufinden und sie zu beschriften.

Achtung! Klopft niemals ohne Begleitung eines Ortskundigen in Steinbrüchen oder an Steilhängen!

Eine Bestimmung der Steine ist gar nicht so schwierig. Mithilfe des Bestimmungsbuches und der nachfolgenden Tabelle könnt ihr die Steine untersuchen.

Eine Gesteinssammlung lässt sich für jede Region anlegen. Die Gesteine, die bei uns vorkommen, lassen sich nach ihrer Entstehungsart in vier verschiedene Gesteinsgruppen einteilen:

- Tiefengesteine (z. B. Granit)
- Ergussgesteine (z. B. Basalt)
- Ablagerungs- oder Sedimentgesteine (z. B. Kalk oder Sandsteine)
- Umwandlungsgesteine (z. B. Gneis)

Auf der Abb. 112.2 seht ihr Vertreter dieser Gesteinsgruppen.

Farbe:				
Schichtung:	ungeschichtet	○	geschichtet	○
Struktur:	feinkörnig	○	grobkörnig	○
Oberfläche:	rau	○	glatt	○
Versteinerungen:	ja	○	nein	○
Ritzbarkeit:	leicht	○	schwer	○
Geruch:				
Geschmack (Vorsicht!):				

Nachdem ihr euren Fund „mit allen Sinnen" untersucht habt, müsst ihr jeder Gesteinsprobe eine Nummer geben und euch den Fundort notieren. Dadurch wisst ihr immer, wann und wo ihr den Stein gefunden habt.

112.3 Im Steinbruch

113.1 Gesteins-„Karte" von Baden-Württemberg

Gesteine in Baden-Württemberg

Die Karte 113.1 zeigt Baden-Württemberg anders als gewohnt. Für die einzelnen Landschaften wurden nämlich die dort vorkommenden Gesteine hingelegt. Den Schwarzwald und Odenwald stellen z. B. rötliche und weißliche Granite, Gneise sowie rotbraune Buntsandsteinstücke dar.

Im Neckarland liegen bräunliche Muschelkalksteine, dazu weißliche, gelbliche, grünliche und rötliche Steinchen, die die Keuperberglandschaften bilden. Die Namen Schwarzer, Brauner und Weißer Jura sprechen für sich. Letzterer bildet die Schwäbische Alb mit ihrem steilen Nordwestabfall.

Im nördlichen Oberschwaben liegen als Molasse bezeichnete hellgraue Sandsteine, weiter südlich und im Allgäu sind es verschiedene, zusammengebackene Ablagerungen eiszeitlicher Gletscher und Schmelzwässer.

Zwischen Berg und Tal

Industrieregion mittlerer Neckar – Schwabens gute Stube

114.1 Industriegasse

Industrie am mittleren Neckar: Hier reiht sich Fabrik an Fabrik, Werkhalle an Werkhalle. Das ist das Ergebnis einer Entwicklung, die eigentlich gar nicht hätte ablaufen dürfen, denn das Land um Stuttgart ist von Natur aus eher industriefeindlich. Dennoch entwickelte sich in der Landschaft rund um Stuttgart – zwischen Schwäbischer Alb, Schönbuch und Welzheimer Wald – einer der größten Industrieräume der Bundesrepublik. Um das Zentrum Stuttgart liegen im Umkreis von 25 km mehr als 20 Städte mit 20 000 bis 100 000 Einwohnern. In dem dicht besiedelten Gebiet leben 2,5 Mio. Menschen. Hier arbeiten rund ein Drittel aller Industriebeschäftigten Baden-Württembergs. „Schwabens gute Stube" wird die Region deshalb auch genannt. Worin liegt der Schlüssel dieses Erfolges?

Der mittlere Neckarraum war schon immer dicht bevölkert. Durch die Erbsitte der **Realerbteilung**

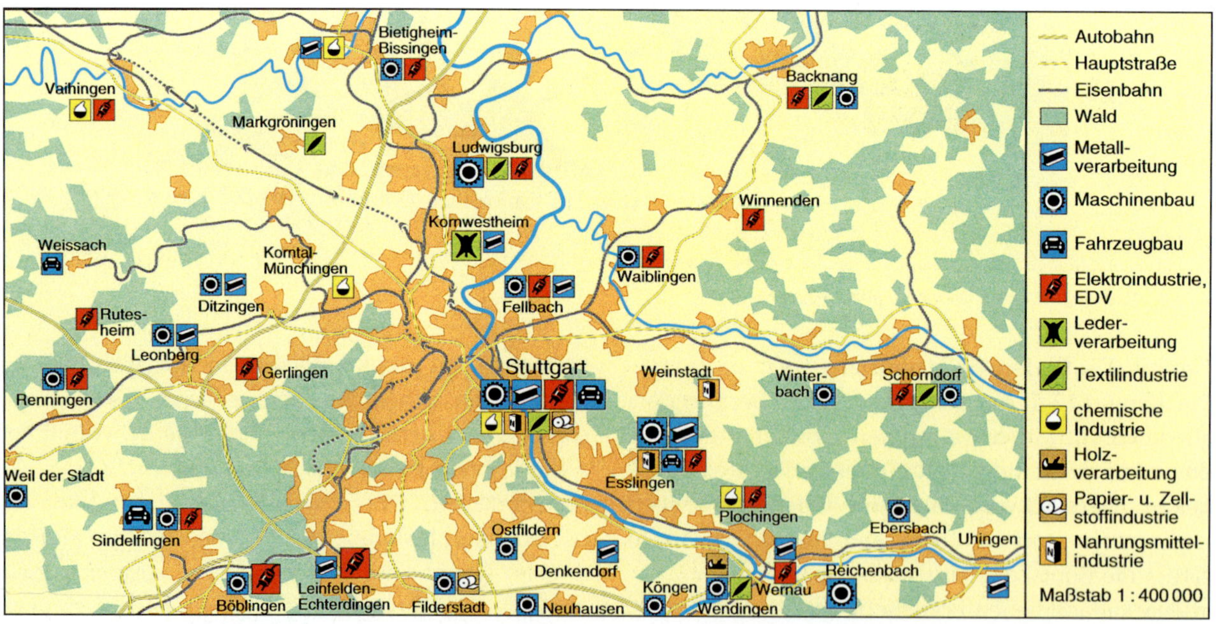

114.2 Der Industrieraum mittlerer Neckar

wurde der Besitz der zahlreichen Bauernfamilien immer kleiner. Es entstanden mehr und mehr klein- und zwergbäuerliche Betriebe, die ihre Besitzer kaum noch ernähren konnten. Armut prägte das Land. So versuchten viele Bauernsöhne ein Handwerk auszuüben, oder sie betrieben Heimarbeit. Andere wanderten aus nach Übersee. Diejenigen, die blieben, ergriffen mit Fleiß, Geschick und Erfindungsgabe die Chancen der neuen Zeit.

Den Startschuss zum Aufbruch ins Industriezeitalter gab 1845 die Eröffnung der ersten Eisenbahn zwischen Cannstatt und Untertürkheim. Längs der nun entstehenden Eisenbahnstrecke und der Flüsse entwickelten sich aus handwerklichen Betrieben die ersten Ansätze der Industrialisierung.

Zuerst wurden einfache Verbrauchsgüter hergestellt, vor allem Textilien und Bekleidung. Die Maschinen, die aus England eingeführt wurden, mussten ständig gewartet und repariert werden. Schließlich wurden solche und andere Maschinen am mittleren Neckar selbst gebaut. Es entstand eine wachstumskräftige Maschinenindustrie und eine vielseitige Metallverarbeitung.

115.1 Markenzeichen aus der Region Stuttgart

Neben Weltfirmen wie Bosch, DaimlerChrysler, Porsche und Salamander prägen bis heute Kleinbetriebe die Industrie.

Diese konnte sich den Erfordernissen der neuen Zeit gut anpassen, und so wurde die Industrie der Region immer vielseitiger und spezieller. Die Betriebe holen die Rohstoffe oder Halbfertigwaren, wie Bleche, Stahl oder Leder ins Land und verarbeiten diese zu hochwertigen Fertigwaren, wie Werkzeuge, Maschinen, Schuhe oder Fahrzeuge. Diese Art von Industrie, die spezialisierte Qualitätserzeugnisse herstellt, nennt man Veredelungsindustrie. Die Erzeugnisse der Region sind im Ausland stark gefragt. So kommt es, dass zahlreiche Betriebe heute mehr Artikel exportieren, als sie im Inland einkaufen.

Da im Talkessel von Stuttgart die Grundstücke immer knapper wurden, mussten zahlreiche Industrieanlagen auf die Nachbarorte verlagert werden. Vor allem entlang den Flüssen Neckar, Rems und Fils als natürliche Verkehrsleitlinien entstanden neue Betriebe und Siedlungen. So bildeten sich durch Aneinanderreihung von Industriestandorten **Industriegassen.**

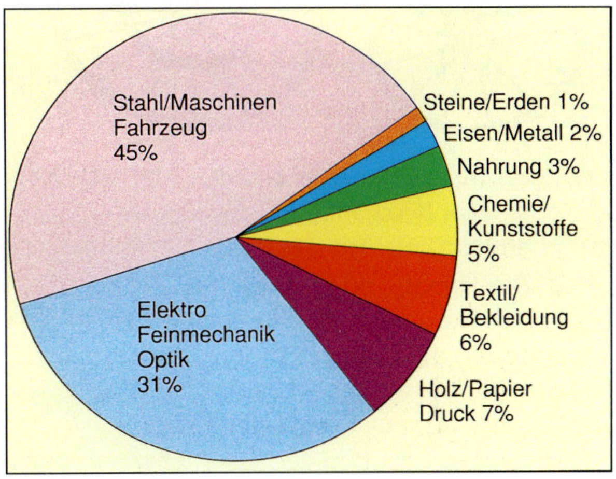

115.2 Beschäftigte nach Industriezweigen (1997)

1. „Not und Mangel wurden zum Erfolgsgeheimnis einer ganzen Landschaft." Erkläre diese widersprüchliche Aussage.
2. Welches sind die vorherrschenden Industrizweige in der Region Stuttgart (Abb. 114.2)?
3. Nenne Gründe für die hohe Leistungsfähigkeit der Industrieregion Stuttgart.
4. Erkläre den Begriff „Industriegasse".

Zwischen Berg und Tal

Weltfirma DaimlerChrysler

1886 Gottlieb Daimler baut seinen Motor in eine vierrädrige Kutsche ein; erste Probefahrt.

1886 Carl Benz fährt mit seinem dreirädrigen Motorwagen erstmals durch Mannheim.

1888 Bertha Benz wagt als erste Frau der Welt eine Fernfahrt mit dem Automobil.

1900 Bei Daimler in Untertürkheim sind 300 Mitarbeiter beschäftigt, bei Benz in Mannheim 400.

1926 Die Firmen von Daimler und Benz schließen sich zur „Daimler-Benz-Aktiengesellschaft" zusammen.

1936 Vorstellung des ersten Diesel-Pkw der Welt.

1998 Die beiden Firmen Daimler-Benz (Deutschland) und Chrysler (USA) vereinigen sich zur DaimlerChrysler AG. Die Firma beschäftigt 421000 Menschen in aller Welt. Sie produzieren rund 3,5 Millionen Fahrzeuge im Jahr.

116.1 Geschichte der Firma DaimlerChrysler

Am 15. August 1883 erlebte der schwäbische Ingenieur Gottlieb Daimler die Sternstunde seines Lebens: Im Gartenhaus seines Cannstatter Besitztums lief der erste „leicht schnell laufende Verbrennungsmotor". Gleichzeitig arbeitet Carl Benz in Mannheim unablässig an der Entwicklung seines „motorgetriebenen Automobils", das er im Jahre 1885 als ersten motorisierten Wagen fertig stellte.

Heute verlassen über 1500 Automobile Tag für Tag das Werk. Voraussetzung für diese Serienproduktion war das Fließband. Alle Einzelteile werden über verschiedene Seitenbänder herangebracht und zusammengebaut. Am Endmontageband entsteht dann aus den vorgefertigten Teilen das komplette Auto. Doch bei DaimlerChrysler nimmt die Fließbandarbeit immer mehr ab, um die Arbeitsbedingungen leichter und angenehmer zu gestalten.

Ein Kraftfahrzeug besteht aus mehr als 10 000 Einzelteilen. Sie werden nur zum Teil im Automobilwerk selbst hergestellt; mehr als die Hälfte kommt aus anderen Industriebetrieben. So ist in Deutschland jeder siebte Arbeitnehmer von der Autoherstellung abhängig. Die Automobilindustrie wird deshalb auch als „Schlüsselindustrie" bezeichnet.

Die DaimlerChrysler-Werke arbeiten mit mehreren tausend solcher Zulieferbetriebe zusammen. Sie liefern Schalter, Sitze, Reifen, Türgriffe, Zündkerzen und andere Teile. Alle Teile werden zeitgenau zur Montage angeliefert (just-in-time). Eine Lagerhaltung findet nicht statt. Würde nur ein Zulieferer ausfallen, müsste DaimlerChrysler die Produktion nach 2–3 Tagen einstellen.

1. Weshalb hat ein Automobilwerk wie DaimlerChrysler das Ausmaß einer Kleinstadt (Abb. 117.1)?
2. Beschreibe die Stationen der Autoherstellung bei DaimlerChrysler (Abb. 117.2). Warum werden immer weniger Arbeiter benötigt?
3. Warum wird die Automobilindustrie als eine „Schlüsselindustrie" bezeichnet?

117.1 DaimlerChrysler-Werk, Sindelfingen

117.2 Produktionsprozess

Zwischen Berg und Tal

Vom Apfel zum Apfelsaft

Apfelernte

Waschen

Ritzmühle

Die Herstellung von Apfelsaft beginnt mit der Ernte der Äpfel. In großen Obstgärten werden die Äpfel mit Maschinen geerntet. Die meisten Saftkeltereien gibt es in den Regionen, wo Obst angebaut wird.

In der Apfelsaftfabrik werden die angelieferten Äpfel in einem Silo gesammelt. Über ein Laufband gelangen sie dann in ein Wasserbecken. Dort werden sie gewaschen und faule Äpfel und Blätter aussortiert.

Anschließend kommen sie in eine Ritzmühle und werden in kleine Stücke geteilt. Es entsteht ein Apfelbrei, Maische genannt. Übrig bleiben Feststoffe, die man Trester nennt.

Wir erkunden einen Betrieb

Auf der letzten Klassenfeier der Klasse 6b gab es Kuchen und Apfelsaft. Julia fragte dabei ihre Lehrerin, wie und wo eigentlich der Apfelsaft hergestellt wird. Daraufhin hatten einige die Idee, eine Betriebsbesichtigung in einer Apfelsaftfabrik zu machen.

Auf dieser Seite könnt ihr mitverfolgen, was die Klasse gesehen und erfahren hat. Falls ihr selber auch einmal einen Betrieb besichtigen wollt, hilft euch die nachfolgende Checkliste.

Vorbereitung

- Sucht euch einen Betrieb aus.
- Vereinbart mit dem Betrieb einen Termin für eine Besichtigung.
- Was interessiert euch an dem Betrieb? Erstellt einen Fragenkatalog.

Während der Besichtigung

- Stellt neben euren vorbereiteten Fragen weitere Fragen, wenn euch etwas unklar ist oder euch etwas besonders interessiert.
- Macht Fotos von der Arbeit und der Produktion im Betrieb. Ihr müsst vorher aber unbedingt um Erlaubnis fragen.
- Notiert euch wichtige Informationen.

Nach der Besichtigung

Sammelt eure Informationen und präsentiert sie auf einem Plakat oder einer Stellwand. Dann können auch die anderen Klassen sehen, was ihr erlebt habt.

Das könnt ihr machen:

- Schreibt eure Fragen und die dazugehörigen Antworten gut lesbar auf.
- Klebt Firmenprospekte und selbst gemachte Bilder auf.
- Manchmal ist es sinnvoll, Sachverhalte mit Zeichnungen darzustellen (Abb. 118.1).

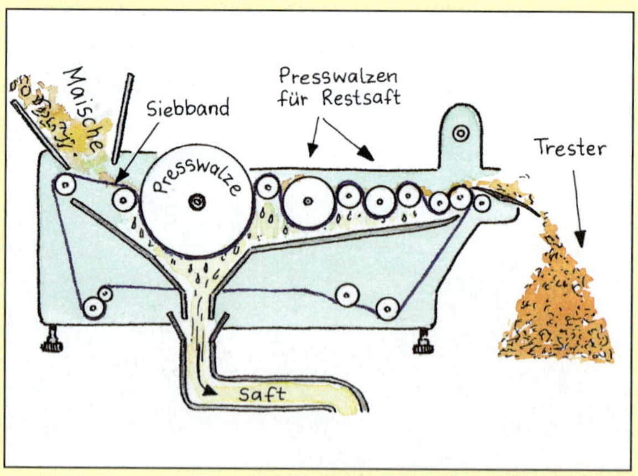

118.1

Bandpresse

Apfelsaft

Auf einem weiteren Laufband wird die Maische zur Bandpresse befördert. Mehrere Walzen pressen den Saft aus der Maische. Der Saft fließt in ein Auffangbecken unter der Bandpresse.
Aus dem Auffangbecken unter der Bandpresse wird frisch gepresster Apfelsaft in riesige Tanks gepumpt. Damit der Saft nicht zu gären beginnt und daraus Apfelwein entsteht, muss er nach dem Pressen schnell weiterverarbeitet werden.
Nun läuft der Saft in einen Durchlauferhitzer. Dabei fließt er durch heiße Rohre und wird auf 96 °C erwärmt. Bakterien und Pilze werden so abgetötet. Der Saft ist bei luftdichter Lagerung mindestens ein Jahr haltbar.
Wird der Saft in Mehrwegflaschen abgefüllt, kann die Fabrik Flaschen verwenden, die vom Kunden zurückkommen. Die leeren Flaschen durchlaufen eine Spülmaschine, in der sie gereinigt werden. Eine andere Maschine stellt sie auf ein Laufband. Auch die Abfüllanlage arbeitet automatisch.
An der nächsten Station schraubt eine Maschine die Flaschen zu. An dieser Stelle steht ein Mitarbeiter, da es passieren kann, dass beschädigte Flaschen zu Bruch gehen. Diese müssen von Hand entfernt werden. Schließlich werden die Flaschen mit einem Etikett beklebt, mit Schraubverschlüssen geschlossen und in Kästen gestellt.
Die Apfelsaftkästen sind nun fertig zum Verkauf. Ein Teil davon wird direkt in der Saftfabrik an Kunden verkauft. Andere Kisten kommen in Getränkegroßmärkte, Supermärkte oder zu Großhändlern.

Safttanks

Durchlauferhitzer

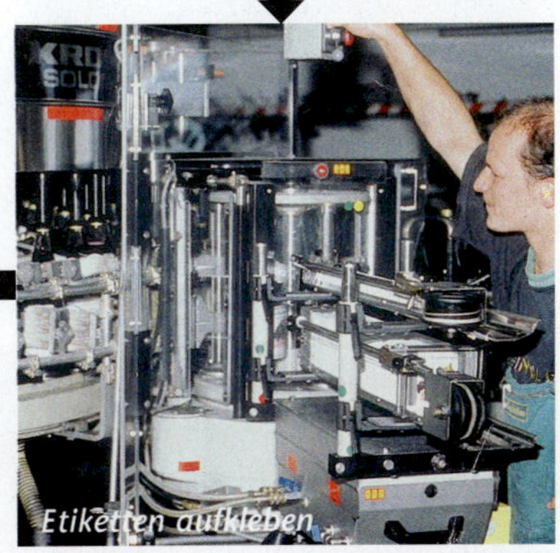

Etiketten aufkleben

Abfüllanlage

Kastenlager

In den Alpen

In den Alpen

Ein Hochgebirge in Europa

122.1 Garmisch-Partenkirchen und die Zugspitze

122.2 Enge Klamm

Die Klasse 6c ist auf der Heimfahrt von ihrer Allgäu-Klassenfahrt. Karen meint: „Also das Tollste an der Fahrt war, dass ich die Berge gesehen habe. Ich hatte mir nicht vorstellen können, dass die so hoch sind." „Das stimmt", sagt Felix. „Wir waren schon mal im Harz, aber die Hügel kannst du dagegen vergessen."

Die Alpen sind ein **Hochgebirge.** Im Unterschied zu den Mittelgebirgen sind die Berge eines Hochgebirges weit höher als 1500 Meter. Der höchste Gipfel der Alpen ist der Montblanc in Frankreich mit 4807 Metern.

Ganz im Süden besitzt Deutschland einen schmalen Streifen der Alpen. Sie sind das größte und höchste Hochgebirge in Europa.
Hohe Bergkämme und breite Tallandschaften durchziehen die Alpen. Andere Täler sind sehr eng und bilden tiefe Schluchten zwischen den Bergen. Gletschereis und Wasser haben diese Landschaft geformt.
Die Alpen sind auch die große Wetter- und Wasserscheide in Europa. Viele Wolken aus dem Westen oder Norden bleiben an den hohen Bergen „hängen" und regnen ab. Südlich der Alpen beginnt bereits das warme Mittelmeerklima.

Steckbrief der Alpen

Ausdehnung:	1200 km lang, bis zu 200 km breit (ca. 190 000 km²)
Bevölkerung:	ungefähr 13 Millionen Menschen in sieben Staaten
höchste Berge:	Montblanc (4807 m), Monte Rosa (4634 m), Matterhorn (4478 m), [Deutsche Alpen: Zugspitze (2963 m)]
größter Gletscher:	Aletsch-Gletscher (115 km²)

1. Hast du schon einmal Urlaub in den Alpen gemacht? Wenn ja, berichte.
2. Wie unterscheidet man ein Hochgebirge von einem Mittelgebirge?
3. Sucht weitere Hochgebirge der Erde und erstellt jeweils einen Steckbrief.

123.1 *Die Alpen in Europa*

Was ihr tun könnt, um euch in den Alpen besser zu orientieren:

Hängt eine Karte der Alpen im Klassenzimmer auf. Mithilfe einer Folienvorlage, die ihr mit dem Tageslichtprojektor auf ein leeres Plakat strahlt, könnt ihr die Karte selber nachzeichnen. Hängt um diese Karte alles, was zum Thema Alpen passt: Postkarten und Fotos aus den Ferien, Zeitungsartikel, Ausschnitte aus Reiseprospekten und selbst gemalte Bilder, die mit den Alpenländern zu tun haben. Wenn möglich, könnt ihr mit einem Pfeil auf der Karte kennzeichnen, wo das Bild hingehört.

1. Schreibt auf, welche Länder Anteil an den Alpen haben.
2. Messt mithilfe der Maßstabsleiste die Entfernung von Grenoble nach Klagenfurt (Ost-West-Entfernung).
3. Wählt nun auf der Karte zwei Nord-Süd-Strecken aus. Messt die Entfernung und schreibt sie auf.
4. Auf der Karte findet ihr auch Baden-Württemberg. Messt von der nächsten Großstadt eures Heimatortes die Entfernungen zur Zugspitze und zum Montblanc (Frankreich), dem höchsten Berg der Alpen.

In den Alpen

In fünf Minuten vom Sommer in den Winter

124.1 Petra im Tal

124.2 Mit der Gondel nach oben

124.3 An der Skipiste

Heute will Petra mit der Seilbahn auf 2900 Meter hinauffahren. Dort kann man noch Skilaufen, wenn unten im Tal schon die Bäume blühen.
„Das ist schon irre!", sagt Petra zum Seilbahnführer Weidner, der sie in der Gondel zur Bergstation begleitet. „Eben bin ich noch im T-Shirt bei 20° C herumgelaufen und da oben liegt noch jede Menge Schnee!"
„Ja", antwortet Herr Weidner, „das hat mit der Höhe zu tun. Mit jeden hundert Metern, die wir höher kommen, nimmt die Temperatur ungefähr um ein Grad ab. Wenn du aus dem Fenster schaust, kannst du deutlich sehen, wie sich die Landschaft verändert. Wir nennen das die **Höhenstufen**: Je höher wir hinaufkommen, desto weniger Pflanzen können am Berg wachsen.
Im Tal ist sogar Obstbau möglich. Jetzt fahren wir gerade durch den Nadelwald. Für Laubwald ist es hier bereits zu kalt. Gleich erreichen wir die **Baumgrenze**. Ab dort wachsen nur noch Gras und niedrige Büsche. Hierher treiben die Almbauern den Sommer über ihr Vieh auf die Weide. Danach folgt die Felsregion. Dort wächst praktisch nichts mehr. Und ganz oben ist die Eis- und Schneeregion. Keiner lebt mehr hier. Aber Snowboardfahren kannst du dort das ganze Jahr über!"

1. Erkennst du auf Abb. 125.1 die verschiedenen Höhenstufen? Ganz deutlich werden sie mit einer Skizze. Lege Transparentpapier über das Foto. Zeichne darauf den Umriss des Gebirges.
2. Herr Weidner erklärt, warum es oben in den Bergen immer kälter ist als im Tal. Die Talstation der Gletscherbahn liegt auf ungefähr 400 Metern Höhe. Wenn es dort 20 °C warm ist, welche Temperatur herrscht dann an der Bergstation?

125.1 Höhenstufen in den Grajischen Alpen (Frankreich)

In den Alpen

Die Menschen nutzen die Höhenstufen

Laura verbringt die Ferien in diesem Jahr auf einem Bauernhof in den Alpen. Gleich nachdem sie angekommen ist, macht sich Laura neugierig auf den Weg in den Stall und staunt nicht schlecht: „Wo sind die Kühe?"
Martin, der 13-jährige Sohn des Bauern, erklärt:
„Hier im Stall ist das Vieh eigentlich nur im Winter. Im Frühjahr beweiden die Jungrinder die Voralmen, im Sommer die Hochalmen. Das ist ganz oben, wo nur noch saftiges, grünes Gras wächst. Die Futterflächen der Talwiesen alleine würden nicht ausreichen. Für die Milchkühe gilt das nicht. Sie bleiben auf der Voralm, denn sie müssen ja jeden Tag gemolken werden. Ende September findet der festliche Almabtrieb statt. Das Vieh kommt zurück ins Tal in den Stall. Im Winter wird es mit Heu versorgt, das im Sommer auf den Talwiesen und den steilen Bergwiesen ‚geerntet' wurde. Wir nennen das alles **Almwirtschaft**."

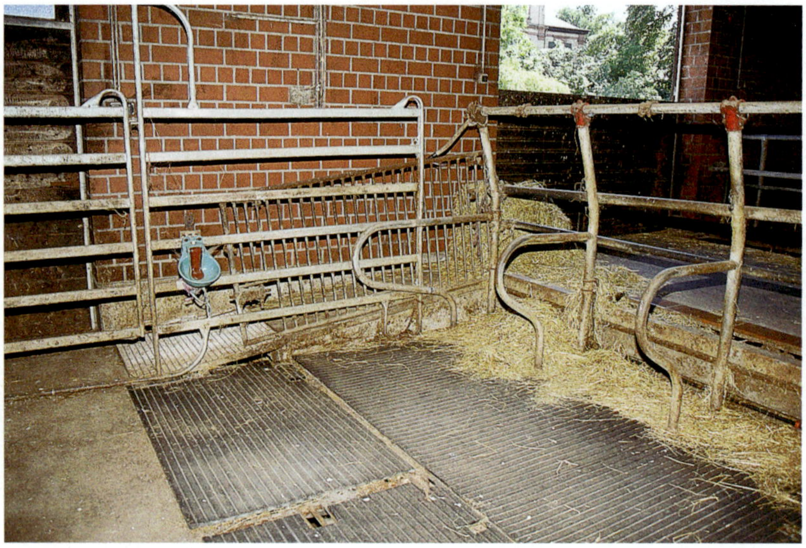

126.1 *Ein Stall ohne Kühe?!*

126.2 *Ein langer Aufstieg bis zu den Kühen*

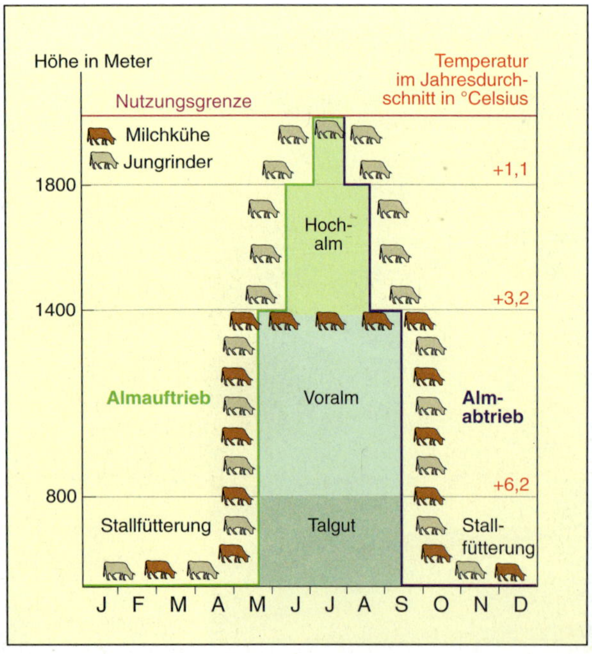

126.3 *Nutzungsstufen der Almwirtschaft*

1. Was ist das Besondere an der Almwirtschaft in den Alpen?
2. Tragt in eure Skizze (S. 124, Aufg. 1) ein, wo die Kühe im Jahresverlauf weiden (Abb. 126.3).

Wir bauen ein Modell der Almwirtschaft

Die Klasse 5a der Gebrüder-Grimm-Schule hat ein Modell der Almwirtschaft gebastelt. Ihr könnt das Modell nachbauen oder nach eigenen Ideen neu gestalten. Am einfachsten ist es, wenn euer Lehrer oder einige von euch einen Berg aus Pappmaché bereits zu Hause erstellen. In Gruppen könnt ihr dann im Unterricht das Modell bearbeiten. Alles, was ihr dazu braucht, und wie ihr vorgehen müsst, ist hier genau beschrieben.

Gruppe 1:
Materialien:
- Tonpapier (hellgrün, dunkelgrün, hellbraun, grau)
- Fähnchen
- Farbstifte

Vorgehensweise:
- Schaut euch eure Skizze und das Bild auf Seite 66 noch einmal aufmerksam an.
- Malt auf das Tonpapier Symbole für die einzelnen Vegetationsstufen und schneidet diese aus.
- Schreibt auf die Fähnchen die Namen der einzelnen Stufen.
- Heftet die Symbole und Fähnchen an die entsprechende Stufe am Modell.

Gruppe 2:
Materialien:
- 12 Karten (6 x 10 cm)
- Farbstifte
- 1 große Hütte = Voralm
- 1 kleine Hütte = Hochalm

Vorgehensweise:
- Lest den Text auf Seite 68 aufmerksam durch.
- Schreibt auf die zwölf Karten die einzelnen Monate.
- Überlegt, wo sich die Kühe in den einzelnen Monaten befinden und malt die Karten an. (Tal: braun, Voralm: dunkelgrün, Hochalm: hellgrün).
- Klebt die Karten hintereinander und heftet sie an das Modell.
- Setzt die Hütten auf die entsprechende Stufe.

In den Alpen

Urlaub im Hochgebirge

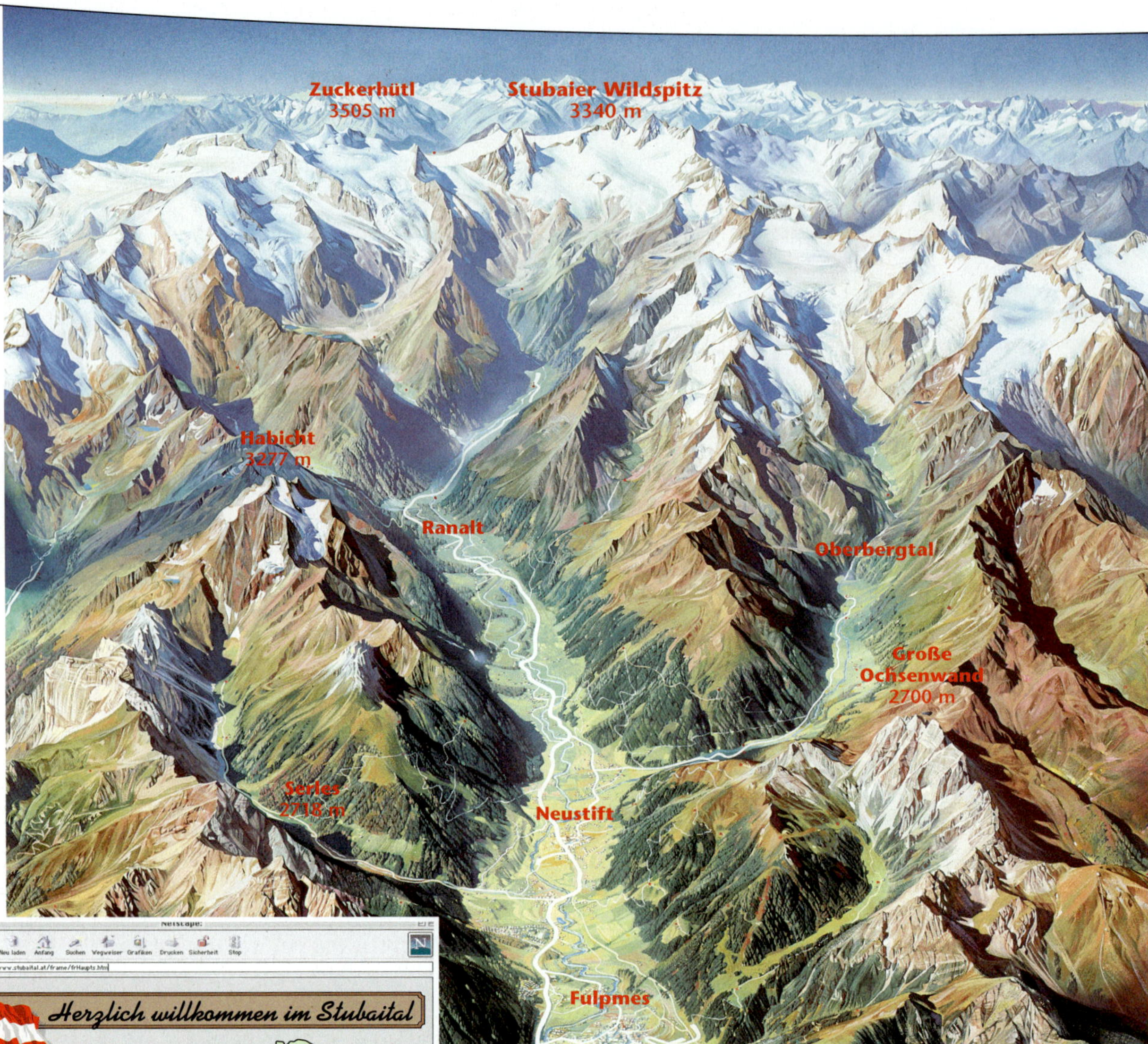

128.2 *Neustift im Sommer*

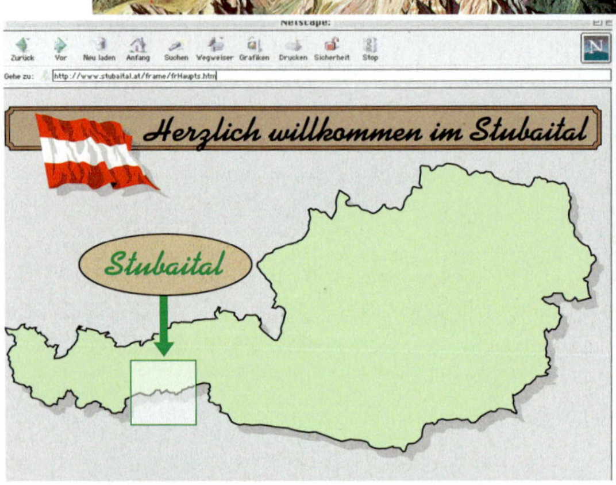

128.1

1. Bestimme die Fahrtroute von deinem Heimatort bis nach Neustift.
2. Suche Material über das Stubaital im Internet.

Tag	Vormittag	Nachmittag
Montag		
Dienstag		
…		

128.3

129.1 *Neustift im Winter*

129.2

1. Du machst Urlaub im Stubaital. Betrachte die beiden Panoramakarten und die Piktogramme. Was könntest du unternehmen?
2. Was interessiert dich besonders? Was könnte deine Eltern interessieren?
3. Teilt euch in zwei Gruppen. Eine Gruppe plant einen Sommerurlaub, die andere einen Winterurlaub. Erstellt je einen Wochenplan (Tab. 128.3).

In den Alpen

Wandel im Hochgebirge

130.1 Bauer Wenger

Bergbauer Wenger berichtet:

„Als ich ein kleiner Bub war, kamen kaum Fremde ins Dorf. Hier lebten nur Bauern. Unser Leben war sehr anstrengend, aber ruhig. Heute ist alles ganz anders. Die Touristen kommen im Sommer zum Wandern und im Winter zum Skifahren. Unsere jungen Leute wollen nicht mehr in der Landwirtschaft arbeiten. Im **Fremdenverkehr** *oder in der Stadt lässt sich das Geld viel leichter verdienen. Viele verlassen die Bergbauernhöfe. Die Leute nennen dies* **Bergflucht**. *Die meisten Almen wurden zu Berggasthöfen oder Wanderstationen umgewandelt, wo die Touristen einkehren können.*
Aber das alles hat auch seine Nachteile: Es ist vorbei mit der Ruhe, sowohl für die Leute als auch fürs Vieh! Die Touristen bringen zwar Geld, hinterlassen aber auch Schäden in der Landschaft."

Arbeitsplatz im Bereich ...	Von 100 Menschen arbeiteten 1971 in diesem Bereich:	Von 100 Menschen arbeiteten 1992 in diesem Bereich:
... Landwirtschaft		
... Industrie und Handwerk		
... Tourismus, Handel, Verwaltung		

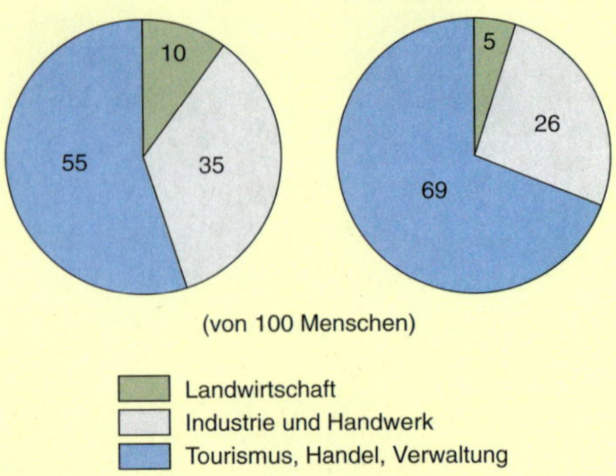

130.2 Veränderungen der Arbeitsplätze in Neustift

1. Beschreibe, was sich laut Bergbauer Wenger alles in den Alpen verändert hat.
2. Übertrage die Tabelle aus Abb. 130.2 in dein Heft und ergänze sie mithilfe der Kreisdiagramme. Beschreibe die Entwicklung der Arbeitsplätze.
3. Viele Menschen aus dem Alpenraum arbeiten im Tourismusbereich. Nenne einige Berufe.

130.3–5 Arbeitsplätze im Tourismusbereich

Bis Mitte des 20. Jahrhunderts galten die Alpen noch als letzte weiträumige Naturlandschaft Europas. Hier gab es Bergwiesen, Wälder, Luft und Wasser – rein und unverbraucht. Sehr reizvolle und unberührte Landschaften ziehen Touristen an. Innerhalb eines halben Jahrhunderts wurde aus der größten Naturlandschaft die größte Ferienlandschaft. Über 100 Millionen Besucher verbringen jedes Jahr ihre Ferien in den Alpen. Doch der **Massentourismus** hat seine Spuren hinterlassen. Wo früher eine Berghütte stand, breiten sich heute Hotelanlagen aus, Wanderpfade sind ausgetretene Laufbahnen geworden.

Was ist zu tun? Müssen die Fremdenverkehrsorte auf weitere Zuwächse verzichten? Naturschützer schlagen vor, mehr Schutzzonen einzurichten, zerstörte Bergwiesen neu einzusäen und Waldschneisen aufzuforsten. Sie geben die Losung aus: „Erlebniswinter statt Ski total" und sprechen vom „sanften Tourismus". Was aber sagen die Hotelbesitzer, die Skilehrer, die Almwirte …

131.1 Zerstörte Grasnarbe einer Skipiste

131.2 Ausgetretene Wanderwege

131.3 Bettenburgen statt Almhütte

1. Beschreibe die Bilder 131.1–3 und nimm Stellung zum **Massentourismus.**
2. Schau dir die Abb. 131.4–6 an. Wie würdest du dich verhalten?
3. Was ist im Text mit „sanfter Tourismus" gemeint?
4. Führt ein Streitgespräch zum Thema Tourismus. Eine Gruppe vertritt die Interessen der Naturschützer, die andere die der Hotelbesitzer, Skilehrer etc.

131.4–6

Ein gefährdeter Lebensraum

132.1 *Nach einem Lawinenabgang (Galtür 1999)*

Galtür im Februar 1999: Der Ort im Tiroler Paznauntal ist seit Tagen durch Lawinenabgänge von der Außenwelt abgeschnitten.

Eine riesige Lawine ist von den steilen Hängen bis in den Ort herabgestürzt und hat 38 Menschen getötet. Mehrere Häuser sind völlig zerstört. Ca. 3000 Einwohner und Urlauber müssen mit Hubschraubern ausgeflogen werden.

132.2 *Zeitungsmeldung*

Jeden Winter bedrohen Lawinenabgänge im gesamten Alpenraum Urlaubsgebiete. Oft sind Urlaubsorte tagelang von der Außenwelt abgeschnitten.
Wo liegen die Ursachen dieser Katastrophen?
Früher schützten in den meisten Tälern Bergwälder die Bewohner vor den **Lawinen**. Diese Wälder bezeichnet man auch als **Bannwälder** (Abb. 132.4). Durch den zunehmenden Tourismus in den Alpen werden immer mehr Hotels, Wohnraum und Skipisten benötigt. Diese **Zersiedelung** führte immer wieder zur *Abholzung des Bannwaldes*. Als Ersatz wurden dafür Lawinenverbauungen aus Holz und Stahl gebaut. Sie können jedoch die großen Schneemassen nicht immer festhalten.

Wegen der zunehmenden *Luftverschmutzung* werden die Wälder zusätzlich geschwächt. Die Bannwälder können den Lawinen nicht mehr standhalten und werden deshalb von den Schneemassen niedergerissen. Nach starken Schneefällen kann es im Winter zu *Schneelawinen* kommen, die durch Ski- und Snowboardfahrer ausgelöst werden.

132.3 *Lawinenverbauung*

132.4 *Bannwald*

Eine dritte Ursache für Lawinen sind *verdichtete Böden*: Schwere Pistenraupen pressen den Schnee und den darunter liegenden Boden zusammen. Oft werden die Schneepisten mit Schneekanonen bis in das späte Frühjahr für die Skifahrer nutzbar gehalten. In der kurzen Zeit des Sommers können dann die Pflanzen nicht mehr wachsen und sich erholen.
In die verdichteten Böden kann kaum noch Wasser versickern. Was passiert also bei starken Regenfällen? Da es auch keine stark verzweigten Pflanzenwurzeln mehr gibt, die ihn halten könnten, wird der Boden abgeschwemmt. Diesen Vorgang nennt man ***Erosion***. Auf den von zahlreichen Sommerurlaubern ausgetretenen Wanderwegen kann die Erosion besonders leicht wirken und den Boden ausschwemmen. Im Sommer bilden sich nach starken Regenfällen oft gefährliche *Schlammlawinen (Muren)*, die ins Tal fließen und Menschen und Dörfer gefährden.

133.1 *Schlammlawine*

Zeichnet das Schaubild 133.2 vergrößert in euer Heft und füllt die richtigen Begriffe aus dem Text ein. Die kursiv (schräg) gedruckten Begriffe helfen euch dabei.
Ihr könnt aber auch die gefundenen Wörter auf Kärtchen schreiben und diese in einem Schaubild an der Tafel ordnen.

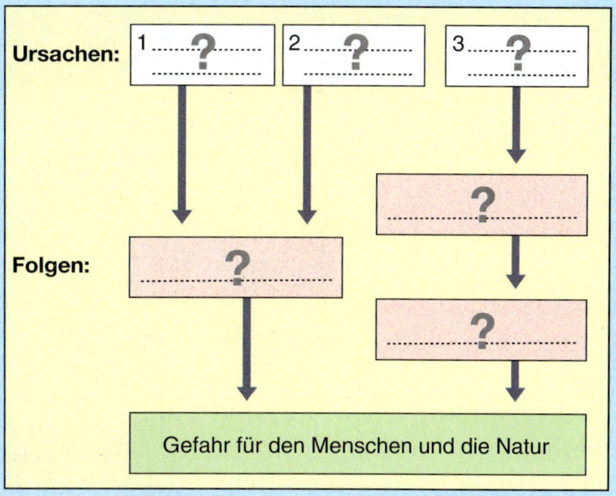

133.2

Damit ihr euch vorstellen könnt, wie die Wälder die Schneemassen an einem Berghang halten, könnt ihr folgenden Versuch machen: Nehmt eine Korkplatte, steckt Zahnstocher hinein und streut feuchten Sand darauf. Drückt den Sand vorsichtig an und stellt die Platte schräg auf. Der Sand stellt den Schnee dar, die Korkplatte ist der Berghang und die Zahnstocher sind die Bäume. „Rodet den Wald" (nach ca. 15 Min.), indem ihr die Zahnstocher nacheinander herauszieht. Berichtet, was passiert.

133.3

Gletscher formen die Landschaft

Gletscher kommen in den Alpen ab einer Höhe von etwa 3000 m vor. Hier fallen die Niederschläge oft sogar im Sommer als Schnee. Tägliches oberflächliches Auftauen und Gefrieren hat zur Folge, dass aus Schnee Firn (körniger Schnee) wird, der sich schließlich zu bläulichem Gletschereis verdichtet (Abb. 134.3). Das Eis verhält sich durch den Gewichtsdruck plastisch (verformbar) und bewegt sich langsam talwärts. Dabei reißen an der Eisoberfläche *Gletscherspalten* auf.

134.1 und 2 Gletscherwanderung am Tschierva-Gletscher

Das Entstehungsgebiet eines Gletschers, wo sich der Schnee sammelt und verfestigt, heißt *Nährgebiet*. Unterhalb davon liegt das *Zehrgebiet*, in dem Schnee und Eis stetig abschmelzen. Zwischen Nähr- und Zehrgebiet liegt auf etwa 2500 m die **Schneegrenze**. Das im Zehrgebiet entstehende Schmelzwasser sickert durch Spalten und Risse nach unten und tritt schließlich als milchiger Gletscherbach am Ende der *Gletscherzunge* aus dem *Gletschertor* hervor.

Auf seinem Weg ins Tal nimmt der Gletscher große Mengen an Schutt mit, die **Moränen**. Besonders auffällig sind die manchmal über 100 m hohen *Seitenmoränen*. An diesen riesigen Schotterwällen sieht man, wie weit der Gletscher früher ins Tal reichte.

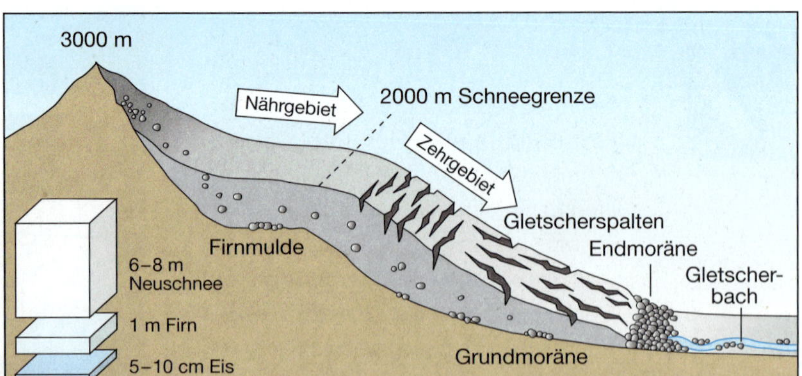

134.3 Längsschnitt durch einen Gletscher

Ⓐ Vor den **Eiszeiten** gab es in den Alpen nur enge, tief eingeschnittene Täler mit steilen Hängen. Am Grund dieser Täler flossen reißende Gebirgsbäche, die sich immer tiefer in den Boden einschnitten.

Ⓑ Als während der Eiszeiten die mittleren Jahrestemperaturen um bis zu 10° C sanken, sammelten sich in den Bergen immer größere Schneemassen an. Diese verfestigten sich unter dem Druck des eigenen Gewichts zu Eis. Riesige Gletscher entstanden. Das Eis begann zu fließen und schob sich fächerartig weit ins Vorland. Dabei rissen die Eismassen Felsbrocken vom Untergrund los. Dieser Gesteinsschutt wirkte in den engen Tälern wie ein riesiger Hobel.

Ⓒ Heute, nach dem Abschmelzen des Eises, ist die Arbeit des Gletschers sichtbar: Die Täler sind breiter geworden. Damit wurden sie für die Menschen besser besiedelbar.
So wurden die ehemals schluchtartigen Flusstäler (sie werden auch **Kerbtäler** oder V-Täler genannt) mit der Zeit zu breiten **Trogtälern** (U-Täler).

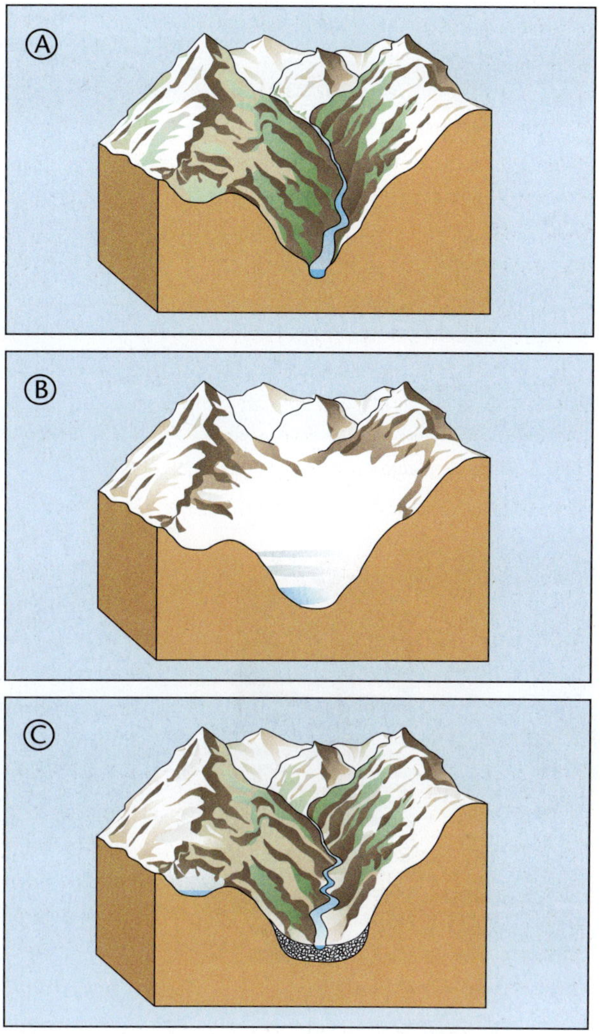

135.1–3 *Vom Kerbtal zum Trogtal*

135.4 *Typisches Trogtal*

1. Ordne die im Text auf Seite 134 kursiv (schräg) geschriebenen Begriffe den Zahlen in Abb. 134.1 zu.
2. Wie entsteht ein Gletscher? Erkläre.
3. Decke den Text dieser Seite zu und beschreibe mit eigenen Worten die Entstehung eines U-Tales. Finde für jede Abbildung (135.1–3) eine Überschrift.

München – ein Ballungsraum im Alpenvorland

136.1 München auf einem Luftbild

136.2 BMW-Werk München

Bayern verfügt im Gegensatz zum Ruhrgebiet kaum über Rohstoffe. Daher überwog in diesem Gebiet lange Zeit die Landwirtschaft. Nach dem Zweiten Weltkrieg siedelten sich hier jedoch zahlreiche Industriebetriebe an. Wichtige Industriezweige sind die Elektroindustrie (z. B. Siemens), Fahrzeug- und Maschinenbau (z. B. BMW) sowie Nahrungs- und Genussmittelindustrie (z. B. Brauereien).

München ist ein Zentrum für moderne Technologien. Über 4000 Unternehmen arbeiten im Bereich der Mikroelektronik. Andere arbeiten in der Luft- und Raumfahrttechnik oder in der Nachrichten- und Computertechnologie. Sie holen sich ihre Mitarbeiter direkt von den zehn Münchner Hochschulen mit über 100 000 Studenten.

Die meisten Menschen sind jedoch im Dienstleistungsbereich und im Handel sowie bei Behörden beschäftigt. Neben Frankfurt ist München ein bedeutender Standort für Banken und Versicherungen.

Begehrt bei Arbeitnehmern

Im Raum München gibt es die wenigsten Arbeitslosen Deutschlands. Manche Betriebe haben sogar Probleme, geeignete Mitarbeiter zu finden. Deshalb ziehen viele Menschen aus anderen Regionen Deutschlands und aus dem Ausland dorthin. Gut bezahlte Arbeitsplätze und die zahlreichen Freizeitmöglichkeiten in der Nähe (▷ S. 137) machen die Stadt für viele interessant.

Folgen der Entwicklung

In den letzten Jahren ist es für die Stadt München immer schwieriger geworden, Flächen für Betriebe und Wohnungen bereitzustellen. Die Preise für Bauplätze und Wohnungen sowie für Mieten sind viel höher als anderswo. Viele Menschen finden deshalb keine geeigneten Wohnungen. Gerade für Menschen mit geringerem Einkommen ist das Leben in München zu teuer.

1. Nenne wichtige Industriezweige, die im Münchner Raum angesiedelt sind. Was wird in diesen Firmen hergestellt oder verkauft?
2. Warum ist München für viele Betriebe ein interessanter Standort?
3. Welche Vor- und Nachteile bringt München für die dort lebende Bevölkerung?

München – ein Reiseziel

Die drittgrößte Stadt Deutschlands (1,2 Mio. EW) wird jährlich von etwa 10 Mio. Menschen besucht. Die Stadt an der Isar bietet dem Besucher viel Interessantes: Technik-Fans können das Deutsche Museum oder das BMW-Museum besuchen. Kulturfreunde gehen zur Bayerischen Staatsoper oder in eines der anderen bedeutenden Theater. Filmfans können im Bavaria-Filmstudio Original-Drehplätze und Stunts besichtigen.

Das Münchner Oktoberfest ist das größte Volksfest der Welt. Es zieht jährlich zahlreiche Besucher aus der ganzen Welt an. Andere kommen nur in die Stadt, um in einem der vielen Biergärten eine frisch gezapfte „Maß" zu trinken. Viele wollen einfach auch nur in der Innenstadt „shoppen" gehen.

In der näheren Umgebung bieten die großen Seen des Alpenvorlandes und die Alpen unzählige Möglichkeiten zur Erholung und zum Sport.

137.1 Auf dem Marienplatz

137.2 Das Oktoberfest – ein weltberühmtes Ereignis

Viele Prachtbauten in München gehen auf die bayerischen Herzöge und Könige zurück. Seit dem 13. Jahrhundert war München Residenzstadt, ab 1806 Hauptstadt von Bayern. Kirchen, Schlösser (z. B. Nymphenburg) und andere Bauten (Ludwigstraße, Englischer Garten), die in dieser Zeit entstanden sind, machen München zu einer der schönsten Städte Europas.

1. Nenne Gründe, warum München ein Anziehungspunkt für Menschen aus aller Welt ist.
2. Erkläre, welche Aussage das Oktoberfestplakat haben soll.
3. Sucht München im Atlas. Durch welche Städte und Bundesländer fahrt ihr, wenn ihr mit dem Zug oder mit dem Auto von eurem Heimatort nach München fahrt?

137.3 Werbeplakat für das Oktoberfest

Europa im Überblick

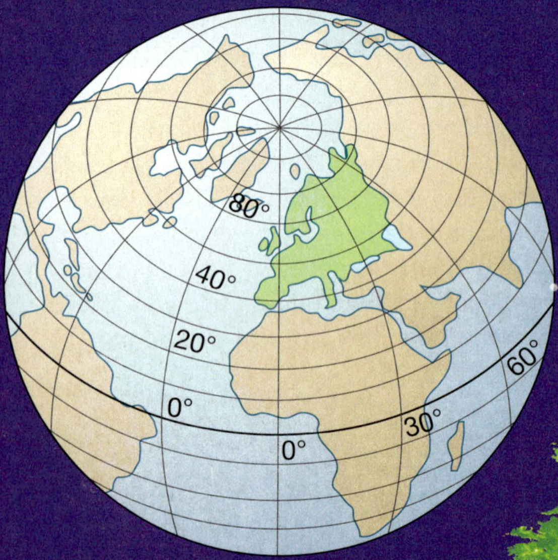

Die Lage Europas auf der Erdkugel

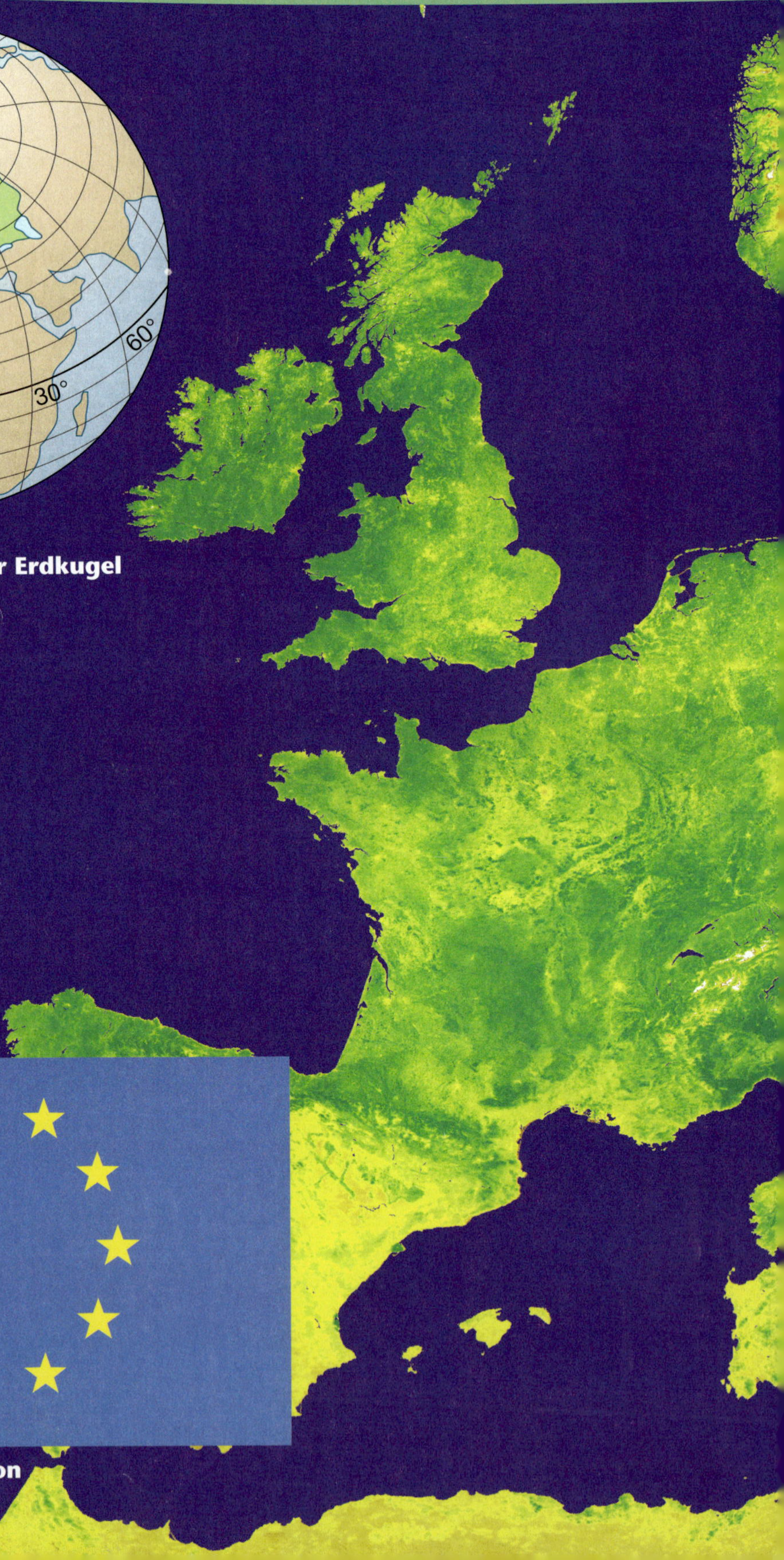

Fahne der Europäischen Union

Europa – eine Frau der griechischen Sagenwelt

Europa im Überblick

Ein staatenreicher Kontinent

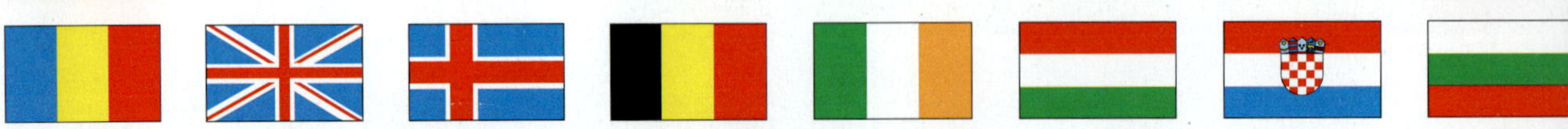

Die über 40 Staaten Europas werden nach ihrer Lage den sechs Teilen Nordeuropa, Mitteleuropa, Westeuropa, Südeuropa, Südosteuropa und Osteuropa zugeordnet. Deutschland liegt in der Mitte von Europa. Kein anderer europäischer Staat hat so viele Nachbarn.

1. Kennst du die Flaggen der europäischen Staaten? Ordne sie auf der Karte zu.
2. Ordne die Staaten Europas nach ihrer Lage Nord-, Mittel-, West-, Ost-, Südost- und Südeuropa zu.
3. Welche Staaten haben Anteil an den Kontinenten Europa und Asien?
4. Welche Staaten liegen auf Inseln oder Halbinseln?

Großräume in Europa

Kein anderer Erdteil ist in seiner äußeren Form so reich gegliedert wie Europa (Abb. 125.1). Der Kontinent Europa ist zum größten Teil von Wasser umgeben. Zum Teil reichen die Meere tief in den Kontinent hinein. Ein großer Teil der Fläche Europas besteht aus Inseln und Halbinseln. Auch die Oberflächenformen Europas sind sehr abwechslungsreich: Hochgebirge und Senken, Mittelgebirge und Hochflächen wechseln sich ab und werden von zahlreichen Flüssen durchflossen und zerschnitten.

Im Westen bildet der *Atlantische Ozean* eine natürliche Grenze, im Norden das *Europäische Nordmeer* und im Süden das *Mittelmeer*. Die östliche Grenze ist nicht so leicht zu finden, denn Europa und Asien bilden eine gemeinsame Landmasse. Man spricht deshalb auch manchmal von Eurasien. Die Grenze zu Asien wurde durch folgende Linie festgelegt: vom *Uralgebirge*, entlang des *Uralflusses* bis zum *Kaspischen Meer*, dann am nördlichen Rand des *Kaukasusgebirges* bis zum *Schwarzen Meer*.

141.1 Die Großräume Europas

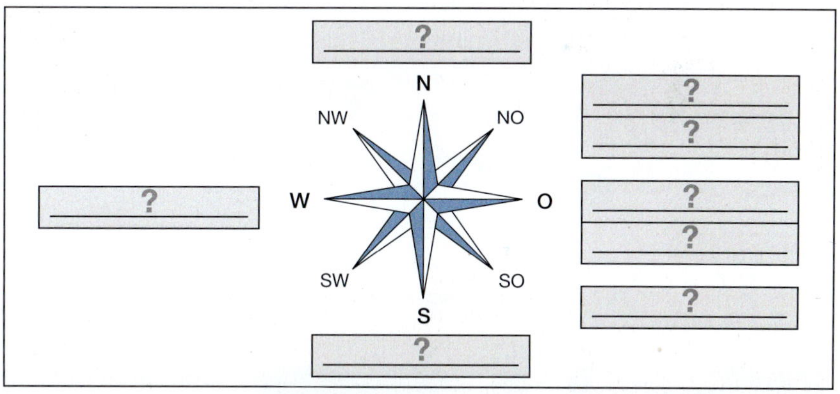

141.2 Natürliche Grenzen Europas

1. Meere, Flüsse und Gebirge bilden die natürlichen Grenzen Europas. Übertrage die Windrose (Abb. 141.2) in dein Heft und füll die Kästen mit den richtigen Namen aus. (Sie sind kursiv gedruckt.)
2. Ermittle in Karte 141.1 mithilfe der Maßstabsleiste die größte West-Ost- und Nord-Süd-Ausdehnung.
3. In Karte 141.1 sind die Großräume Europas rot umrandet. Ordne in einer Tabelle die Großräume den europäischen Staaten zu.

Europa im Überblick

Wir veranstalten einen Europatag

Ihr habt bis hierher schon einiges über Europa erfahren. Es gibt gemeinsame Gesetze, einen Binnenmarkt, ein europäisches Parlament, eine gemeinsame Währung u.v.m. Dennoch besteht die EU aus verschiedenen Ländern mit nationalen Eigenarten. Wie vielfältig die Kulturen der EU-Länder sind, könnt ihr an den verschiedenen Stationen einer „Europastraße" selbst erfahren und ausprobieren.

142.1

Station 1: Essen in Europa
Im Haushaltsunterricht könnt ihr typische Landesgerichte herstellen und euren Mitschülern zum Probieren anbieten: Pizza, Zaziki, Crèpes usw.
Zu jedem Land gehört ein typisches Gericht. Wenn ihr die Gerichte den passenden Ländern zuordnet, erhaltet ihr das Lösungswort.

142.2 *Woher stammen diese Spezialitäten?*

Station 2: Bekannte Menschen aus Europa
Jedes Land hat berühmte Persönlichkeiten hervorgebracht. Ergänzt die Tabelle, indem ihr für möglichst viele Länder berühmte Personen findet.

Name	Beruf	Land
J.K. Rawling	Schriftstellerin	England
Charles de Gaulle	Politiker	Frankreich
Christoph Kolumbus	...	...
...	...	...

Station 3: Spielen in Europa
Viele Länder haben typische Spiele. Einige könnt ihr mit euren Mitschülern spielen, z. B. Boule aus Frankreich, Krocket oder Dart aus England …

143.1

Fußballvereine aus Europa
Zu jedem europäischen Fußballverein gehört ein Vereinsemblem. Wenn ihr sie den richtigen Vereinen zuordnet, erhaltet ihr das Lösungswort. Ihr könnt die Embleme auch kopieren und auf einer Wandkarte zuordnen.

143.2 *Europäische Fußballvereine*

Station 4: Autos in der EU
In vielen Ländern der EU werden Autos produziert. Ordnet die nachfolgenden Automarken den Produktionsländern zu: *Mercedes, Renault, Rover, Seat, Peugeot, Alfa Romeo, BMW, Jaguar, Opel, Saab, VW, Bentley, Fiat, Lancia, Ford, Citroen, Ferrari, Skoda.*

143.3

Station 5: Sprachen in Europa

Hängt eine Europakarte im Klassenraum auf. Schreibt auf Karteikarten je „eins, zwei, drei" in den einzelnen Sprachen der EU-Länder. Auf der Rückseite notiert ihr das entsprechende Land. Bittet nun eure Mitschüler, die Kärtchen den Ländern auf der Karte zuzuordnen.

Sprachenrätsel
Ordnet die Sprache den angegebenen Ländern zu. Notiert euch die Lösungsbuchstaben.

- 4 Englisch
- P bir-iki-üc
- 6 Spanisch
- E een-twee-drie
- U un-deux-trois
- 5 Türkisch
- 3 Russisch
- O one-two-three
- R odin-dwa-tri
- A uno-dos-tres
- 2 Französisch
- 1 Holländisch

4. Lied	2. Lied
Griechenland T	**Ungarn** U
6. Lied	1. Lied
Türkei R	**Deutschland** K
3. Lied	5. Lied
Spanien L	**Italien** U

Station 6: Musik und Tanz in Europa

In vielen europäischen Ländern gibt es typische Tänze, so z. B. den Sirtaki in Griechenland. Studiert einfache Tänze aus anderen Ländern ein, führt sie vor und lasst eure Mitschüler mittanzen.

Sucht Lieder aus mehreren Ländern, nehmt davon Ausschnitte auf und gebt jedem eine Nummer. Dann schreibt ihr auf Kärtchen die Ländernamen, aus denen die Lieder kommen und einen Buchstaben eines ausgedachten Lösungswortes. Die Hörer müssen nun durch die Zuordnung der Länder zu den Hörbeispielen das Lösungswort finden.

Station 7: Kreuz und quer durch ganz Europa

Spielmaterialien: Spielfiguren, Würfel, Karten, Atlas.

Vorbereitung: Teilt euch in Gruppen zu 4 bis 5 Schülern ein. Betrachtet die Europakarte mit dem eingezeichneten Spielplan. Alle roten Punkte sind Fragefelder. Eure erste Aufgabe ist es, euch Fragen zu diesen 18 Feldern auszudenken.
Dazu braucht ihr den Atlas mit einer Europakarte. Jede Frage soll etwas mit dem Land zu tun haben, in der sich der rote Punkt befindet. Beispiel: Wie heißt die Hauptstadt in der Nähe? …
Denkt euch Fragen aus, die klar zu beantworten sind. Für jedes rote Feld müsst ihr eine Fragekarte schreiben: Nehmt leere Karteikarten und schreibt die Frage oben und die Antwort unten auf die gleiche Seite. Auf der Rückseite der Karte schreibt ihr jeweils eine Nummer der Felder von 1 bis 18.

Spielregeln: Alle Spielfiguren beginnen auf dem blauen Feld. Der jüngste Spieler beginnt. Bei einer 6 darf nicht noch einmal gewürfelt werden. „Rausschmeißen" ist nicht möglich. Wer eine Frage nicht richtig beantworten kann, muss die von ihm zuletzt gewürfelte Augenzahl zurück. Falls der Spieler dann wieder auf ein rotes Feld kommt, wird keine Frage gestellt. Sieger ist, wer als Erster das blaue Startfeld erreicht. Viel Spaß!

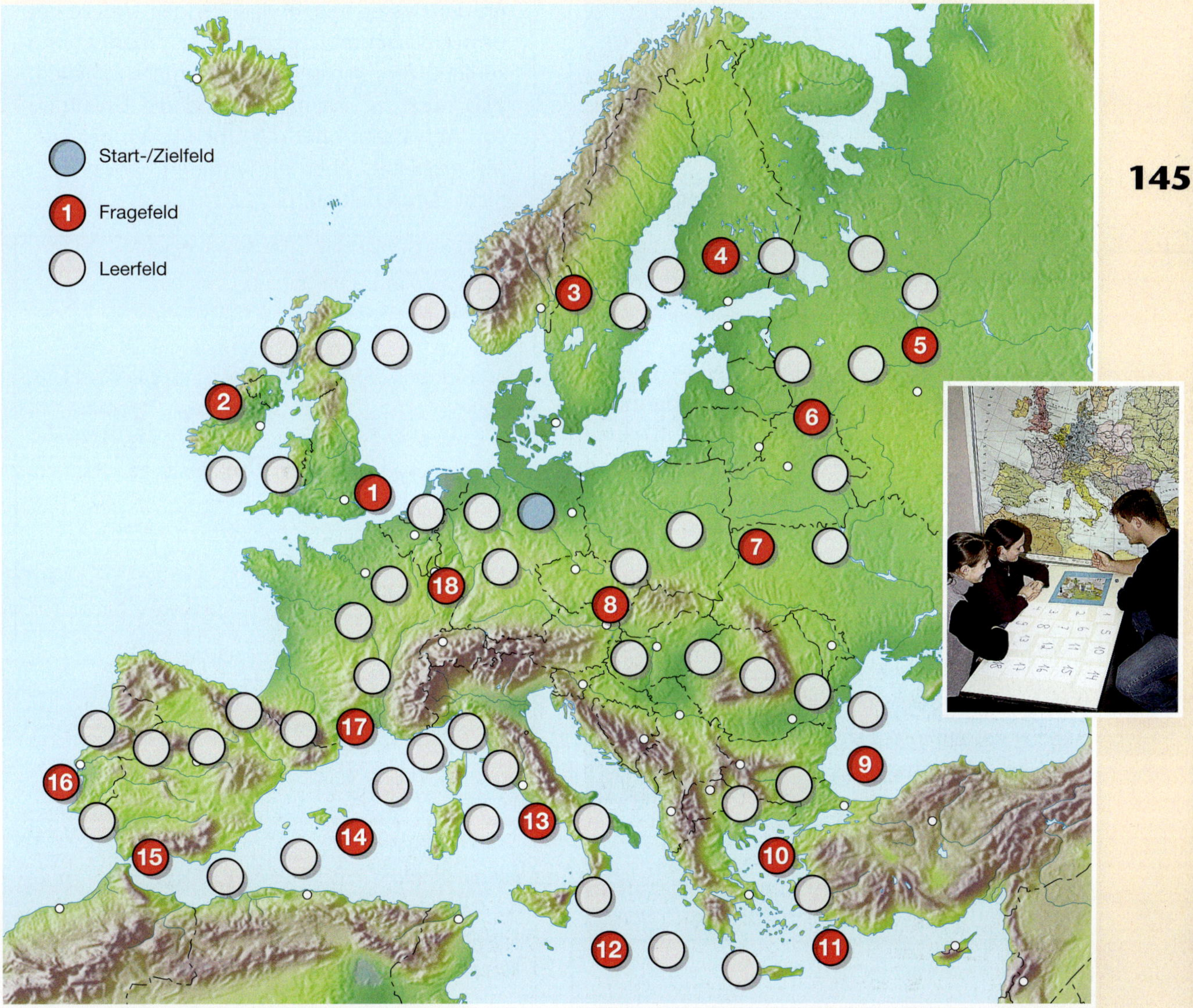

Europa im Überblick

Die Europäische Union

146.1 Das Kriegsende 1945

Bis 1945 führten die Staaten Europas immer wieder Krieg gegeneinander. Allein der Zweite Weltkrieg brachte europaweit ca. 60 Mio. Kriegstote. Großstädte waren zerbombt, Straßen, Fabriken und andere Einrichtungen waren zerstört.
Damit dies nie wieder passieren soll, haben nach dem Krieg mehrere Länder Europas beschlossen, in der Zukunft eng zusammenzuarbeiten. Im Laufe der Jahre kamen immer mehr Länder dazu. Diese Gemeinschaft heißt **Europäische Union** (EU). Ihr gehören heute 25 Länder Europas an.

146.2 Bankenzentrum Frankfurt

Gleiche Chancen für alle

Damit alle Menschen in der EU gut leben können, zahlen die Mitgliedsländer Geld in einen großen Topf ein. Das Geld wird anschließend so verteilt, dass die ärmeren Länder und Regionen mehr bekommen als die reichen. Das soll helfen, dass alle Menschen eine Arbeit finden und jeder in seiner Heimat gut leben kann.

146.3 Landwirtschaft in Polen

Umweltschutz muss sein

An der Ostsee liegen viele Länder. Um sie vor Umweltverschmutzungen oder Überfischung zu schützen, müssen alle zusammenarbeiten. Was nützt es, wenn ein Land die Einleitung von Abwässern oder das Überfischen der Ostsee verbietet, aber die anderen Länder sich nicht daran halten?

146.4 Verschmutzungen in der Ostsee

146.5 Badeverbot am Strand des Seebades Zopott (Danziger Bucht)

Gemeinsam sind wir stark

Nur große und reiche Länder wie die USA können Flugzeuge bauen. Für die einzelnen Länder Europas wäre das zu teuer. Darum haben sich mehrere Länder der EU zusammengetan und bauen gemeinsam den Airbus. Das schafft neue Arbeitsplätze und sichert den Wohlstand in vielen Regionen der EU.

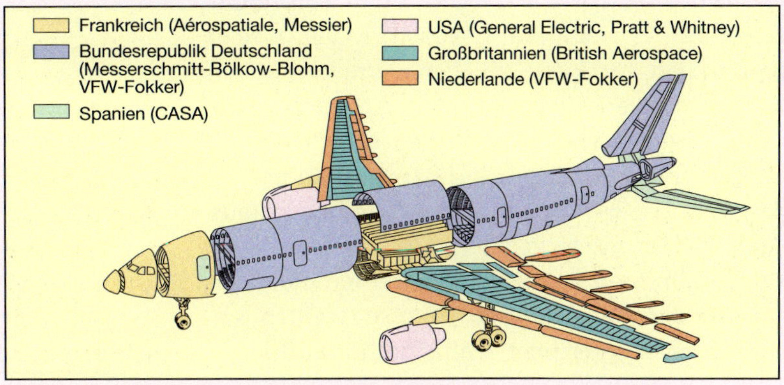

147.1 Der Airbus – ein europäisches Flugzeug

Frau Schrader aus Mannheim erzählt von ihrer Reise nach Frankreich:

147.2 Frau Schrader

„Letzte Woche haben wir unsere Tochter Anja in Marseille besucht. Während der Zugfahrt haben wir gar nicht gemerkt, dass wir bereits über die Grenze gefahren waren. Es gab keine Ausweiskontrollen. Einen Reisepass braucht man innerhalb der Europäischen Union sowieso nicht. Und für die Geschenke brauchen wir auch keinen Zoll zu bezahlen.
Nach einigen Stunden Fahrt hatten wir ganz schön Hunger. In einem Café in Lyon haben wir uns erst einmal einen Espresso und ein Croissant gekauft. Das war ganz einfach, denn schließlich können wir in Frankreich ja auch mit Euro bezahlen.
Anja hat uns am Bahnhof abgeholt. Sie arbeitet schon seit vier Monaten bei einer französischen Firma in Marseille. Sie wollte schon immer nach Südfrankreich. Als Bürger der Europäischen Union darf man ja in jedem Mitgliedsland arbeiten. Für mich wäre das nichts, weil ich so schlecht französisch spreche. Die Sprache ist die einzig wirkliche Hürde in der EU."

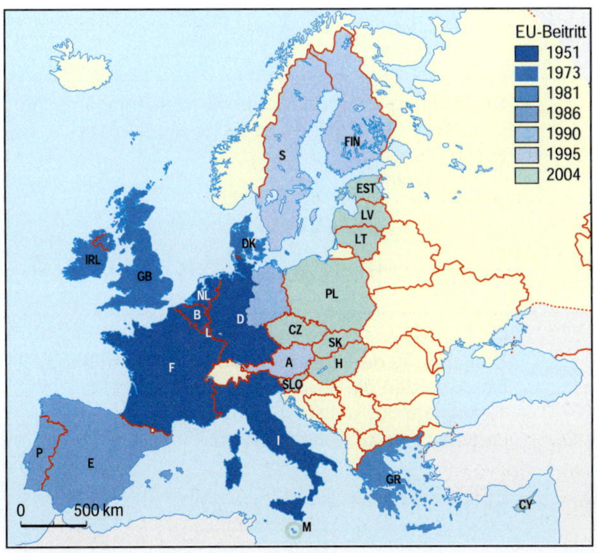

147.3 Die Mitgliedsstaaten der EU

1. Erstellt eine Liste der Länder der Europäischen Union. Sortiert die Länder nach ihrem Beitrittsdatum.
2. Nennt die Gründe, warum sich die Länder Europas zusammengetan haben.
3. Wer von euch war schon einmal in einem Land außerhalb der Europäischen Union? Was ist bei einer solchen Reise anders als bei einer Reise innerhalb der EU?

Europa im Überblick

Messen von Temperatur und Niederschlag

Das Wetter hat für die Landwirtschaft eine große Bedeutung. Es bestimmt in hohem Maße, welche Pflanzen ein Landwirt anbauen kann. Besonders wichtig sind die Temperatur und die Niederschlagsmenge. Niederschlag kann als Regen, Schnee, Reif oder als Tau am Morgen auf die Erde gelangen.
Die Profis, die das Wetter beobachten und voraussagen, heißen Meteorologen. Um das Wetter zu ermitteln, messen sie regelmäßig die Temperaturen und Niederschläge. Die Ergebnisse werden anschließend aufgezeichnet. Das könnt ihr auch!

1. Nehmt einen Regenmesser und ein Thermometer und sucht für beide Messinstrumente einen geeigneten Standort. Was ist dabei zu beachten?
2. Notiert täglich zur gleichen Zeit Art und Dauer des Niederschlags.
3. Messt die Temperatur im Freien morgens um 8 Uhr und mittags um 12 Uhr.
4. Führt ein Wettertagebuch. Notiert Temperaturen und Niederschläge einen Monat lang:

Datum	Temperatur	Niederschlag

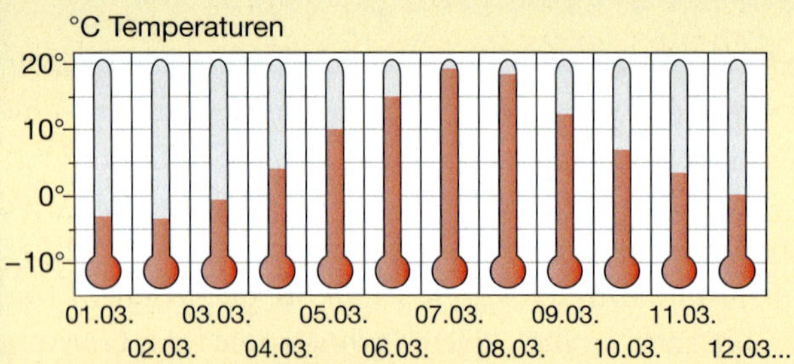

Monatsdurchschnittstemperatur

Die Tagestemperaturen eines Monats werden zusammengezählt und durch die Anzahl der Tage des Monats geteilt. Dreimal am Tag wird die Temperatur gemessen: um 7 Uhr, 14 Uhr und 21 Uhr. Der Wert von 21 Uhr wird doppelt genommen, damit niemand nachts messen muss. Dann werden die Messwerte zusammengezählt und abschließend durch vier geteilt.

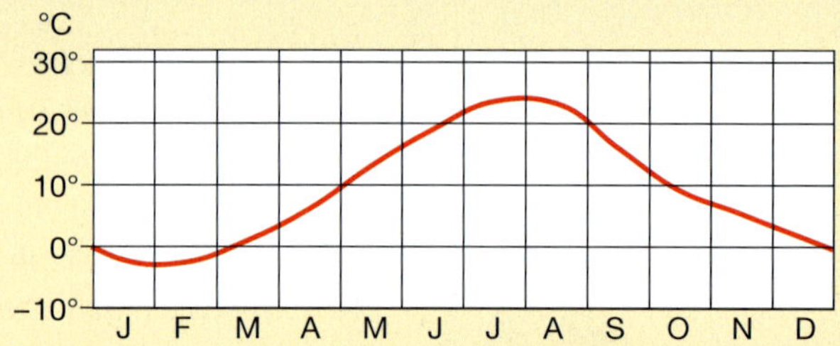

Jahresdurchschnittstemperatur

Die Monatsmittel werden zusammengezählt und durch die Anzahl der Monate (12) geteilt.

148.1 Ermittlung der Monats- und Jahresdurchschnittstemperatur

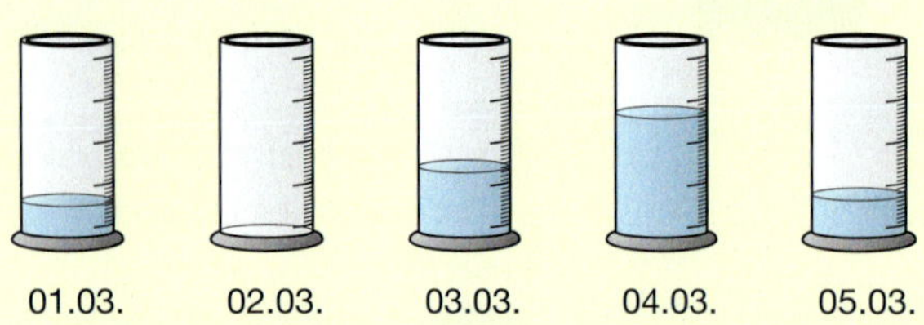

Berechnung der monatlichen Niederschlagsmenge:
Dazu wird der Niederschlag aller Monatstage zusammengezählt.
1. Tag - 3 mm
2. Tag -
...
31. Tag -
Summe:

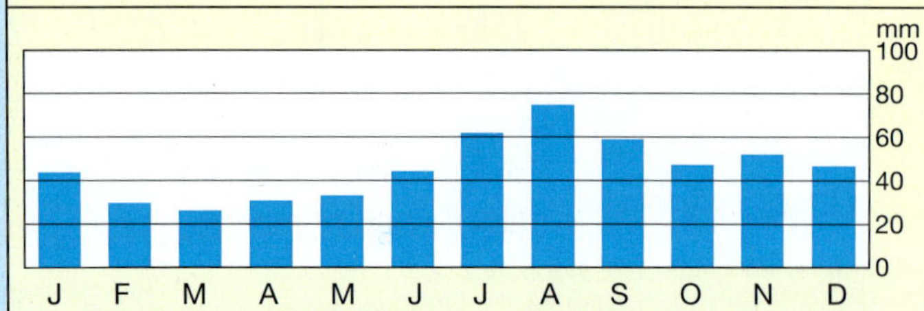

Berechnung der jährlichen Niederschlagsmenge:
Dazu werden die Niederschlagsmengen aller 12 Monate des Jahres zusammengezählt.

Januar	43 mm
...	
Dezember	
Summe:	555 mm

148.2 Ermittlung der Niederschlagsmenge

Die Daten von Temperatur und Niederschlag werden von den Meteorologen zusammengetragen und über einen langen Zeitraum (30 Jahre) verglichen und ausgewertet. Diese langjährigen Durchschnittswerte ergeben das **Klima**. Aus der Niederschlags- und der Temperaturkurve kann nun ein **Klimadiagramm** gezeichnet werden. Aus einem Klimadiagramm kannst du viele Informationen ablesen.

Hast du Fragen zum Klima?
Das Klimadiagramm hilft dir!

Wie hoch ist die Durchschnittstemperatur im Mai und September? Welches ist der wärmste, welches der kälteste Monat?
- Diese Fragen beantwortet dir die rote Temperaturkurve.

Wie viel Niederschlag fällt im Juni und im Oktober? In welchem Monat fällt viel Niederschlag, in welchem wenig?
- Diese Fragen beantworten die blauen Säulen im Niederschlagsdiagramm.

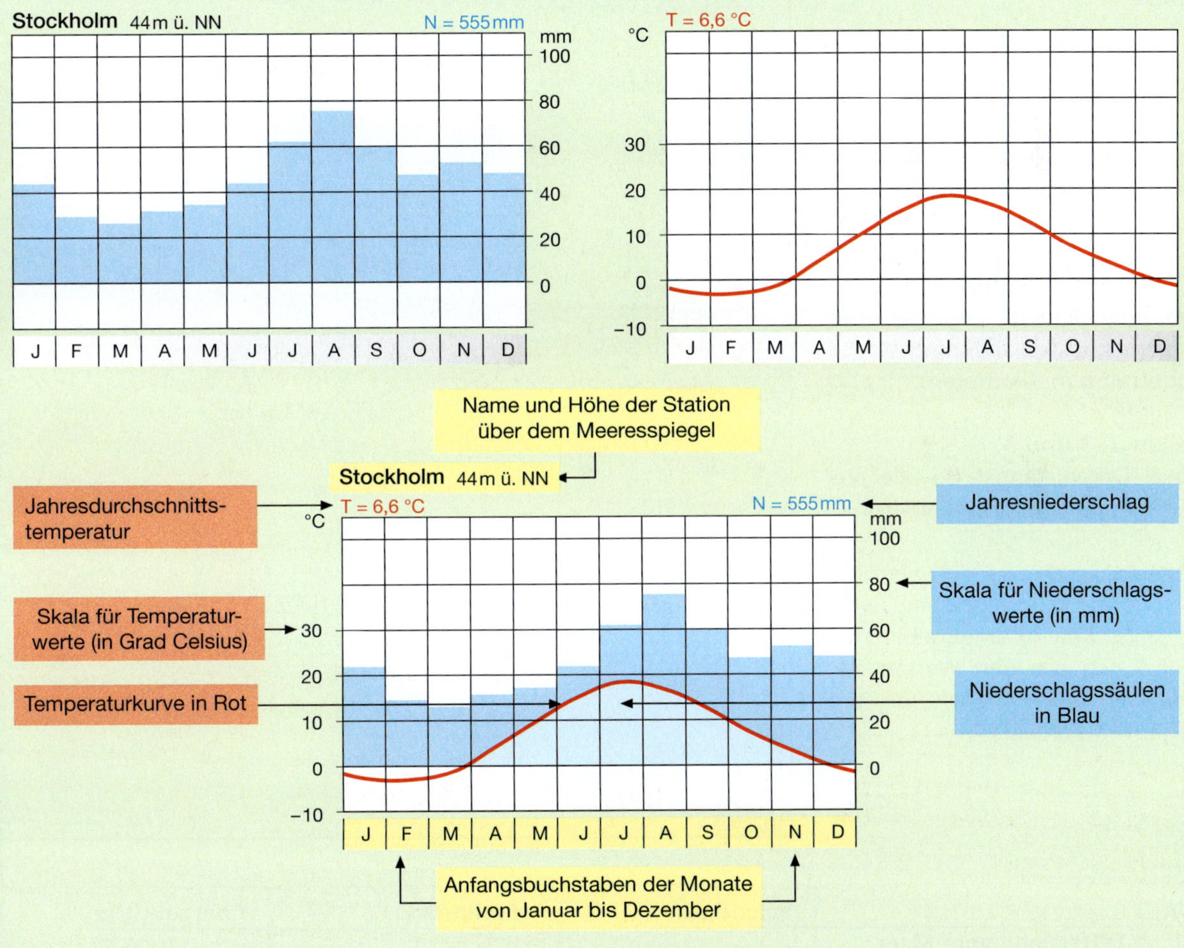

	J	F	M	A	M	J	J	A	S	O	N	D	Jahr
T (°C)	−2,9	−3,1	−0,7	4,4	10,1	14,9	17,8	16,6	12,2	7,1	2,8	0,1	6,6
N (mm)	43	30	26	31	34	45	61	76	60	48	53	48	555

149.1 Aufbau eines Klimadiagramms

Europa im Überblick

Das Klima in Europa

Ist das Klima in der gemäßigten Zone überall gleich? Wahrscheinlich nicht. Wir wollen auf diesen Seiten überprüfen, ob es Unterschiede zwischen den einzelnen Messstationen gibt und worin sie bestehen. Vielleicht gibt es ja sogar Regeln für die unterschiedlichen Temperatur- und Niederschlagswerte.
Übertrage dazu Tab. 150.2 in dein Heft und vervollständige diese. Dazu gibt es ein paar Tipps:

Zeile 1:
Anhand der Karte 150.1 kannst du die Entfernungen der einzelnen Messstationen zur Atlantikküste errechnen. (Tipp: gemessene Entfernung [cm] x 20 000 000 [Maßstabszahl]). Dann hast du die Strecke in Zentimetern. Streiche von deinem Ergebnis fünf Nullen und du bekommst die Entfernung in Kilometern.

Zeilen 2, 3 und 5:
Diese Daten kannst du alle aus den Klimadiagrammen ablesen.

Zeile 4:
Der Temperaturunterschied wird in K (= Kelvin) angegeben. Er ergibt sich aus den Werten der Zeilen 2 und 3. (Achtung bei negativen Zahlen!)

150.1

Nr.		Valentia/Ir	Berlin/D	Charkow/Ukr
1	**Entfernung vom Meer (Atlantikküste)**			
2	**Januar-Temperatur**			
3	**Juli-Temperatur**			
4	**Temperaturunterschied (Juli/Januar)**			
5	**Jahresniederschlag**			

150.2

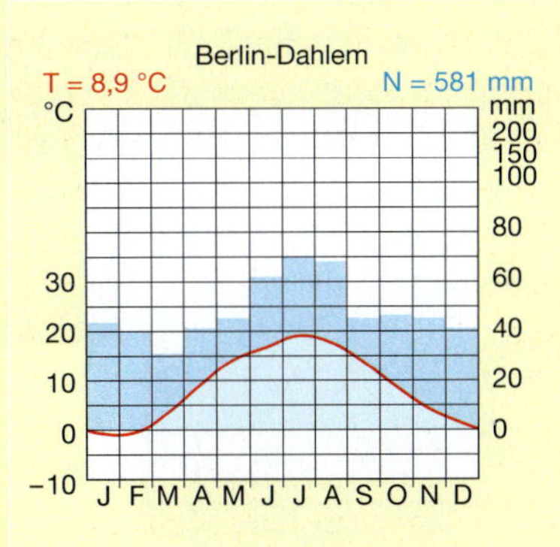

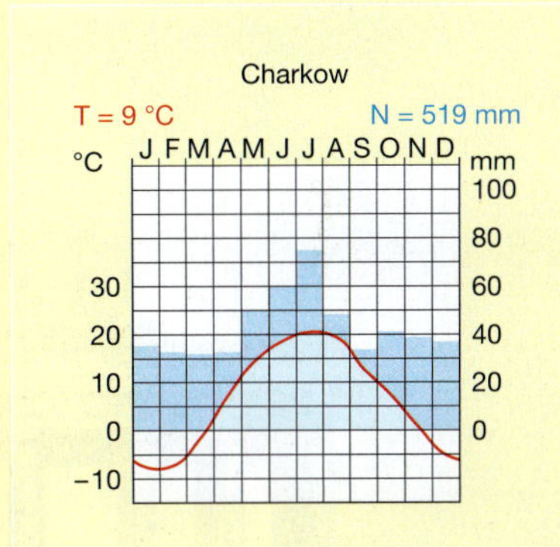

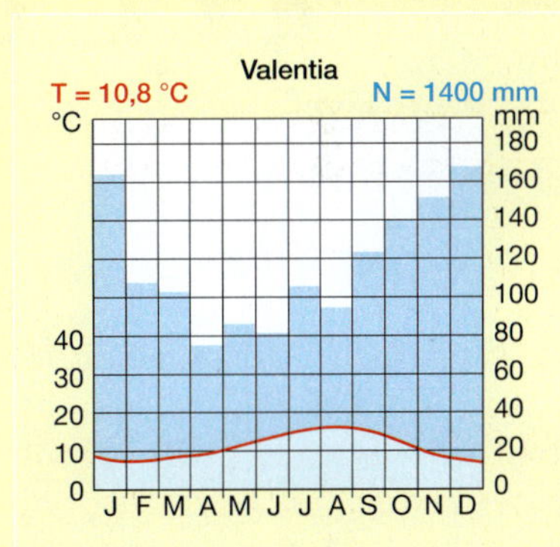

Auswertung:

1. Mache anhand der Zeilen 2, 3 und 4 Aussagen zum Verhalten der Temperatur. Beginne jeden Satz mit: *Je weiter der Ort vom Meer liegt, desto ….*
2. Vergleiche die Zeilen 1 und 5 miteinander. Formuliere auch hierzu einen entsprechenden Satz.

Auf diese Weise hast du ermittelt, worin die Unterschiede zwischen dem Seeklima, dem Übergangsklima und dem Landklima bestehen. Hast du eine Idee, wie es zu diesen Unterschieden kommt?

Europa im Überblick

Europa bei Nacht

Diese Seite zeigt dir ein Satellitenbild von Europa. Es wurde bei Nacht aufgenommen. Als Orientierung dienen dir nur die Lichtpunkte der Städte. Nimm dir einen Atlas und suche dir eine möglichst große physische Europakarte. Versuche dann, dich auf dem Bild zurechtzufinden, indem du die Karte mit dem Bild vergleichst.

Die Meere erscheinen natürlich als dunkle Flächen. Das Licht der Schiffe ist zu schwach, um es auf diesem Bild sehen zu können. Aber die Bohrinseln in der Nordsee sind gut zu erkennen.

An vielen Küsten reihen sich die Orte wie Perlen einer Perlenkette aneinander. So kannst du sehr gut den Verlauf der Küsten erkennen.

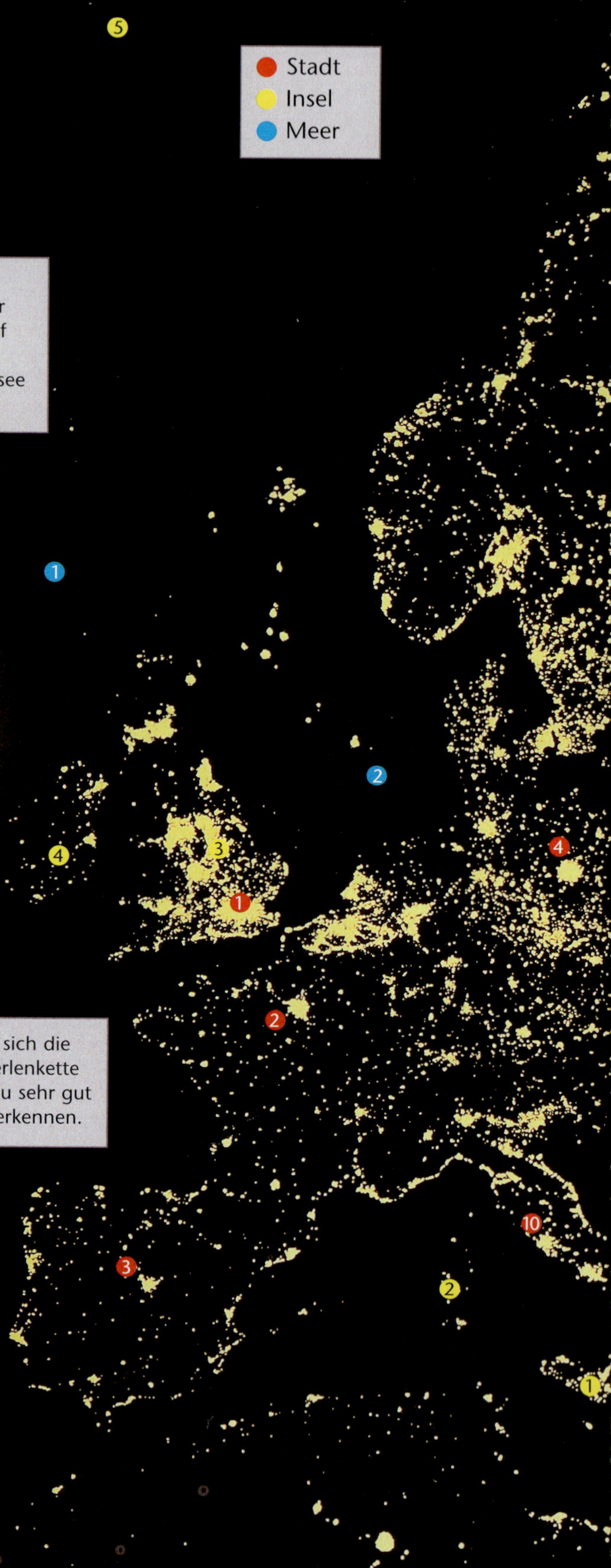

Die großen Städte sind besonders gut zu erkennen. Die vielen Lichtquellen von Häusern, Autos, Straßenbeleuchtung und Werbung verschmelzen dabei zu einem großen Lichtpunkt.

Großbritannien
Sizilien
Irland
Island
Sardinien

Atlantischer Ozean
Nordsee
Ostsee
Mittelmeer
Schwarzes Meer

Warschau
Madrid
Istanbul
Paris
London
Helsinki
Rom
Berlin
Stockholm
Moskau

31.1 a–c

1. Die farbigen Zahlen in dem Bild stehen für Inseln, Meere und Städte. Ordne sie den Namen in Abb. 153.1 a–c zu.
2. Die zehn gesuchten Städte sind Hauptstädte europäischer Länder. Bilde die richtigen Wortpaare:
   Berlin – Deutschland
   Paris – …

Im Norden Europas

Nordeuropa
Reykjavík
Oslo
Stockholm
Helsinki
Kopen-
hagen
IS
N
S
FIN
DK
EST
LV
LT
RUS
BY
IRL
GB
NL
B
L
D
PL
UA
CZ
SK
A
H
MD
RO
F
CH
FL
SLO
HR
BIH
SCG
BG
MC
RSM
AND
MK
TR
P
E
I
AL
GR
M
CY
0 250 500 km

Im Norden Europas

Die Arbeit der Gletscher

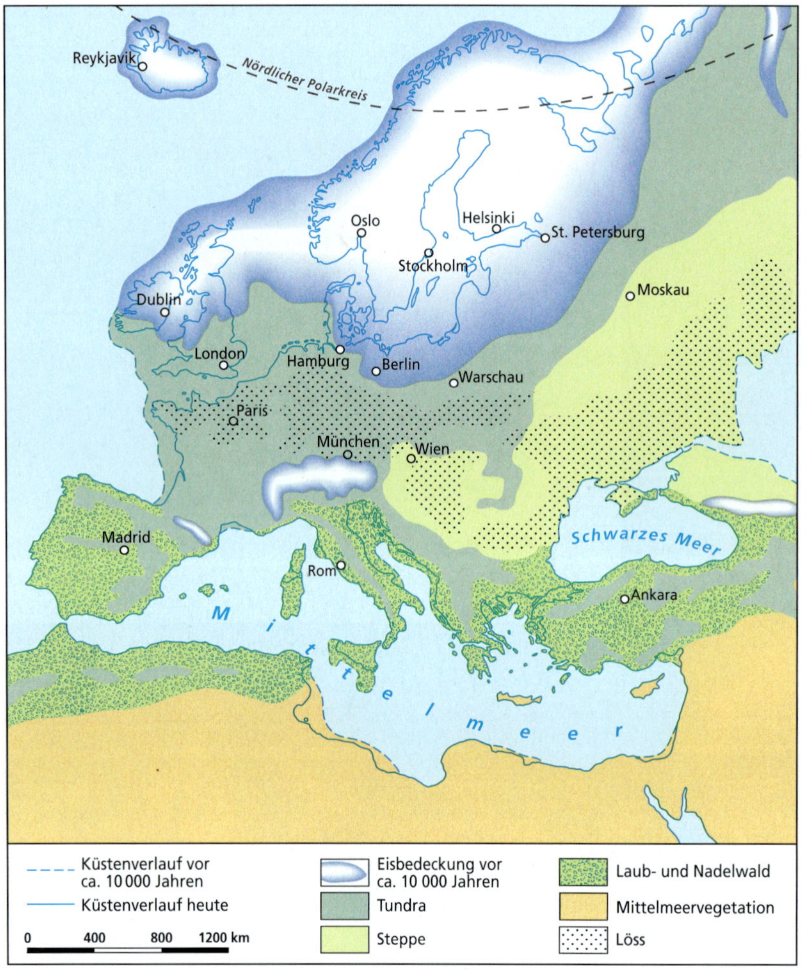

156.1 Die Vereisung Europas während der letzten Eiszeit

Während der **Eiszeiten** (Erdzeitalter des Pleistozäns) drangen gewaltige Eismassen von Nordeuropa bis ins Norddeutsche Tiefland vor. Es waren viel größere Gletscher, als wir sie heute aus den Alpen kennen (▷ S. 134). Zahlreiche Gletscherzungen schoben sich aus den Bergen Skandinaviens talwärts. Sie formten die Landschaft ganz neu. An der steilen Westseite des skandinavischen Gebirges arbeiteten die Eismassen besonders kräftig. Aufgrund der Bewegung der Gletscherzungen wurden wie in den Alpen die V-Täler zu U-Tälern erweitert (Abb. 135.1–3). Durch den Druck der Eismassen und deren Bewegung schliffen die Gletscher sogar die Oberfläche von hartem Granit glatt. Die Küstenlinie Norwegens besteht durch die Arbeit der Gletscher aus unzähligen tiefen Buchten, den **Fjorden**. Sie reichen bis zu 200 km weit ins Land hinein. Man nennt die Fjorde auch „ertrunkene" U-Täler.

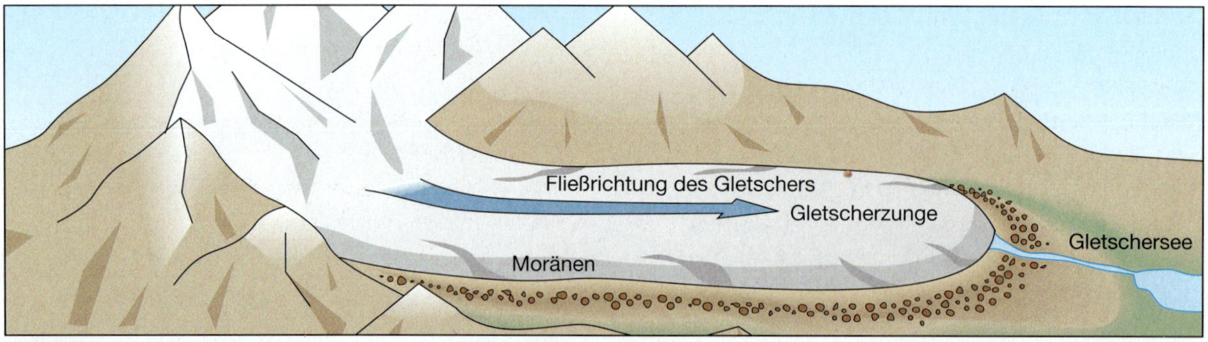

156.2

1. Zählt die Länder auf, die während der letzten Eiszeit vom Eis bedeckt waren (Abb. 156.1).
2. Welche europäischen Meere gab es während der Eiszeit gar nicht?

157.1 *Profil durch Nordeuropa*

Vom Eis geprägte Landschaft

Die Landschaft der Skandinavischen Halbinsel ist äußerst vielgestaltig. Im Osten erreicht das Skandinavische Gebirge bis zu 2470 m. Bis auf einen schmalen Küstenstreifen erstreckt dieses sich über ganz Norwegen.

Das Inlandeis der Eiszeit veränderte die Oberflächenformen der höher gelegenen Bereiche des Skandinavischen Gebirges kaum. Es hinterließ die flachwelligen **Fjells**, eine urwüchsige, fast menschenleere Hochfläche über der Baumgrenze.

Nach dem Abschmelzen der Gletscher hob sich das Land im Innern Skandinaviens um mehrere hundert Meter, da es nun von der Last der Eismassen befreit war. Steil ragen die Felswände über den Wasserspiegel der Fjorde empor (▷ S. 154). Die Abtragung durch die Gletscher (Gletschererosion) ließ auch glatt geschliffene Felsen und ausgehobelte Senken zurück. Hier entstand eine **Seenplatte** mit unzähligen Seen. Wo das Meer in diese Landschaften eindrang, entstanden tausende von kleinen Inseln, die **Schären**.

1. Legt einen Stift entlang des Profils auf eine physische Karte im Atlas.
2. Beschreibt anhand der Abbildungen die Landschaftsformen Skandinaviens.
3. Schildert mit eigenen Worten die Entstehung von Fjord, Fjell und der Schären.
4. Erklärt das Aussehen der norwegischen Atlantikküste.

Der Golfstrom – die Warmwasserheizung Europas

158.1 Auf dem Markt von Trondheim: Erdbeeren aus Norwegen

Aus einer norwegischen Tageszeitung:

Ferienjob: Erdbeerpflücker
Trondheim. Für die kommende Erdbeerernte werden dringend Erntehelfer benötigt. Nähere Auskünfte an Schüler und Studenten erteilt Olav Jacobsen, Hansengata 13.

158.2

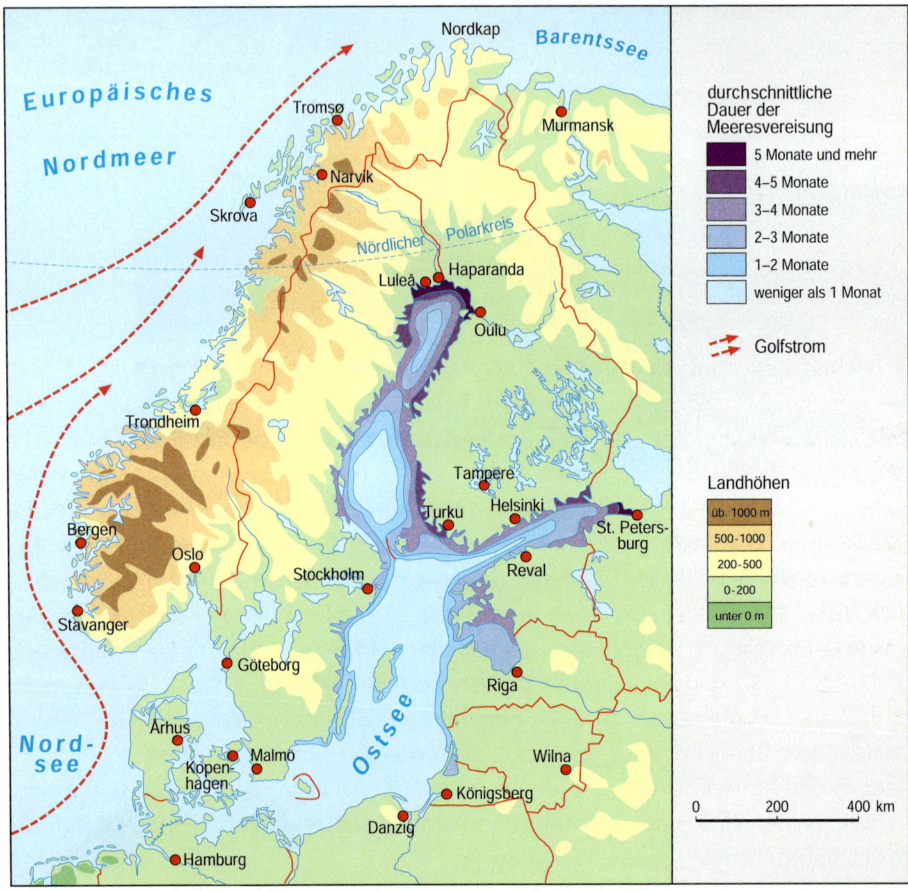

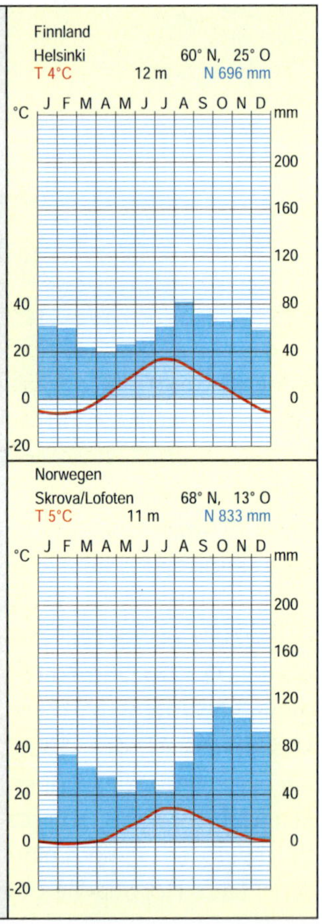

		J	F	M	A	M	J	J	A	S	O	N	D	Jahr
Bergen	T (°C)	1,5	1,3	3,1	5,8	10,2	12,6	15,0	14,7	12,0	8,3	5,5	3,3	7,8
	N (mm)	179	139	109	140	83	126	141	167	228	236	207	203	1958
Haparanda	T (°C)	– 10,9	– 11,1	– 7,8	– 1,1	5,8	12,3	16,3	14,0	8,5	2,8	– 2,9	– 7,0	1,6
	N (mm)	40	37	24	34	29	41	54	71	65	53	58	46	552

158.3 Klima und Meeresvereisung in Skandinavien

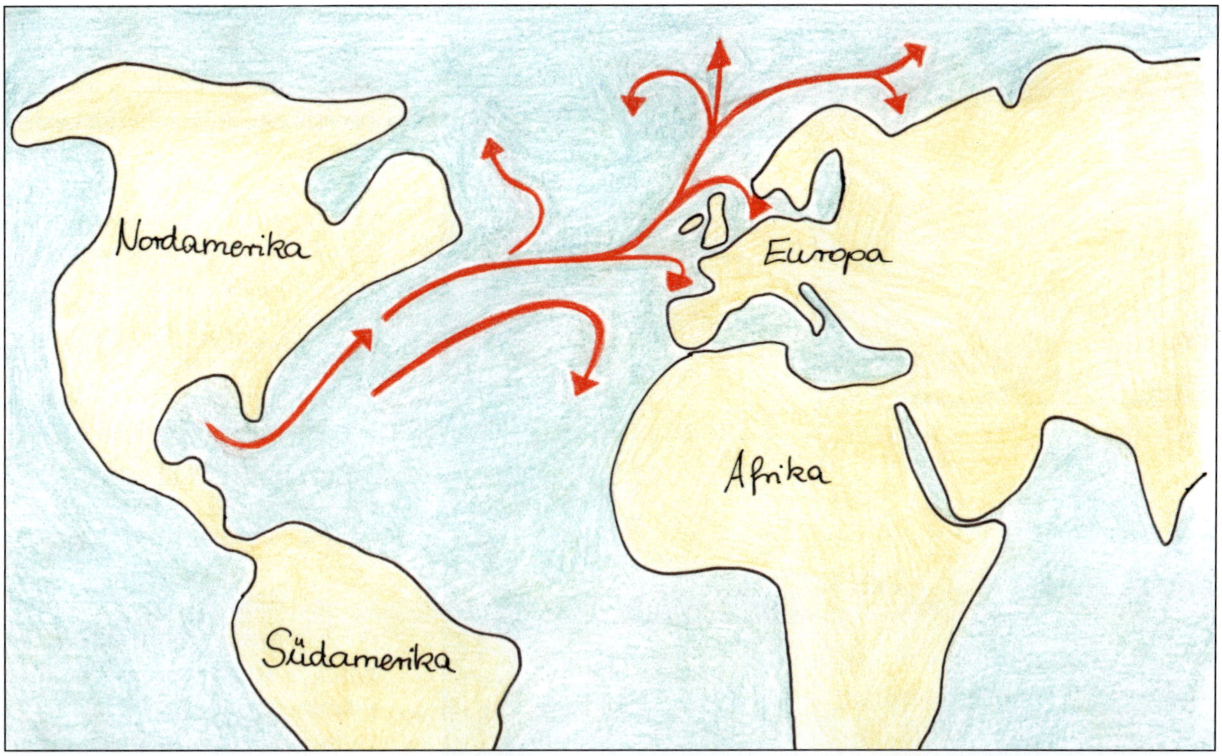

159.1 Faustskizze: der Golfstrom

Nirgends sonst auf der Erde reichen Besiedlung und Ackerbau so weit nach Norden wie in Norwegen. Bis 64° nördlicher Breite werden an der Küste Obst und Gemüse angebaut; Gerste, Roggen und Kartoffeln gedeihen fast bis zum Nordkap. Wie kommt es zu dieser Erscheinung?
Der **Golfstrom** beeinflusst sehr stark das Klima im nördlichen Europa. Mit zunehmender Breitenlage sinken die Temperaturen von Süd nach Nord immer mehr. Dennoch unterscheiden sich hier die Winter in Härte und Dauer von West nach Ost fast mehr als von Süd nach Nord. Dies bewirkt der Golfstrom. Oft wird dieser warme Meeresstrom als Warmwasserheizung Europas bezeichnet. Auch im Winter bleibt deshalb die gesamte Küste Norwegens eisfrei, es herrscht ein gemäßigtes Klima.

Niederschlagsverteilung
Die Niederschläge nehmen auf der Skandinavischen Halbinsel von West nach Ost deutlich ab. Die feuchten Winde vom Atlantik (Seeklima) verursachen am Skandinavischen Gebirge Steigungsregen. Die Gebiete östlich des Gebirges liegen im Regenschatten und erhalten demnach weniger Niederschläge (Landklima).

1. Beschreibt anhand des Atlas den Verlauf des Golfstroms. Übernehmt die Faustskizze 159.1 in euer Heft.
2. Beschreibt die Auswirkungen des Golfstroms auf die Vereisung des Meeres und die Wintertemperaturen.
3. Zeichnet Klimadiagramme von Haparanda und Bergen.
4. Belegt mithilfe der Klimadiagramme und der durchschnittlichen Dauer der Meeresvereisung die Auswirkungen des Golfstroms.
5. Der Golfstrom kühlte in den letzten zwei Jahren ab. Beschreibt mögliche Folgen.

Im Norden Europas

Pflanzen in Tundra und Taiga

160.1 *Eiswüste*

160.2 *Tundra*

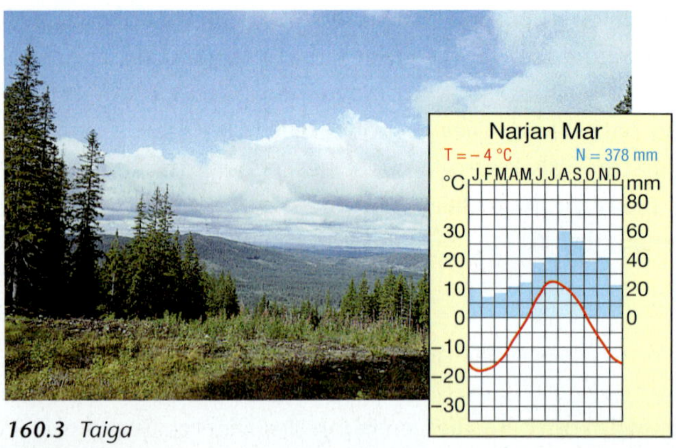

160.3 *Taiga*

Pflanzen benötigen zum Wachstum Wasser, Licht, Wärme und Nährstoffe. Jeder dieser Faktoren beeinflusst das Pflanzenwachstum.

In der **Eiswüste** zum Beispiel liegt die Durchschnittstemperatur nur an wenigen Tagen über +5° Celsius (= Wachstumsgrenze; denn sinkt die Temperatur unter diese Marke, so wachsen die meisten Pflanzen nicht mehr). Deshalb können nur an einzelnen eisfreien Stellen Flechten gedeihen: nämlich dort, wo der Boden die Wärme entsprechend speichern kann.

In der **Tundra** ist das Pflanzenwachstum auf ein bis drei Monate beschränkt. Hier wachsen Polsterpflanzen, Rentierflechten, Moose, Gräser und niedere Sträucher. Eng an den Boden geduckt, dem Licht zugewandt, versuchen sie möglichst viel Licht und Wärme zu erhalten und zu speichern.

Einzeln stehende Nadelbäume zeigen an, dass man sich der nördlichen Baumgrenze nähert, die zwischen Tundra und **Taiga** liegt. In dieser größten zusammenhängenden Waldfläche gedeihen vor allem Nadelbäume. Sie sind sehr widerständig gegen Frost und von schlankem und spitzem Wuchs, der die Äste vor Schneebruch schützt. An Laubbäumen trifft man nur die anspruchslosen Birken oder Espen an.

1. Beschreibt, wie sich die Vegetation von der Eiswüste zur Taiga verändert.
2. „Die Pflanzen passen sich dem Wenigen, das sie zur Verfügung haben, hervorragend an." Erklärt diese Aussage.

Natürliches Wanderverhalten der Rentiere
Im Sommer nutzen die Rentiere die Bergweiden und die baumlosen Flächen der Tundra und ernähren sich dort von Moosen, Flechten, Kräutern, Blättern, aber auch Pilzen. Im Herbst ziehen sie südwärts. In den Wäldern der Taiga fressen die Rentiere die Flechten von den Baumstämmen, da die feste Schneedecke die andere Nahrung verdeckt.

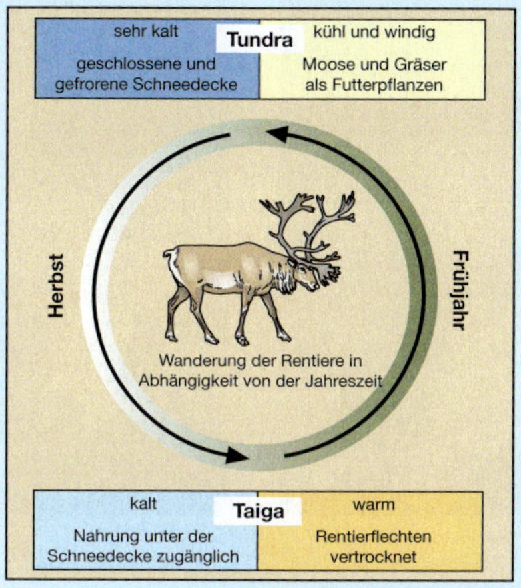

Mit steigender Temperatur nimmt im Frühjahr die Mückenplage zu und an vielen Stellen vertrocknet die Rentierflechte. Wenn der Boden auftaut, profitieren die Rentiere von ihren tellerförmigen Fußsohlen. Sie verhindern ein Einsinken im Sumpf. Die Tiere wandern wieder nach Norden in die baumlose Tundra, wo der Wind die Mücken vertreibt und ausreichend Nahrung zur Verfügung steht.

Jaakob, ein Same aus finnisch Lappland, berichtet:

„Das ganze Jahr über zogen wir mit unseren Herden durch das Land. Unsere Tiere lieferten uns fast alle lebensnotwendigen Dinge: Die Milch der Renkühe und das Fleisch der Tiere diente frisch, getrocknet oder geräuchert als Nahrung. Aus den Fellen und Sehnen der geschlachteten Tiere nähten unsere Frauen Kleider und Zeltplanen. Die Zelte aus Holzstangen und Fellen waren so einfach konstruiert, dass wir jederzeit aufbruchbereit waren. Selbst die Innenausstattung der Zelte bestand aus Fellen. Um bei den Wanderungen schneller voranzukommen, nutzten wir einen bootsförmigen Transportschlitten, den so genannten Pulk. Dieser wurde von Rentieren gezogen. Oft haben wir uns mit anderen Familien zusammengeschlossen. Wir Männer trieben die große Herde dann gemeinsam, während die Frauen mit den Kindern und dem Hausrat folgten. Nur im Winter konnten wir uns wenige Wochen in einem einfachen Holzhaus niederlassen und unsere Kinder in eine richtige Schule schicken.
Wer noch Rentiere hat, wandert heute nicht mehr mit seiner Herde. Wir haben das ganze Jahr über einen festen Wohnsitz. Bei den Tieren ist nur ein Hüter. Müssen wir einmal schnell zur Herde, so bringen uns im Sommer Autos, im Winter Motorschlitten ans Ziel. Auch das Zusammentreiben einzelner Herden ist leichter geworden, da die Tiere mit Hubschraubern geortet und getrieben werden können.
Meine Söhne können nicht mehr von der Rentierhaltung leben. Sie betreiben die Rentierzucht nur noch als Nebenverdienst."

161.1 Lage Lapplands

161.2 Heutiger Rentierzüchter

1. Erkläre, warum die Rentiere wandern.
2. Früher bestimmte das Wanderverhalten der Rentiere das Leben. Erkläre, warum.
3. Zeichnet ein Rentier. Beschriftet die verwendeten Teile und nennt ihren Verwendungszweck.

Im Norden Europas
Im Reich der Mitternachtssonne

162.1 Tromsö im Januar um 12 Uhr

162.2 Tromsö im Juli um 24 Uhr

Tanja war in den Sommerferien mit ihren Eltern in Norwegen. Nach den Ferien trifft sie ihren Freund Markus:

Tanja: „Stell dir vor, um Mitternacht konnte ich noch bei Sonnenlicht lesen und Ansichtskarten schreiben."
Markus: „Das glaubst du wohl selber nicht, du übertreibst mal wieder."
Tanja: „Nein, das ist die Wahrheit. Du weißt doch, dass es bei uns im Sommer länger hell bleibt als im Winter."
Markus: „Na klar, deshalb kann man ja auch abends lange draußen spielen."
Tanja: „Also, je weiter wir nach Norden gefahren sind, desto länger ist es hell geblieben. Am Nordkap, dem nördlichsten Punkt Europas, haben wir die Mitternachtssonne erlebt. Da bleibt es auch um Mitternacht taghell."
Markus: „Cool, da dürfen die Kinder bestimmt ewig aufbleiben, weil es ja nie Nacht wird!"
Tanja: „Hmm, das weiß ich nicht, aber die Norweger passen sich den langen Tagen an. Selbst um Mitternacht sieht man Menschen im Garten arbeiten und in der Stadt war eine Menge los."
Markus: „Ja, aber im Winter ist es bei uns ja viel kürzer hell. Wie sieht es dann am Nordkap aus?"
Tanja: „Das hat uns der Fremdenführer in Hammerfest erzählt. Hammerfest ist nämlich die nördlichste Stadt Europas. Dort scheint vom 13. Mai bis zum 29. Juli ununterbrochen die Sonne. Diese Zeit heißt Polartag. Im Winter scheint die Sonne vom 18. November bis zum 23. Januar dagegen gar nicht. Das ist die Zeit der Polarnacht."
Markus: „Was? Da scheint zwei Monate lang nie die Sonne! Das ist ja furchtbar. Da würde ich es nicht aushalten."
Tanja: „Für mich wäre das auch nichts. Aber die Menschen dort haben sich daran gewöhnt. Direkt am Nordpol ist es noch extremer. Dort ist es im Sommer sechs Monate hell und im Winter dann sechs Monate lang immer dunkel."
Markus: „Sechs Monate Dunkelheit? Nein danke, da fahr ich lieber in den Süden."
Tanja: „Ha, aber nicht zu weit."
Markus: „Warum nicht zu weit?"
Tanja: „Am Südpol ist es umgekehrt. Wenn bei uns Sommer ist, ist es dort sechs Monate dunkel und wenn bei uns Winter ist, ist es sechs Monate hell."
Markus: „Na dann fahren wir doch in den Sommerferien an den Nordpol und in den Weihnachtsferien an den Südpol."

1. Tanja erzählt Markus von **Polarnacht** und **Polartag**. Erkläre diese Begriffe.
2. Suche die Stadt Hammerfest im Atlas. Wie weit ist sie von deinem Heimatort entfernt?
3. Finde heraus, wann bei uns der längste Tag und wann der kürzeste Tag im Jahr ist.

163.1

Die Glühbirne soll die Sonne darstellen, der Globus die Erde, wie sie um die Sonne kreist. Die „Erde" wird angehalten, um zu beobachten, wie es sich mit Tag und Nacht verhält. Hierfür wird ein Tag nachgestellt, das heißt, der Globus wird einmal um seine Achse gedreht. Tanja zeichnet dann immer eine Beobachtungsskizze. Hier sind zwei davon.

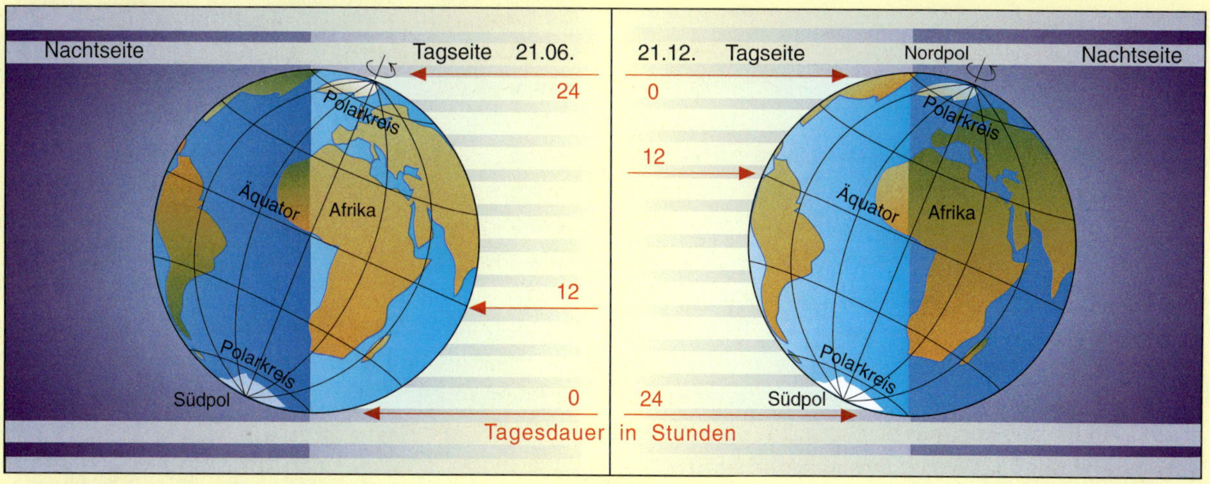

***163.2** Polartag und Polarnacht am Nordpol*

Tanja: „Eigentlich ist es ganz einfach. Die Länge der Tage verändert sich übers Jahr, weil die Erde ‚schief' durch den Weltraum schwebt."

***163.3** Tanja*

Ballungsräume in Westeuropa

Paris: Stadtviertel Montmartre

Ballungsräume in Westeuropa

Weltstadt Paris – auch für Kids?

166.1 Triumphbogen

Susanne hat sich lange darauf gefreut, ihre Freundin Julie in Paris zu besuchen. Am zweiten Tag beschlossen die beiden, die Stadt zu besichtigen. Als Julie ihre Freundin fragte, was sie denn sehen möchte, zählte Susanne die Sehenswürdigkeiten auf, die sie im Unterricht kennen gelernt hatte: Eiffelturm, Triumphbogen, Kathedrale Nôtre-Dame, den Louvre und als modernes Gebäude das Centre Pompidou.

Julie überlegte kurz und antwortete: „Einverstanden, wenn du unbedingt Gemäuer sehen willst, schauen wir uns das am Morgen an. Aber nach dem Essen zeige ich dir die Dinge, die uns bestimmt Spaß machen: den „Park des 21. Jahrhunderts Citroën". Und den „Palast der Entdeckungen" im 8. Bezirk. Hier können wir wissenschaftliche Untersuchungen durchführen. Vor allem müssen wir aber nach La Villette, wo es in der „Stadt der Wissenschaften" die „Stadt der Kinder" und den berühmten Geoden gibt. In dieser gewaltigen Silberkugel ist ein Panoramakino untergebracht.

Morgen fahren wir dann mit der Schnellbahn ins Eurodisney. Da nehmen wir auch deine Eltern mit, die sind bestimmt genauso begeistert. Schließlich sind dort über die Hälfte der Besucher Erwachsene."

Internetadressen
„Paris Pages" http://www.paris.org.
„Paris Promotion" http://www.paris-promotion.fr
„Online-Reiseführer Paris!" (deutsch)
http://www.uwe-freund.com/paris

1. Sucht auf dem Stadtplan die Orte, die Julie und Susanne besichtigen wollen.
2. Stellt einen Plan auf, wie ihr alle Orte in kürzester Zeit erreichen könnt.
3. Sucht im Stadtplan weitere Sehenswürdigkeiten. Informiert euch über deren Bedeutung (Lexikon, Internet).

166.2 Eiffelturm

167.2 La Villette

167.3 Centre Pompidou

167.1 Nôtre Dame

167.4 Glaspyramide am Louvre

Ballungsräume in Westeuropa

Paris – c'est la France?

Mit elf Millionen Einwohnern gehört der Großraum Paris, die Region Ile de France, zu den größten Ballungsräumen der Welt. Auf 2 % der Fläche des Landes leben hier fast 20 % der französischen Bevölkerung. Paris ist der eindeutige Mittelpunkt Frankreichs, obwohl die Stadt nicht in der Mitte des Landes liegt. Fast alle Eisenbahnlinien und Straßen laufen sternförmig auf die Hauptstadt zu.

Mit 25 % aller Industriebeschäftigten ist Paris das Hauptindustriezentrum Frankreichs. Autos, Kleider, Parfüm und Computer sind nur einige Produkte, die hier hergestellt werden.

Die **Metropole** übt eine große Anziehungskraft auf Arbeitskräfte und Firmen aus. Immer mehr Geschäfte, Verwaltungen, Banken und Versicherungen wollen in Paris ansässig werden. Dadurch wird das Leben für die Bevölkerung der Innenstadt zunehmend teurer. Zudem fehlen Spielplätze für Kinder und Parkplätze für Autos. So hat seit den 60er Jahren die Bevölkerung der eigentlichen Stadt Paris (Ville de Paris) von 3 Millionen auf etwa 2,1 Millionen abgenommen. Viele Menschen zogen ins Umland von Paris.

In Paris gibt es praktisch alles zu kaufen. Zur Versorgung dienen 5 Großmärkte und 13 000 Lebensmittelläden. Um Kleidung und hochwertige Güter zu kaufen, kommen die Menschen von weither in die Stadt. Der Einzugsbereich dieser Geschäfte beträgt bis zu 250 km.

168.1 *Zum Shopping nach Paris*

Deshalb entschlossen sich Stadtplaner, im Umland fünf so genannte Neue Städte zu bauen. Hier sollen bis zu 300 000 Menschen wohnen. Damit nicht so viele Einwohner ins Zentrum pendeln müssen, werden auch Einkaufs-, Arbeits- und Freizeiteinrichtungen geschaffen.

In Paris gibt es

1500 Hotels, 12 000 Bars und Bistros, 670 Kinos, 100 Museen und ebenso viele Theater, 86 Bibliotheken, 52 000 Boulevards, Straßen und Gassen, 341 U-Bahn-Stationen, 15 000 Taxis, 90 000 Straßenlaternen, 2000 km Abwasserkanäle, 400 000 Tauben, 200 000 Studenten an 13 Universitäten und jährlich 3 Millionen Besucher auf dem Eiffelturm.

1. Nennt Ursachen und Gründe, warum Paris die wichtigste Stadt Frankreichs ist.
2. Notiert Probleme, mit denen die Menschen in Ballungszentren wie Paris täglich zu tun haben.

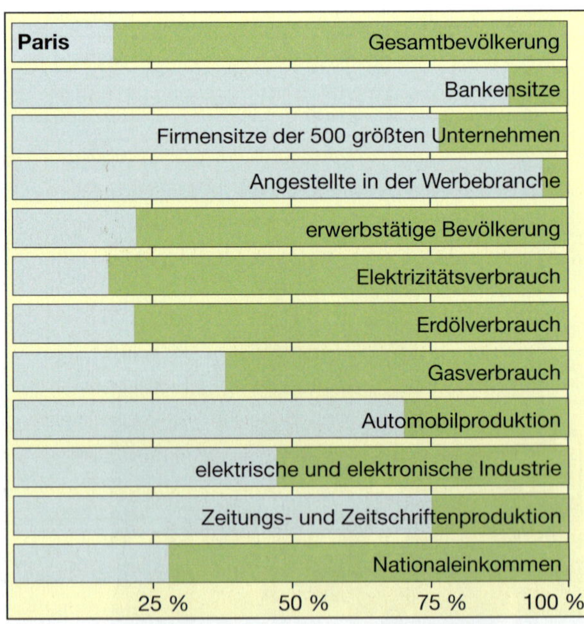

168.2 *Anteile von Paris an der Gesamtwirtschaft*

169.1

Das wichtigste Verkehrsmittel ist die Metro, die Untergrundbahn. Täglich transportiert sie vier Millionen Menschen. Mit ihr lassen sich alle touristischen Sehenswürdigkeiten (▷ S. 166) in kurzer Zeit erreichen. Ins Umland der Stadt fahren zahlreiche Schnellbahnen. Trotzdem erstickt Paris zunehmend im Autoverkehr. Täglich rollt eine Lawine von über einer Million Autos in die Stadt hinein und wieder hinaus. Keine andere europäische Stadt hat so viele Bahnhöfe wie Paris. Außerdem liegen im Umkreis der Stadt die drei größten Flughäfen Frankreichs, auf denen jährlich ca. 80 Mio. Passagiere starten und landen.

169.2 *Die Metro*

Lösungsmöglichkeiten

Das Zauberwort heißt „**Dezentralisierung**" der Wirtschaft. Um das Übergewicht von Paris abzubauen, wurden Industriezentren in den unterentwickelten Landesteilen gefördert. Betriebe konnten dort billiges Bauland erwerben und mussten weniger Steuern zahlen. So errichteten viele Pariser Firmen Zweigwerke im Süden und Westen Frankreichs. Dennoch blieben die Hauptverwaltungen der Unternehmen in Paris. Dort wird über den Einsatz der Geldmittel und die Wirtschaftsentwicklung entschieden.

169.3

169.4 *In der Neuen Stadt Marne La Vallée*

Ballungsräume in Westeuropa

Tour de France

170.1 An der Bretagneküste

170.2 Schloss an der Loire

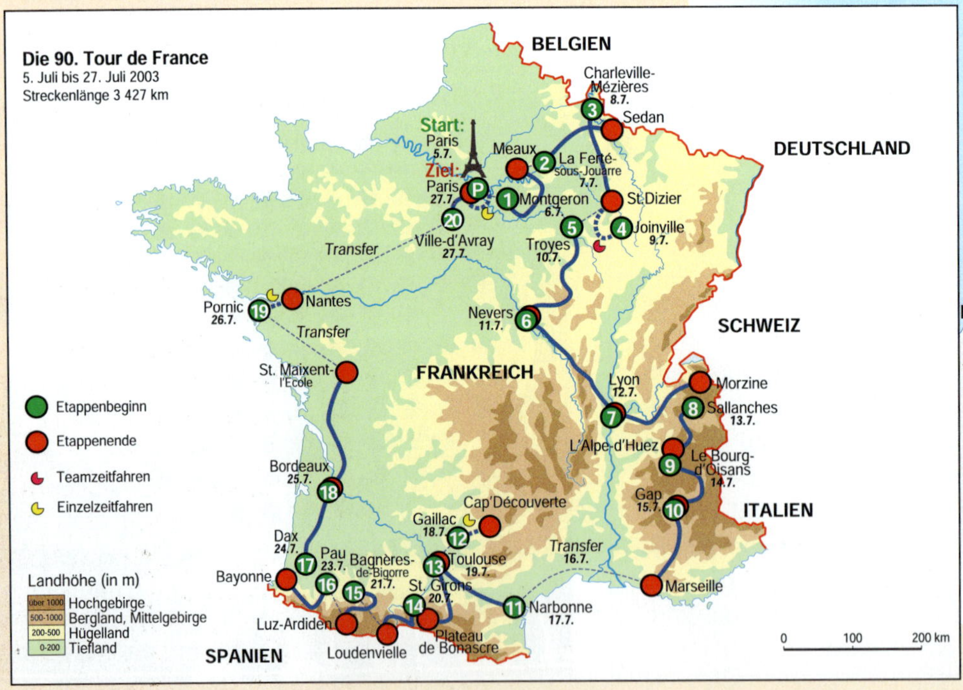

170.3 Etappen der Tour de France

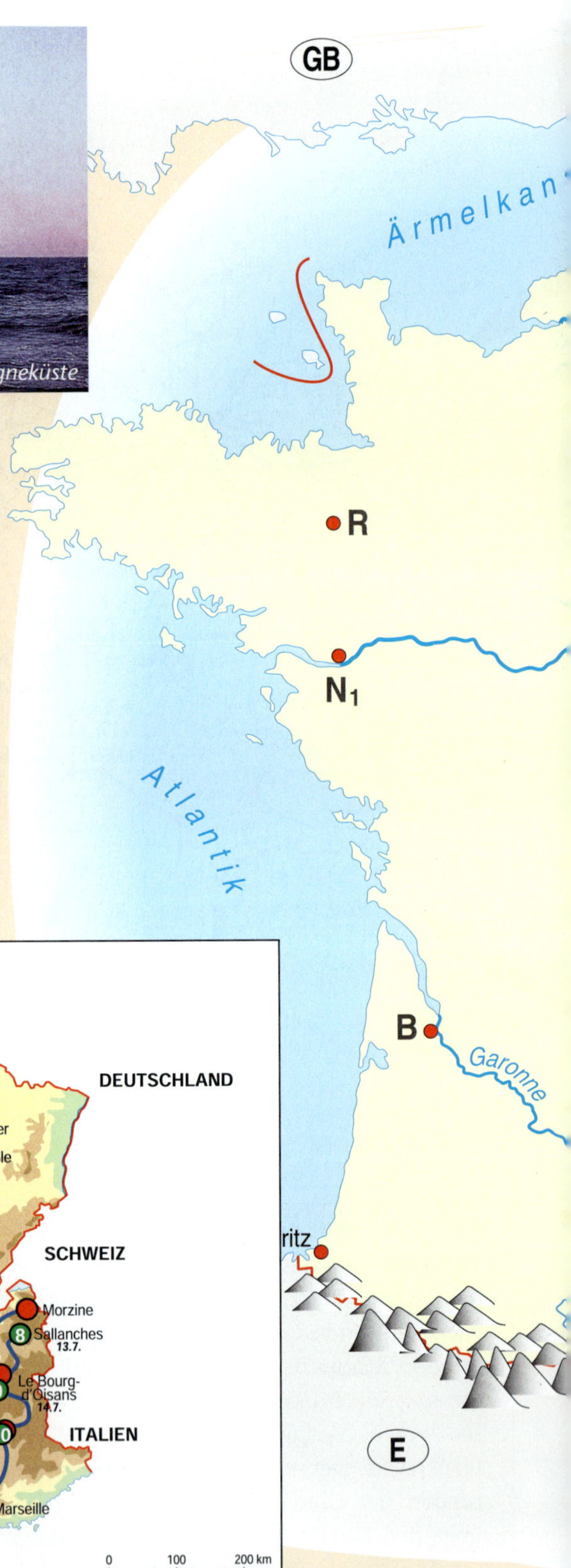

170.4

Die Tour rollt nach Freiburg
Freiburg macht mit sportlich spannenden Etappen von sich reden. Die Radler werden nach der längsten Etappe von Lausanne kommend (252 Kilometer) an der Neuen Messe ins Ziel rollen. Und tags darauf starten sie zum 59 Kilometer langen Einzelzeitfahren nach Mulhouse. Zwei Tage vor dem Endziel Paris!
(Badische Zeitung vom 8. 11. 1999)

171.1 Alpenetappe

1. Stellt mithilfe des Atlas fest, in welchem Gebirge die Tourfahrer Höhen von über 1000 m erreichen.
2. Eine Etappe der Tour führt von Belfort nach Troyes. Ermittelt im Atlas, welche Flüsse die Tourfahrer überqueren und durch welche landwirtschaftlichen Regionen sie kommen.
   Sucht ähnliche Aufgaben.
3. Manchmal rollt die Tour de France auch durch Nachbarstaaten Frankreichs. Nennt die Nachbarstaaten (Abb. 170.4).
4. Stellt eine Tour zusammen, die durch die in Karte 30.4 eingezeichneten Städte R, N_1, B, T, M_1, M_2, N_2, L_2, S, L_1 und P führt. Benennt diese Städte im Heft.

Ballungsräume in Westeuropa

Rotterdam – ein Welthafen

Der **Hafen** von Rotterdam liegt besonders verkehrsgünstig an der Mündung des Rheins. Diese wichtige europäische Wasserstraße sorgt zusammen mit einer Vielzahl von Kanälen für eine gute Anbindung an das europäische Binnenschifffahrtsnetz (Abb. 172.1). Dadurch entwickelte sich der Europoort Rotterdam zum wichtigsten europäischen Hafen:
Rotterdam hat den größten Güterumschlag in Europa. Im Jahr 2000 wurden im Hafen etwa 320 Mio. t Güter angeliefert oder versendet, d. h. umgeschlagen. (Zum Vergleich: Im größten deutschen Hafen, in Hamburg, wurden ca. 85 Mio. t umgeschlagen.)
Viele Straßen und Bahnschienen durchziehen das Hafengelände. Sie sorgen für einen schnellen und störungsfreien Transport der ankommenden Waren (Abb. 172.2).

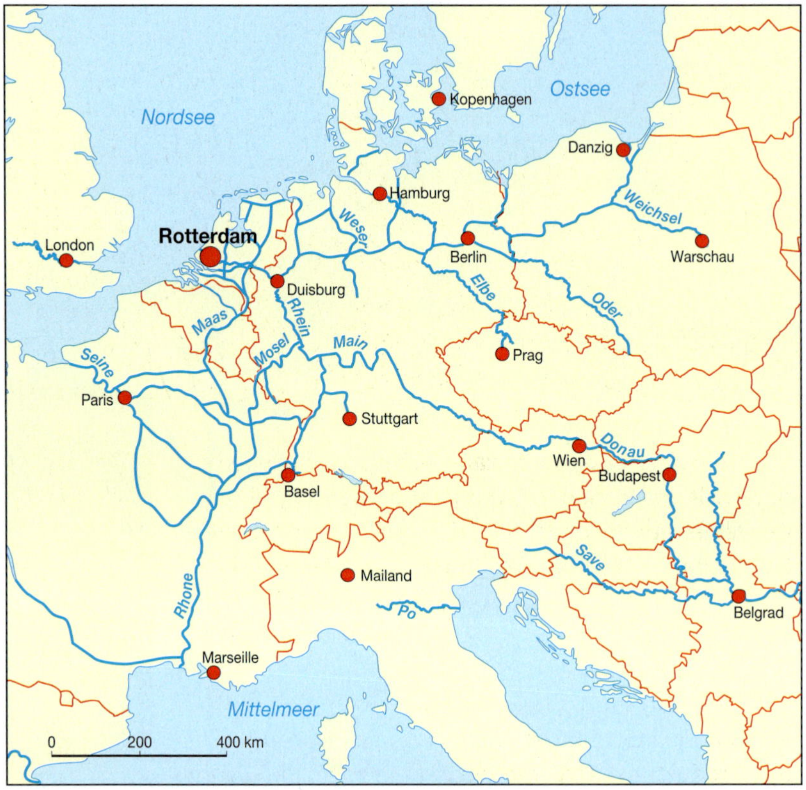

172.1 Lage Rotterdams im Binnenschifffahrtsnetz

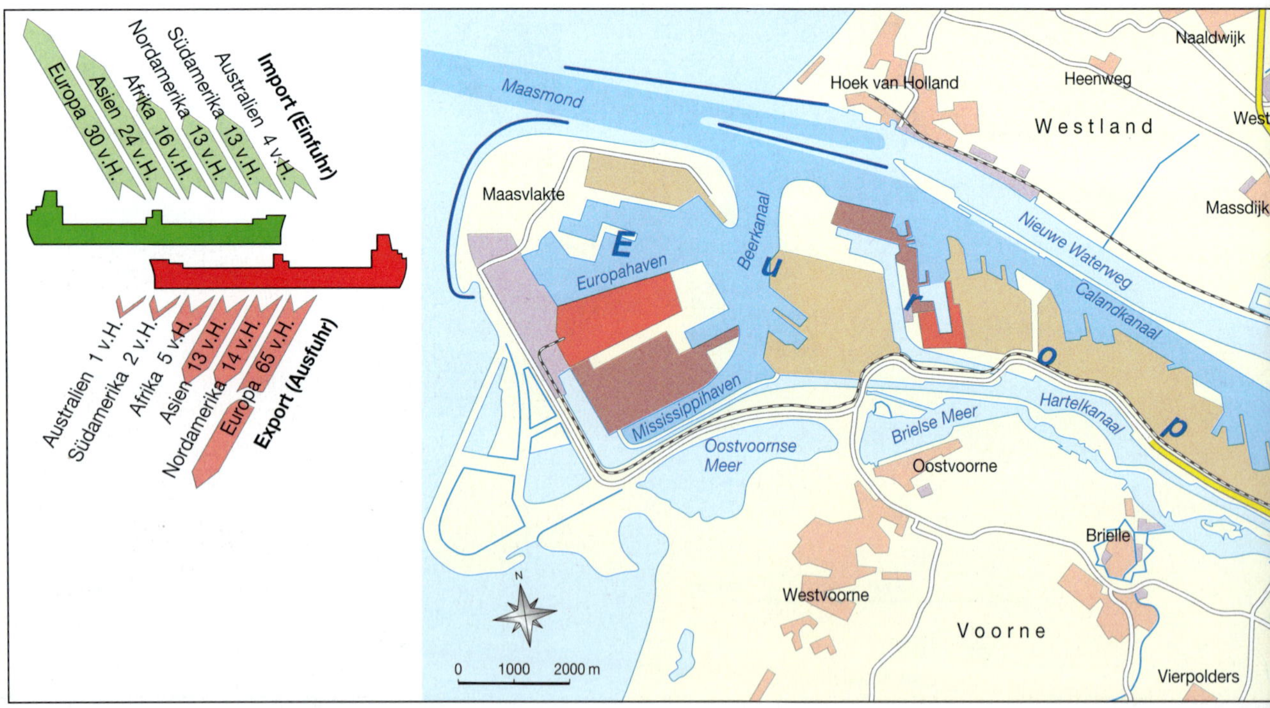

172.2

173.1 Im Rotterdamer Containerhafen

Das Hafengelände ist in zahlreiche „Spezialhäfen" unterteilt. Im Container-Terminal, dem viertgrößten Containerumschlagsbetrieb der Welt, warten die Stahlbehälter auf ihren Weitertransport. Erze, Kohle und Erdöl werden im Massenguthafen angelandet, weitertransportiert (▷ S. 174) oder sofort an Ort und Stelle verarbeitet.

Mit der Ausweitung des Hafens haben sich viele Industriebetriebe angesiedelt, die die ankommenden Produkte weiterverarbeiten. Besonders die Erdöl verarbeitende Industrie entwickelte sich rasch.

1. Nennt Spezialhäfen im Gebiet des Europahafens. Warum wurden diese eingerichtet?
2. Welche Länder Europas sind mit dem Binnenschiff von Rotterdam aus zu erreichen?
3. Warum siedeln sich in direkter Nähe zum Hafen so viele Industriebetriebe an?

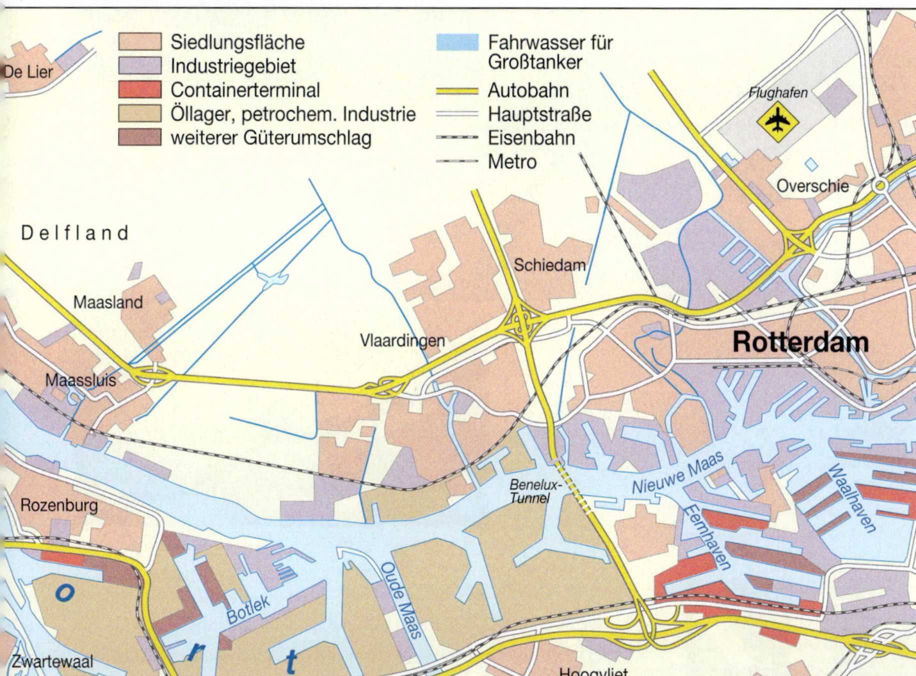

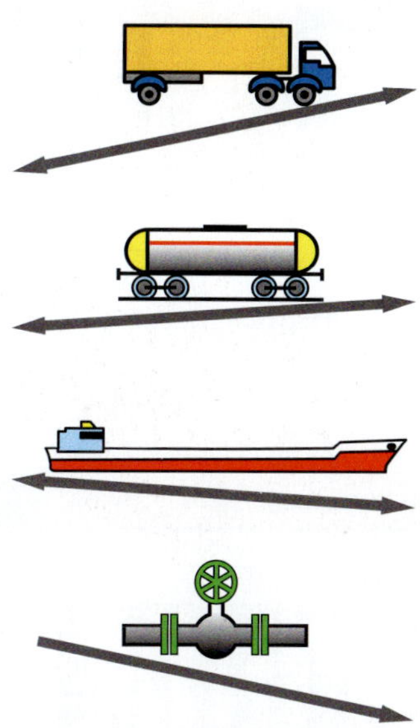

Ballungsräume in Westeuropa

Rotterdam – Europas größter Hafen

174.1 Europort Rotterdam

Der Europort Rotterdam sieht aus wie ein riesiges Industriegebiet. Hier gibt es riesige Tanklager und Raffinerien. Mit den Umschlaganlagen werden die verschiedensten Güter verladen. Man unterscheidet nach **Massengütern** (Getreide, Kohle, Kies) und **Stückgütern** (Maschinen, Kaffeesäcke). Zum Verladen gibt es verschiedene Umschlagtechniken (Abb. 174.2).

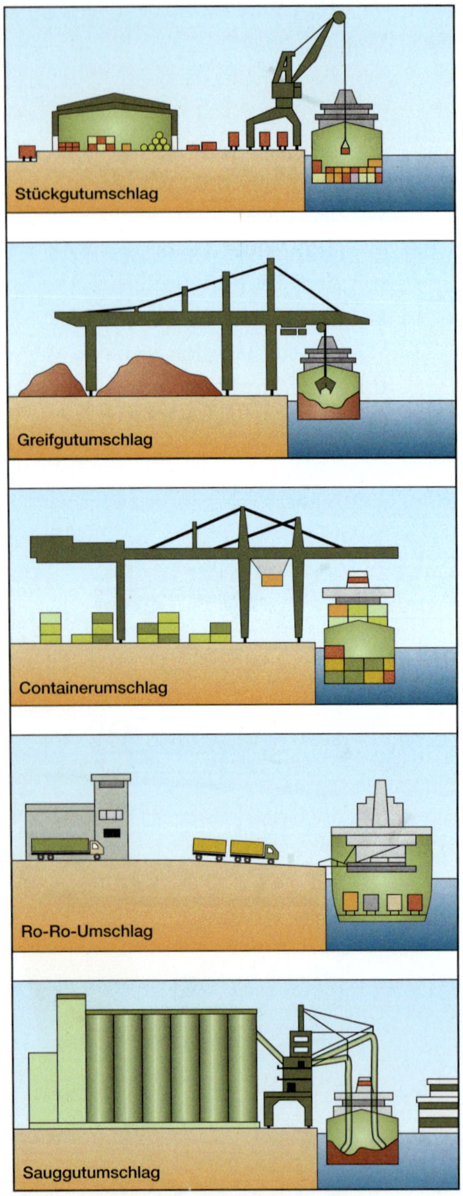

174.2 Moderne Umschlagtechniken

174.3–7

1. Beschreibe, wie Stückgüter und Massengüter verladen werden, und ordne die Bilder den Umschlagtechniken in Abb. 174.2 zu.

Wir lesen eine Karte zur Bevölkerungsdichte

Nicht in allen Ländern Europas leben gleich viele Menschen, auch sind nicht alle Länder gleich groß. So kommt es dazu, dass einige Länder dichter besiedelt sind als andere. Auch innerhalb eines Landes gibt es Unterschiede in der **Bevölkerungsdichte** (Abb. 175.3).
Dies ist auch in den Niederlanden so. Die thematische Karte 175.3 stellt die Verteilung der Bevölkerung dar. Wenn ihr so eine Karte verstehen wollt, müsst ihr wie folgt vorgehen:

1. Schritt: Orientierung

- Stellt fest, welches Land dargestellt ist.
- Beschreibt mit eigenen Worten das Thema der Karte.
- Erklärt die Bedeutung der Farben und Zeichen auf der Karte.

2. Schritt: Beschreibung und Erklärung

- Beschreibt, wo die meisten Menschen leben.
- Erklärt die Verteilung der Bevölkerung mithilfe der Karte 175.3.

175.1 Schüler stellen die Bevölkerungsdichte dar

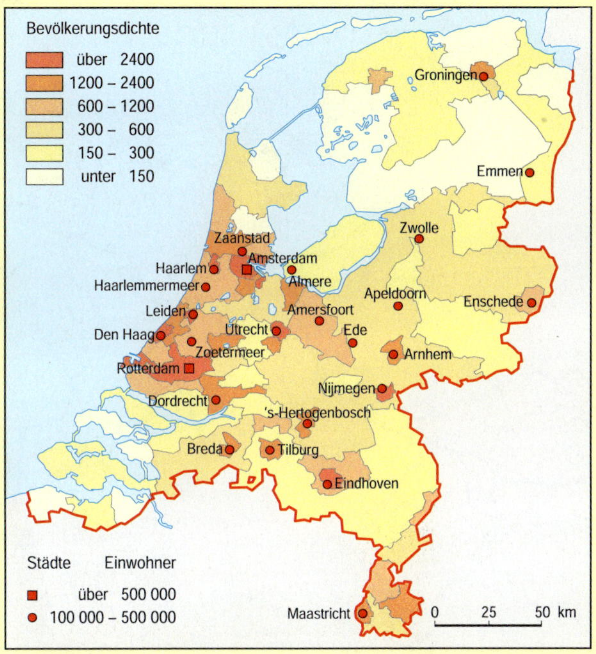

175.2

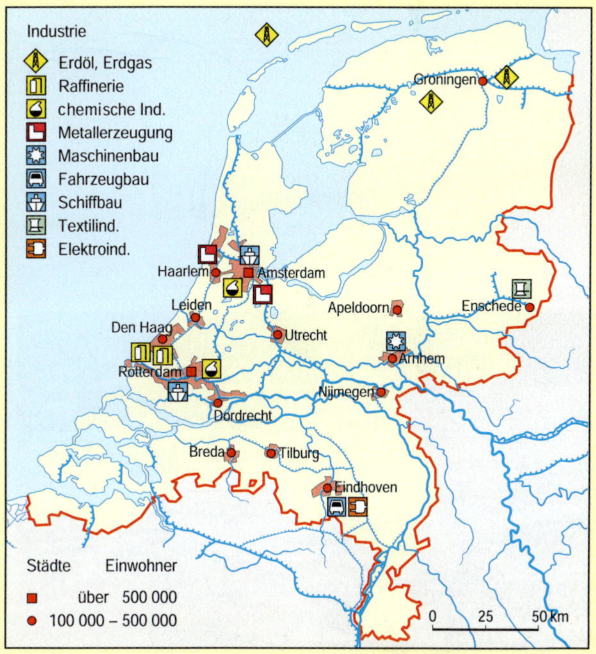

175.3

Land	Einwohner/km²
Niederlande	380
Frankreich	105
Deutschland	229
Portugal	108
Italien	191
Griechenland	80
EU	117

175.4

1. Bearbeitet die Karte 175.3, wie es in den zwei Schritten beschrieben ist.
2. Sortiert die Länder in Tabelle 175.4 nach ihrer Bevölkerungsdichte. Was bedeutet „EU 117"?
3. Stellt in der Klasse Bevölkerungsdichten dar (Tab. 175.4; 1 Schüler = 10 Einwohner.

Verkehr in Europa

176.1 Mit Tempo 120 unter dem Ärmelkanal – der Euro-Shuttle

176.2 Tor zur Welt – der Frankfurter Flughafen

177.1 *Verstopfte Straßen, verpestete Luft – Waren unterwegs*

Zeichenerklärung

Verkehrswege (wichtige Strecken)

- Autobahn, Schnellstraße
- Fernstraße
- Eisenbahn
- Fähre

Seehafen (Umschlag 2002)

- über 60 Mio. t
- 30 – 60 Mio. t

Flughafen (Fluggäste 2002)

- über 30 Mio.
- 10 – 30 Mio.

0 250 500 km

177.2 *Flüsse – Wasserstraßen für den Schwertransport*

Verkehr in Europa

Europa unterwegs – unterwegs in Europa

Hier in der Nähe von Frankfurt kreuzen sich die Transport- oder Reisewege von Menschen, die mit dem Auto, dem Motorrad, dem Bus oder dem Lkw quer durch Europa unterwegs sind. Ihr könnt euch über die Fahrtrouten, Zielorte und eventuell auftretende Probleme in Gruppen informieren, die unten stehenden Aufgaben lösen und eure Ergebnisse auf einer Karte in eurem Heft oder einer großen Wandkarte festhalten.

Aufgaben für alle Gruppen

Teilt euch in Gruppen ein und bearbeitet mithilfe der Texte und der Aufgaben die Reisewege der vorgestellten Personen. Stellt eure Ergebnisse und die Fahrtrouten abschließend auf einer gemeinsamen Karte dar.

Gruppe 1: Einmal Nordkap und zurück

Eine Reisegruppe aus Ulm legt gerade eine Kaffeepause ein. Sie ist mit dem Bus zum Nordkap unterwegs. Auf der Hinfahrt fahren sie auf dem „Landweg" über die neue Öresundbrücke nach Malmö. Von dort geht es weiter nach Oslo und an der Fjordküste entlang über Trondheim zum Nordkap. Auf dem Rückweg nehmen sie die Route durch die finnischen Wälder vorbei an vielen Seen nach Helsinki. Zum Abschluss benutzen sie die Fähre bis Kiel. Insgesamt sind sie 14 Tage unterwegs.

Nennt Gründe, die für einen Nordeuropaurlaub sprechen. Wie lange muss die Reisegruppe am Tag fahren und wie viel Zeit bleibt ihnen zur Besichtigung der vielen Sehenswürdigkeiten an der Strecke?

178.1 Autofähre nach Kiel

Gruppe 2: Zum Krabbenpulen nach Marokko

Ein Kühl-Lkw mit der Aufschrift „Frische Nordseekrabben" steht auf dem Parkplatz. Die Fahrer berichten: „Eigentlich ist es ein Unding. Wir laden in Büsum frische Krabben und dann geht es quer durch Europa bis nach Algeciras/Spanien. Dort setzen wir mit der Fähre nach Tanger/Marokko über. Hier werden die Krabben gepult, das heißt, in einer Fabrik wird von Arbeiterinnen die harte Schale dieser kleinen Meerestiere entfernt. Dies wird hier so billig gemacht, dass sich selbst die lange Anfahrt lohnt. Anschließend geht es wieder zurück nach Deutschland. Dort wird dann unsere Fracht verkauft und an die Fischgeschäfte geliefert. Ob sich das auch für die Umwelt rechnet, ist aber die Frage!"

Was meint ihr dazu?

178.2 Auf dem Weg nach Marokko

Gruppe 3: Maschinenersatzteile nach Russland

Im Tankstellenshop deckt sich ein Lkw-Fahrer mit Lebensmitteln für eine lange Fahrt ein. Sein Truck hat Ersatzteile für eine Druckerei in Moskau geladen. Er stöhnt: „Der Weg Richtung Osten ist anstrengend. Die Grenzkontrollen mit den ewigen Wartezeiten nerven zusätzlich. Die öden Strecken durch Russland sind nicht ungefährlich, weil viele Kollegen länger als vorgeschrieben hinter dem Steuer hängen. Aber bei unserem Termindruck fragt danach kein Mensch. Viele sind schon hinterm Steuer eingeschlafen und samt ihrer Fracht im Straßengraben aufgewacht. Gott sei Dank ist der Rückweg einfacher, denn in Reval/Estland lade ich Papierrollen auf und kann mich auf der Fähre bis nach Rostock ausruhen."

Wäre das ein Job für euch? Begründet eure Wahl.

- Verfolgt die Routen im Atlas. Welche Staaten werden durchquert?
- Schreibt die wichtigsten Stationen auf. Was gibt es auf der Fahrt Besonderes zu sehen? (Gebirge, Flüsse, Landschaften, Städte, Sehenswürdigkeiten, ...)
- Wo kann es eventuell zu Staus oder Wartezeiten kommen? Überlegt euch gegebenenfalls eine alternative Fahrtroute.
- Berechnet die ungefähren Längen der Strecken. Wie lange (Fahrtzeit) sind die Personen bei einer durchschnittlichen Geschwindigkeit von 60 km/h von ihren Start- bis zu ihren Zielorten unterwegs?
- Die Start- und Zielorte oder -länder könnt ihr auf der Karte durch Bilder, Ansichtskarten oder Briefmarken noch anschaulicher darstellen.

179.2 Auf dem Weg in die Heimat

Gruppe 4: Zum Urlaub in die Heimat

An der Tankstelle ist die türkische Familie Murat vorgefahren. „Noch einmal den Tank vollmachen, bevor es möglichst ohne große Unterbrechungen bis in unseren Heimatort in der Nähe von Ankara geht. Früher war es einfacher und auch billiger, nach Hause zu kommen. Wir konnten über Belgrad, Sofia und Istanbul fahren. Heute verläuft unsere Route durch Italien nach Brindisi. Dort haben wir eine Fähre bis Izmir gebucht. Von dort sind es dann nur noch ein paar Stunden bis nach Ankara. Die Autobahn- und Fährgebühren gehen ganz schön ins Geld. Aber wir sind zu fünft und einmal im Jahr wollen wir die Türkei besuchen.

Wieso wählt die Familie Murat den Umweg über Italien?

179.1 Stau auf der Autobahn

Verkehr in Europa

Waren müssen transportiert werden

Das Angebot in den Supermärkten soll unabhängig von den Jahreszeiten sein und die Kaufhäuser müssen immer die aktuellsten Angebote vorrätig haben. Die Industrie braucht ständig Roh- und Brennstoffe. Um zum Verbraucher zu gelangen, müssen Waren und Ausgangsmaterialien transportiert werden

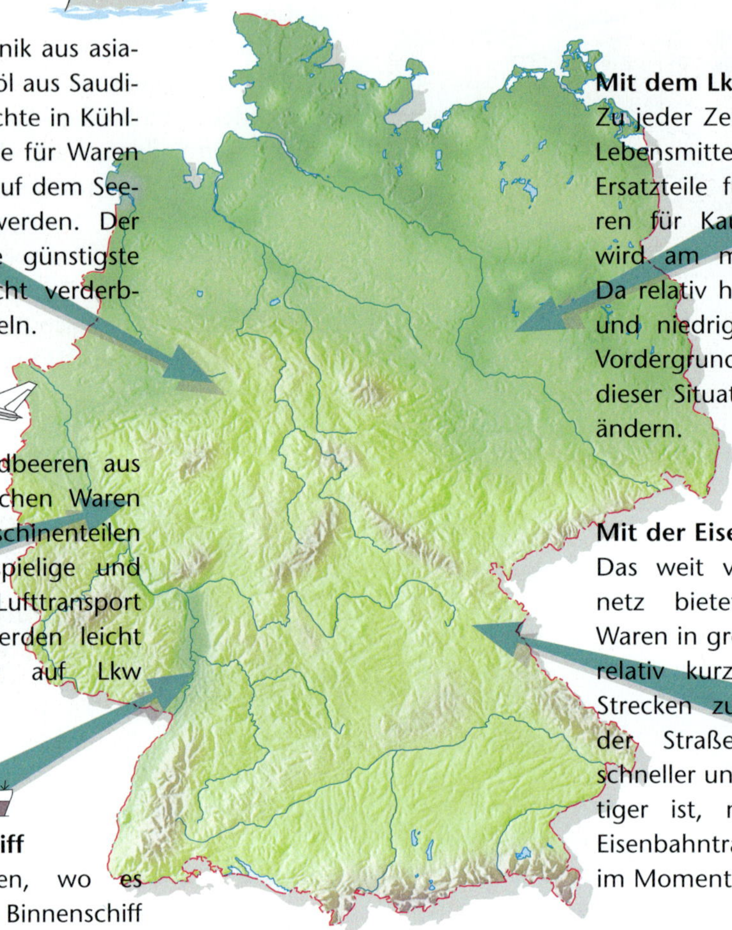

Mit dem Schiff
Unterhaltungselektronik aus asiatischen Ländern, Erdöl aus Saudi-Arabien oder Südfrüchte in Kühlschiffen sind Beispiele für Waren oder Rohstoffe, die auf dem Seeweg transportiert werden. Der Seetransport ist die günstigste Beförderung bei nicht verderblichen Nahrungsmitteln.

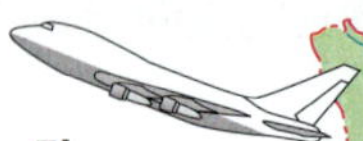

Mit dem Flugzeug
Rosen aus Israel, Erdbeeren aus Chile? Bei verderblichen Waren oder wichtigen Maschinenteilen wird oft der kostspielige und umweltschädliche Lufttransport gewählt. Schnell werden leicht verderbliche Güter auf Lkw umgeladen.

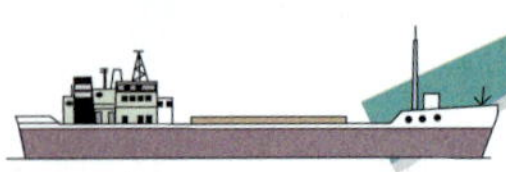

Mit dem Binnenschiff
Massengüter werden, wo es möglich ist, mit dem Binnenschiff auf Flüssen und Kanälen transportiert. Das ist besonders kostengünstig und Energie sparend.

Mit dem Lkw
Zu jeder Zeit, an jedem Ort: Ob Lebensmittel für den Supermarkt, Ersatzteile für Reparaturen, Waren für Kaufhäuser, die Straße wird am meisten beansprucht. Da relativ hohe Geschwindigkeit und niedrige Betriebskosten im Vordergrund stehen, wird sich an dieser Situation so schnell nichts ändern.

Mit der Eisenbahn
Das weit verzweigte Schienennetz bietet die Möglichkeit, Waren in großen Mengen und in relativ kurzer Zeit über weite Strecken zu transportieren. Da der Straßentransport aber schneller und meist günstiger ist, nimmt der Eisenbahntransport im Moment ab.

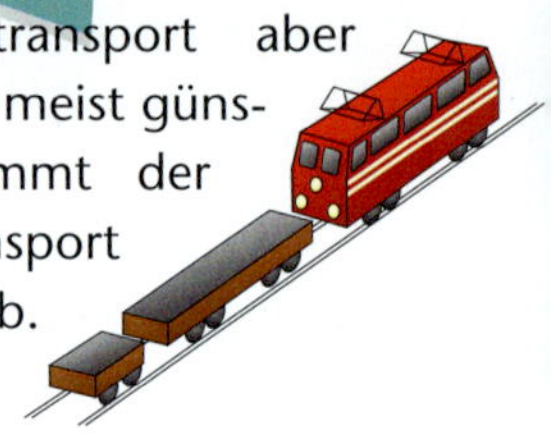

	Schiff Binnenschiff	Flugzeug	Eisenbahn	Lkw
Nachteile				
Vorteile				

180.1

1. Stelle die Vor- und Nachteile der einzelnen Verkehrsträger in einer Tabelle (Tab. 180.1) einander gegenüber.
2. Verfolge im Atlas den Transportweg von Erdbeeren aus Chile bis in euren Supermarkt. Schreibe dazu einen kurzen Reisebericht.
3. Nenne mithilfe einer Atlaskarte wichtige See- und Flughäfen in Europa.

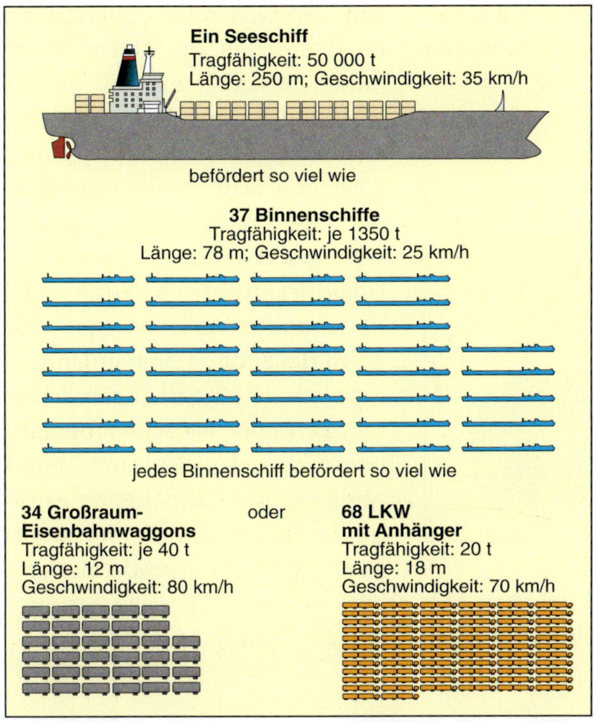

181.1 Transportleistung unterschiedlicher Verkehrsmittel

	Kraftfahrzeug	Eisenbahn	Schiff	Flugzeug
– Voraussetzung für den Verkehrsweg – Umfang des Laderaums – Geschwindigkeit – Probleme und Gefahren für die Umwelt				
Welche Güter eignen sich besonders für den Transport mit diesem Verkehrsmittel?				

181.2 Verkehrsmittel zum Gütertransport im Vergleich

1. Durch wie viele Schleusen muss das Lastschiff fahren, um von Dillingen nach Rotterdam zu kommen?
2. Übertrage Tab. 181.2 in dein Heft und fülle sie aus.
3. Ordne die Verkehrsmittel nach ihrer Umweltfreundlichkeit. Begründe.
4. Ermittle die Entfernung deines Heimatortes zur nächsten Autobahnauffahrt, zum nächsten Bahnhof, Hafen und Flughafen.

Verkehr in Europa

Menschen überqueren die Alpen

Für die Osterferien stand eine Fahrt in den sonnigen Süden auf unserem Urlaubsplan. Wir wollten in die Nähe von Venedig. Dann hörten wir aber folgende Meldung im Radio:

182.1

Darauf waren wir überhaupt nicht vorbereitet, denn Schneeketten hatten wir nicht im Gepäck. Nun standen wir vor einem Problem: Wie kommen wir am besten an unser Urlaubsziel?

Seit Jahrtausenden überqueren die Menschen die Alpen. Unter hohen Kosten wurden immer leistungsfähigere Straßen, Bahnstrecken und Autobahnen gebaut, Täler und Schluchten überbrückt und Bergmassive untertunnelt. Der Warenaustausch und der Urlauberverkehr belasten die bestehenden Verkehrswege – vor allem die Straßen. Immer längere Auto- und Lkw-Schlangen schieben sich über die Alpenübergänge. Sie gefährden mit ihren Abgasen und dem hohen Energieverbrauch unsere Umwelt. Zum Thema Alpenüberquerung gibt es allerdings viele Meinungen (▷ S. 183).

182.2 *Alte Gotthardstraße – in Serpentinen über die Alpen*

182.3 *Stau am Gotthardtunnel*

1. Findet mithilfe eines Straßenatlas eine noch passierbare Fahrtroute von Süddeutschland nach Venedig. Beschreibt den Streckenverlauf. Welche Ausweichstrecken gibt es?
2. Mit welchen „Hindernissen“ muss man bei einer Fahrt durch die Alpen rechnen?

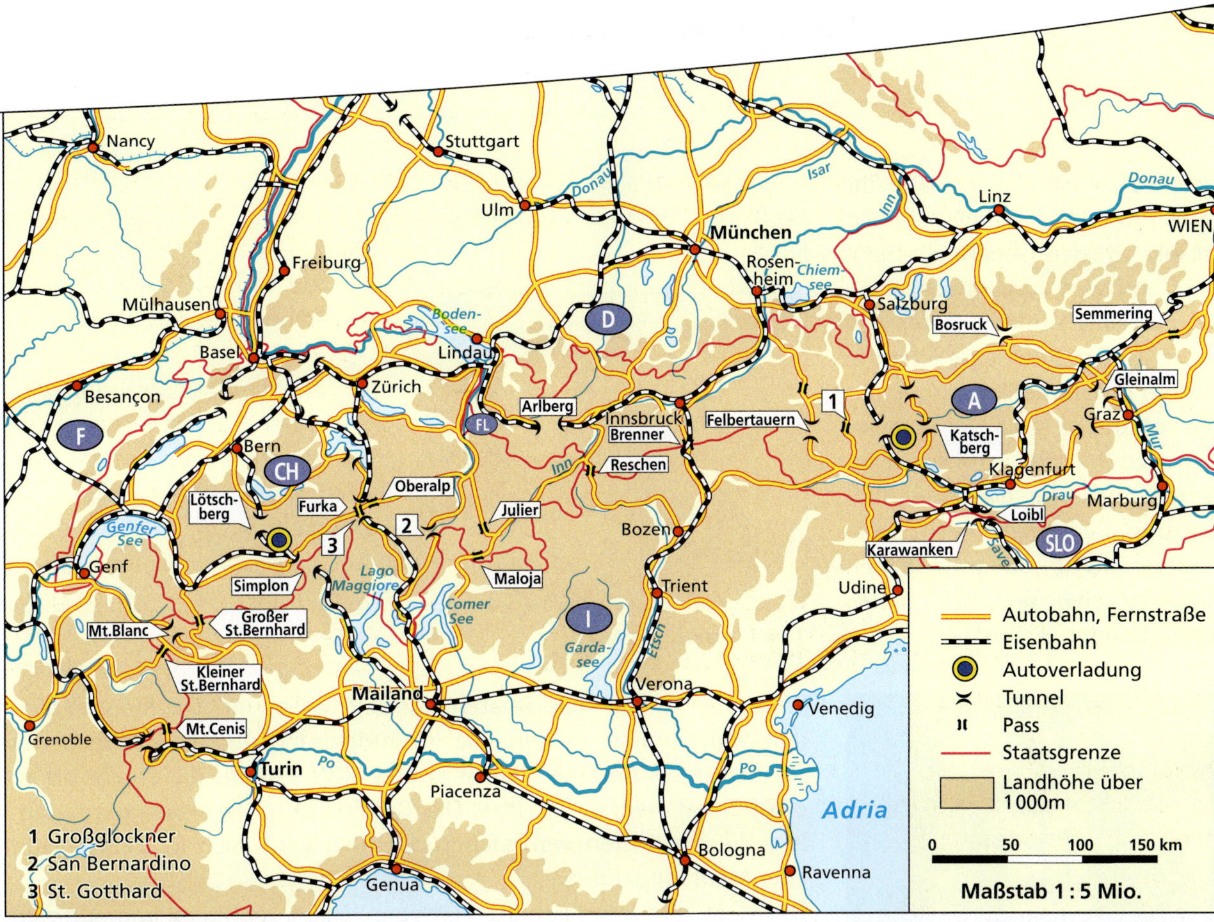

183.1 Wichtige Alpenübergänge

Ein Lkw-Fahrer: „Die Menschen wünschen sich frische Waren aus allen Teilen Europas. Dies ist nur bei einem optimalen Ausbau der Alpenstraßen möglich. Staus und schlecht geräumte Straßen verteuern den Transport. Außerdem verlangt mein Arbeitgeber, dass ich die Waren schnell abliefere."

Ein Urlauber: „Wenn ich in den Urlaub fahre, möchte ich schnell und ohne Staus die Pässe und Tunnel durchqueren. Die Straßen müssen frei von Eis und Schnee sein. Nur so kann ich sicher meinen Urlaub am Meer oder im Skiort in den Alpen verbringen."

Ein Naturschützer: „Durch den ständigen Ausbau der Straßen nimmt der Verkehr zu und es werden immer mehr Abgase in die Luft geblasen. Deshalb werden die Wälder weiter geschwächt. Die Folge ist, dass diese Wälder Lawinen nicht mehr abhalten können und Dörfer und Straßen gefährden. Wir verlangen eine Verlagerung des Verkehrs auf die Schiene."

Ein Anwohner: „Tag und Nacht rauschen die Autos und Lkw vorbei. Weil die Schnellstraße direkt am Dorf vorbeiführt, möchte niemand mehr hier Urlaub machen."

1. Was fordern die einzelnen Personen (Urlauber, Anwohner, Lkw-Fahrer, Naturschützer)? Schreibt die Aussagen aus den Texten S. 183 heraus. Diskutiert über die Argumente.
2. Die Karte 183.1 zeigt euch Möglichkeiten, die Alpen zu überqueren. Welche großen Städte werden verbunden?
3. Erstellt eine Liste der Alpenübergänge und ordnet sie nach Ländern.
4. Überlegt euch eine Fahrtroute von Stuttgart an die Adriaküste. Messt die ungefähre Entfernung. Eure Fahrtroute wurde durch einen Erdrutsch blockiert. Sucht eine Ausweichstrecke.

Verkehr in Europa

Maut reguliert den Verkehr

Viele von euch kennen das: Ihr wollt mit der Familie einen Urlaub in den Alpen machen. „Wir müssen uns noch eine Mautplakette kaufen", lautet vielleicht ein Satz, den eure Eltern in diesem Zusammenhang sagen.

Die **Maut** ist eine Straßenverkehrsgebühr, die in vielen Ländern Europas für die Straßenbenutzung erhoben wird. Die Plakette hierfür, die an manchen Autos zu sehen sind, heißen z. B. Vignette oder „Pickerl".

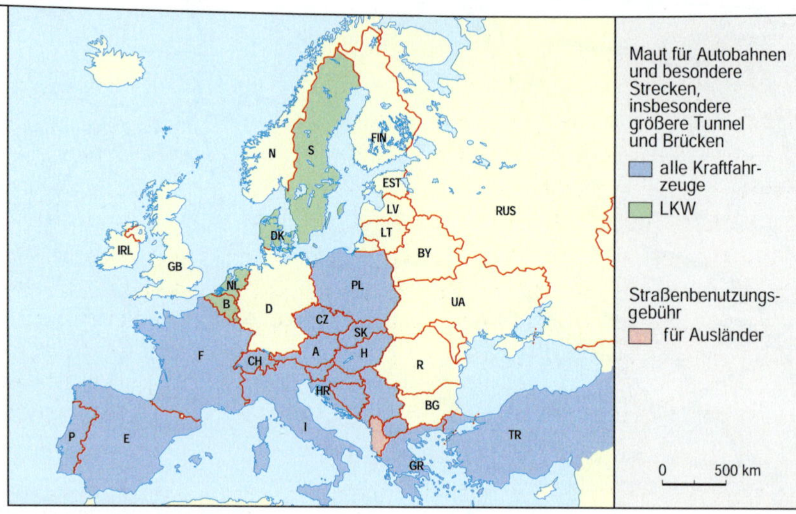

184.1 Länder mit Maut

184.2 Vignetten am Auto

Warum verlangen viele Staaten eine solche Gebühr? Die meisten Länder wollen mit dem Geld die Instandhaltung und den Ausbau des Straßennetzes bezahlen. Ein schwerer LKW belastet die Straße bis zu 60 000-mal mehr als ein Pkw. Das Geld dafür sollen diejenigen bezahlen, die die Kosten verursachen. Deshalb wird auch in Deutschland eine Maut eingeführt.

Die Maut wird über Vignetten erhoben. Dabei zahlt man immer gleich viel, egal wie viel Kilometer gefahren werden. Zukünftig soll die Maut aber über ein elektronisches Erfassungssystem abgerechnet werden. Dann zahlt jeder nur die tatsächlich gefahrenen Kilometer. So ein System ist aber teurer und komplizierter als die Vignette.

Der Güter- und Personentransport wird durch die Maut teurer. Das ist auch Absicht. Man hofft, dass andere Verkehrsträger, wie z. B. Schiff und Bahn, häufiger benutzt werden. Das will man, da diese Verkehrsträger umweltfreundlicher sind.

184.3 Elektronisches Erfassungssystem

1. Benenne die Länder, in denen eine Mautpflicht für PKW gilt (Abb. 184.1).
2. Warum erheben Länder eine Mautgebühr?
3. Bahn und Binnenschifffahrt profitieren von der Lkw-Maut. Erkläre dies.
4. Wieso ist ein Transport mit Bahn oder Schiff umweltfreundlicher als mit dem Lkw (vgl. auch Abb. 181.1)?

Bereits seit jeher ist das Oberrheinische Tiefland eine wichtige Verkehrsader. Für den Nord-Süd-Verkehr ist es eine natürliche Leitlinie (▷ S. 102). Fast ohne Steigungen verlaufen zwischen Frankfurt und Basel Eisenbahnlinien, Autobahnen und Bundesstraßen. Auch der Rhein ist ein bedeutender Transportweg. Bis Straßburg fahren die Schiffe im Strom selbst, südlich davon überwiegend in einem Kanal. Auf keinem Fluss der Welt werden mehr Güter befördert.

Ein Lkw-Fahrer: *„Für meine Spedition fahre ich dreimal in der Woche auf der Rheintal-Autobahn zwischen Frankfurt und Basel. Dabei transportiere ich Geräte und Waren von Firmen, die schnell beim Kunden sein müssen. In den letzten Jahren hat der Verkehr so stark zugenommen, dass ich oft im Stau stecke. Wenn dann noch Baustellen dazukommen, kann sich die Fahrzeit um mehrere Stunden verlängern. Trotzdem schicken die Fabriken und Firmen ihre Produkte lieber mit dem Lkw, weil ich bis in den Hof des Abnehmers fahren kann."*

Der Zugführer eines ICE berichtet: *„Jeden Tag befahre ich die Strecke Basel-Frankfurt. Immer häufiger muss ich irgendwo warten, weil die Strecke überlastet ist. Dadurch gibt es natürlich Verspätungen und die Reisenden sind stocksauer.*
Es ist unbedingt erforderlich, dass ein drittes und viertes Gleis gebaut wird. Nur dann kann in den nächsten Jahren der öffentliche Nahverkehr ausgebaut werden. Dadurch soll schließlich der Pkw-Verkehr verringert werden."

185.1 *Verkehrsader Rheintal bei Oberwesel*

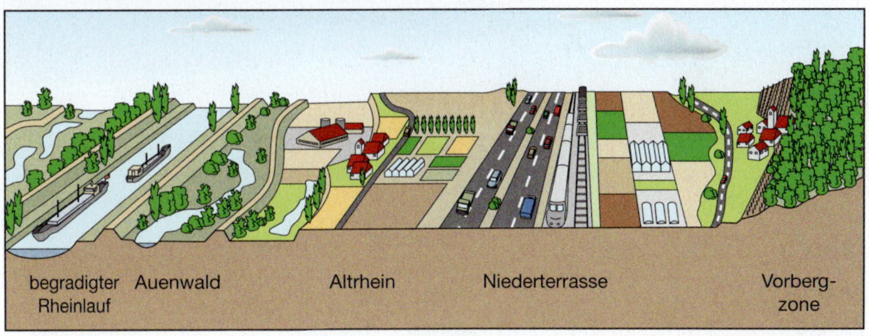

185.2 *Profil durch das oberrheinische Tiefland*

Der Kapitän eines Frachtschiffs erzählt: *„Seit Jahren transportiere ich Massengüter auf dem Rhein – vor allem Kies. Doch diese Transporte lohnen sich immer weniger. In Zukunft werde ich mich auf den Transport von Containern umstellen. Damit kann man mehr verdienen. In vielen Häfen wurden bereits dafür notwendige Hafenanlagen – die Containerterminals – gebaut."*

1. Nennt die Vor- und Nachteile der verschiedenen Verkehrsmittel.
2. Folgende Waren sollen durchs Oberrheintal transportiert werden: Kies, Tomaten, Autos, Fleisch, Holz, Medikamente, Erdbeeren. Welches Verkehrsmittel würdet ihr jeweils benutzen? Begründet, warum. Erstellt dazu am besten eine Tabelle.

Der „ferne Osten“ Europas

Der „ferne Osten“ Europas

Schwarzerde in der Ukraine

188.1 Steppe

188.2 Umbrechen

188.3 Getreideernte

Entstehung von Schwarzerdeböden

Die Böden der ukrainischen Steppe sind sehr fruchtbar. Die Steppenpflanzen liefern viel abgestorbenes Material (Humus), das den neu wachsenden Pflanzen als Nährstoff dient. Da es während der warmen Sommermonate in der Steppe wenig regnet und in den kalten Wintern die Bodendecke festgefroren ist, werden diese Nährstoffe nicht abgebaut. Durch kleine Tiere werden sie gut mit dem fruchtbaren Untergrund vermischt. So entsteht die wertvolle **Schwarzerde** (Abb. 189.4).

1. Beschreibe die Entstehung der Schwarzerdeböden.
2. Erkläre, warum die Vegetation der Steppe weniger „empfindlich“ ist als das neue Ackerland.
3. Nenne zwei Gründe, warum große Teile des Bodens verloren gingen.
4. Erkläre, wozu heute in der ukrainischen Steppe Waldschutzstreifen angebaut werden.

Der Mensch nutzt die Steppe

Um den wachsenden Bedarf an Getreide decken zu können, pflügte man die fruchtbaren Steppen zu Ackerland um. Anfangs waren die Ernten auf den neuen Ackerflächen gut. Aber das änderte sich:
Früher hatte die Steppe den Boden durch ihren Grasbewuchs das ganze Jahr über geschützt. Doch dieser Schutz war nun weg. Der trockene Boden wurde durch den Wind fortgeweht. Im Winter konnte das Schmelzwasser auf dem tiefgefrorenen Boden nicht mehr versickern. Es floss an der Oberfläche ab. Auch hierbei gingen wertvolle Nährstoffe verloren. An manchen Orten sind so bis zu 40 % der Bodenoberfläche verloren gegangen. Heute versucht man, durch das Anpflanzen von Waldschutzstreifen den Boden zu halten (Abb. 189.2).

189.1 Bodenerosion

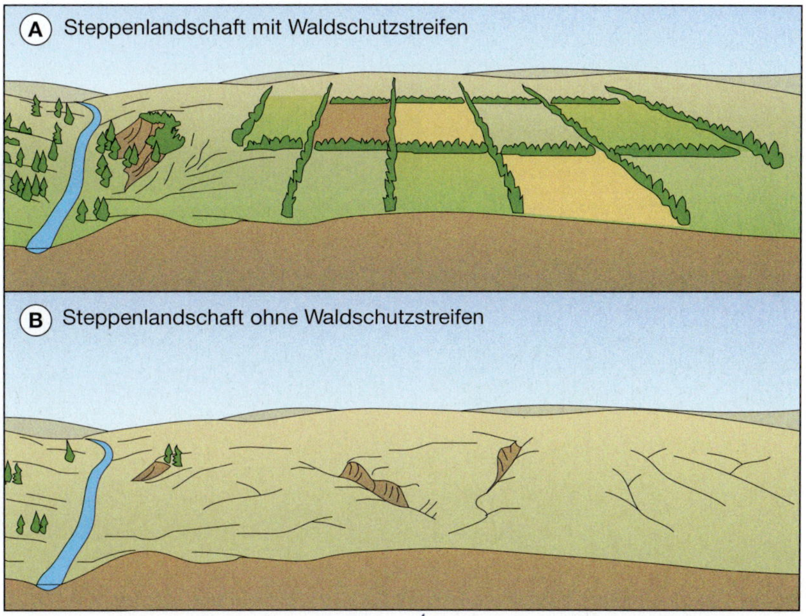

189.2 Plan zur Anlage von Waldschutzstreifen

Böden sind nicht alle gleich

Böden entstehen aus dem Gesteinsuntergrund der Erde. Da es unterschiedliche Gesteine gibt, gibt es auch unterschiedliche Böden. Die Art des Bodens hängt auch von dem herrschenden Klima ab. Das hast du am Beispiel der Steppe gesehen. Die Unterschiede zwischen den verschiedenen Bodenarten werden deutlich, wenn man einen senkrechten Schnitt durch den Boden, ein Bodenprofil, betrachtet. Die meisten Böden haben eine typische Abfolge. Sie werden daher in so genannte Horizonte gegliedert: A-Horizont (Humusschicht), B-Horizont (Bodenkörper) und C-Horizont (Ausgangsgestein).

Braunerde
Klimazone: gemäßigt feuchtes Klima
Vegetation: Laubmischwälder
Verbreitung: z. B. Mitteleuropa
Gesteine: sehr unterschiedlich
Merkmal: Braunfärbung im B-Horizont durch Eisenbestandteile
ackerbauliche Eignung: bei guter Durchlüftung und gutem Wasserhaushalt für Ackerbau geeignet, allerdings oft hoher Steingehalt

Schwarzerde
Klimazone: gemäßigt trocken
Vegetation: Grasländer und Steppengebiete mit warmen Sommern und kalten Wintern
Verbreitung: z. B. Steppengebiete Asiens und Nordamerikas
Merkmale: mächtiger A-Horizont aus schwarzem Humus
ackerbauliche Eignung: sehr gut geeignet, wenn ausreichend Niederschläge (Trockengrenze)

1. Nenne Faktoren, die die Entstehung von Boden beeinflussen.
2. Erkläre die Bedeutung des Bodens für die Menschen.
3. Nenne Unterschiede und Gemeinsamkeiten zwischen Braunerde und Schwarzerde.

Der „ferne Osten" Europas

Die Wolga – der längste Fluss Europas

190.1

190.2 Landschaften der Wolga

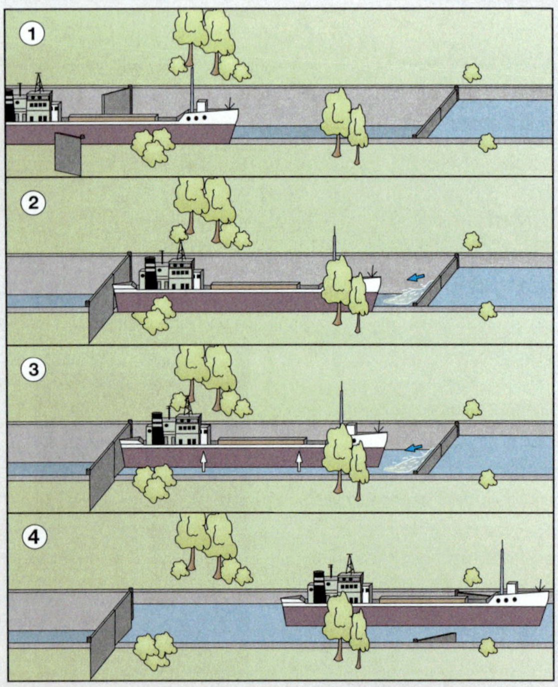

An der Schleuse angekommen, warten die Schiffe, bis der Schleusenwärter die Fahrt freigibt und das Schleusentor öffnet. Das Schiff fährt in die geöffnete Schleusenkammer (1). Das Tor schließt sich und das Wasser wird eingelassen (2). Das Schiff steigt mit dem Wasserspiegel (3). Hat es die Höhe des oberen Flusslaufes erreicht, öffnet sich die Schleusenkammer und die Fahrt kann weitergehen (4).

190.3 Funktionsweise einer Schleuse

Die Wolga wird genutzt

Früher lebten die Menschen an der Wolga in ständiger Angst. Häufige Überschwemmungen gefährdeten Häuser, Höfe und Ernten. Gleichzeitig machte ihnen aber auch die Trockenheit bei ausbleibenden Regenfällen zu schaffen. Um die Wolga zu „zähmen" und außerdem für den Schiffsverkehr nutzbar zu machen, staute man den Fluss an manchen Stellen auf. So konnte man die Hochwasser besser unter Kontrolle bringen. Die entstandenen Stauseen haben heute vielfältige Aufgaben: Sie regulieren die Wasserführung und ermöglichen auch die Erzeugung von elektrischer Energie. Vor allem aber dienen sie der Landwirtschaft, denn bei Trockenheit können die Wasserreserven der Stauseen zur Bewässerung der Felder genutzt werden.

Als größter und wasserreichster Fluss Europas ist die Wolga ein wichtiger Transportweg. Über Kanäle kann man sogar die russische Hauptstadt Moskau erreichen. Die Staustufen sind allerdings ein Hindernis für die Schifffahrt. Darum wurden an den Staumauern Schleusen eingebaut. Mit deren Hilfe können die Schiffe die Höhenunterschiede überwinden.

Die Wolga ist auch für die Fischerei die Lebensgrundlage. Der Stör, der im Mündungsgebiet des Flusses gefangen wird, liefert den begehrten russischen Kaviar. Allerdings gingen die Fangmengen in den letzten Jahren deutlich zurück.

191.1 Wolgafischer

Die Wolga an ihrem Ziel

Wenn die Wolga nach 3688 km schließlich ins Kaspische Meer mündet, erfüllt sie auch dort eine wichtige Aufgabe: Das Kaspische Meer ist der größte Binnensee der Erde. Er ist auf das zufließende Wolgawasser angewiesen, denn ohne dieses Wasser würde der See austrocknen.

An ihrer Mündung bildet die Wolga ein **Delta.** Da der Fluss dort kein Gefälle mehr hat, fließt er sehr langsam. Das mitgeführte Material (z. B. feiner Sand) lagert sich ab. Mit der Zeit wird immer mehr Material abgelagert und die Flussmündung schiebt sich immer weiter Richtung Meer. Die Wolga verlagert so ihre Mündung jährlich etwa 50 m weiter in das Kaspische Meer hinein.

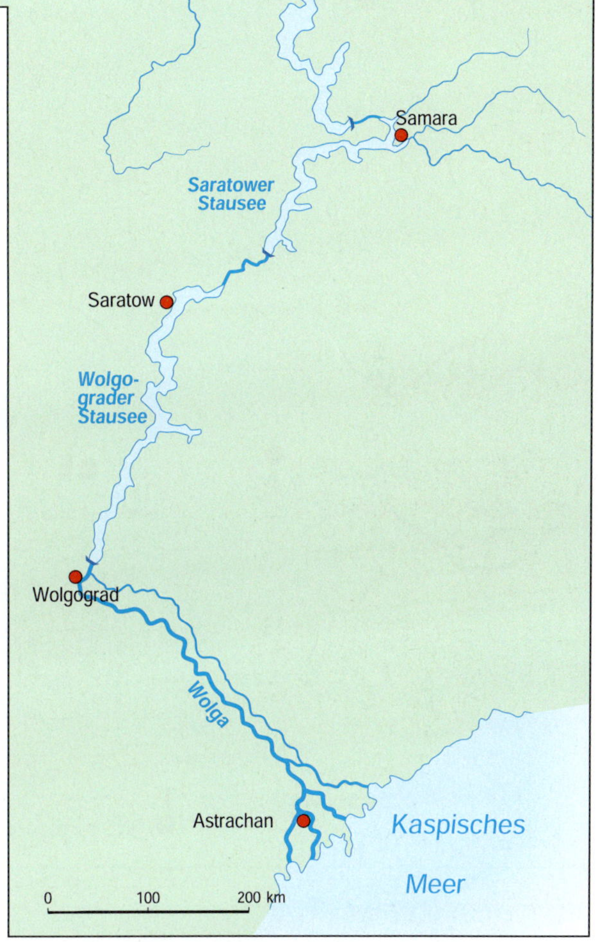

191.2 Die Wolga

1. Pause den Verlauf der Wolga von der Quelle bis zur Mündung aus einer Atlaskarte ab. Trage auf deiner Zeichnung die großen Städte entlang der Wolga ein und beschrifte sie.
2. Für welche Wirtschaftszweige ist die Wolga von wichtiger Bedeutung?
3. Erkläre anhand der Abb. 190.3, wie Schiffe eine Staustufe überwinden.
4. „Das Wasser der Wolga hält Russland am Leben." Was könnte diese Aussage bedeuten?

Der „ferne Osten“ Europas

Das Kaspische Meer – wir erstellen einen Steckbrief …

192.1 Im Hafen von Baku

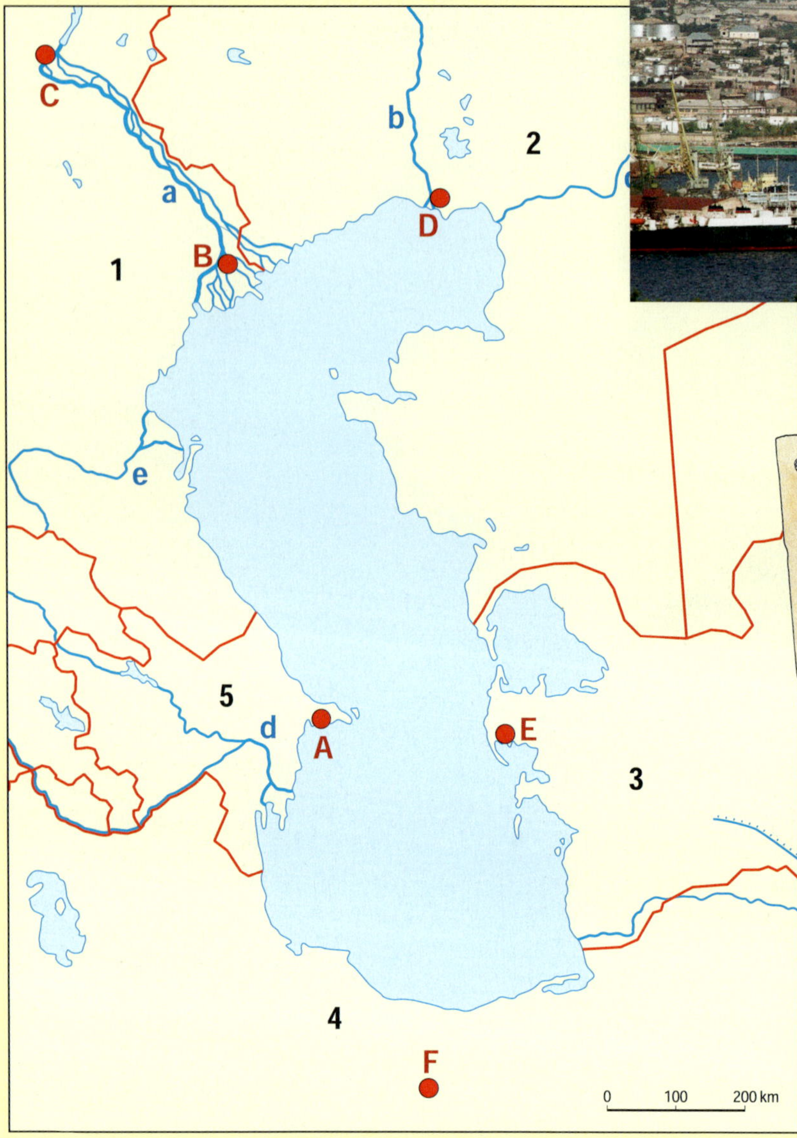

192.2

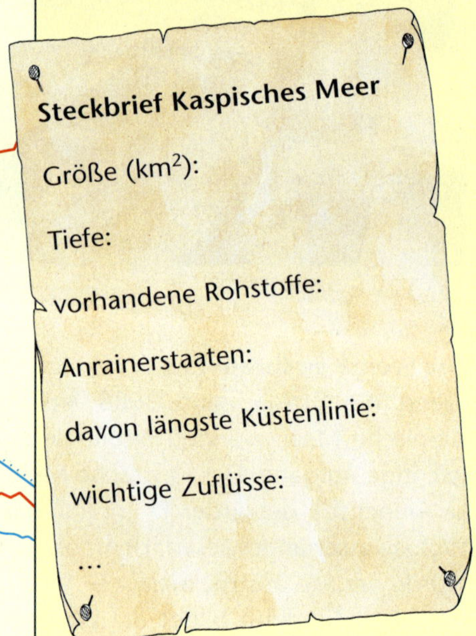

www.g-o.de

Internet-Tipp

192.3 Ölförderung im Kaspischen Meer

Erstellt einen Steckbrief zum Kaspischen Meer. Verwendet verschiedene Informationsquellen (Internet, Lexikon, …).

… und zeichnen eine Skizze

Karten im Atlas zeigen oft sehr viele Einzelheiten. Um dir das Einprägen von wichtigen Karteninhalten zu erleichtern, bietet es sich an, eine einfache Kartenskizze herzustellen. Die folgenden Arbeitsschritte zeigen dir, wie du eine etwas größere Skizze für ein Plakat oder eine kleinere Skizze für dein Heft herstellen kannst.

Erstellen einer Skizze für ein Plakat

Ihr braucht:
Atlas, Folie, Folienschreiber, Plakatpapier

Arbeitsschritt 1: Erstellt mithilfe des Atlas eine Vorlage auf Folie. Gebt eurem Plakat einen Titel und legt den Umfang eurer Skizze fest (Rahmen).

Arbeitsschritt 2: Projiziert mithilfe des Tageslichtprojektors den Kartenausschnitt auf euer Plakatpapier. Übernehmt nun die Umrisse des Kaspischen Meeres.

Arbeitsschritt 3: Übernehmt mit einem roten Farbstift die Staatsgrenzen der Anrainer. Markiert außerdem große Städte.

Arbeitsschritt 4: Erstellt eine Legende zu eurer Karte.

193.1

Erstellen einer Skizze für euer Heft

Ihr braucht:
Atlas, Transparentpapier, Büroklammer, Buntstifte

Arbeitsschritt 1: Befestigt Transparentpapier auf der entsprechenden Atlasseite.

Arbeitsschritt 2: Zeichnet einen Rahmen um den gewählten Kartenausschnitt. Übernehmt nun die Umrisse des Kaspischen Meeres.

Arbeitsschritt 3: Übernehmt mit einem roten Farbstift die Staatsgrenzen der Anrainer. Markiert außerdem große Städte.

Arbeitsschritt 4: Erstellt eine Legende zu eurer Karte.

193.2

193.3

193.4

193.5

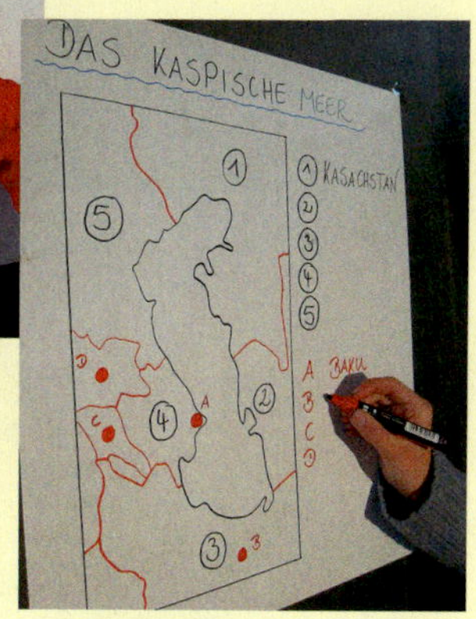

193.6

1. Erstellt weitere Skizzen. Denkt daran, dass nicht nur Städte und Ländergrenzen von Bedeutung sind. Manchmal bietet es sich an, Flüsse und Gebirge einzuzeichnen.
2. Kartenexperten haben die Skizzen sogar im Kopf und können sie aus dem Gedächtnis aufzeichnen. Schafft ihr das auch?

Der „ferne Osten" Europas

Erdöl – der Lebenssaft der Welt

Erdöl ist der Lebenssaft der Welt, denn ohne Erdöl würde in den meisten Ländern der Erde vieles stillstehen: Autos, Maschinen, Heizungen ... Erdöl ist nämlich der Ausgangsstoff für zahlreiche Produkte wie Benzin und Diesel für Autos und Dieselloks, Kerosin für Flugzeuge, aber auch für viele alltägliche Dinge (Abb. 194.1).
Die Erdölvorräte der Welt halten aber nicht ewig. Wenn die Menschen weiter so viel Erdöl verbrauchen wie heute, reichen die Vorräte noch ungefähr 40 Jahre.

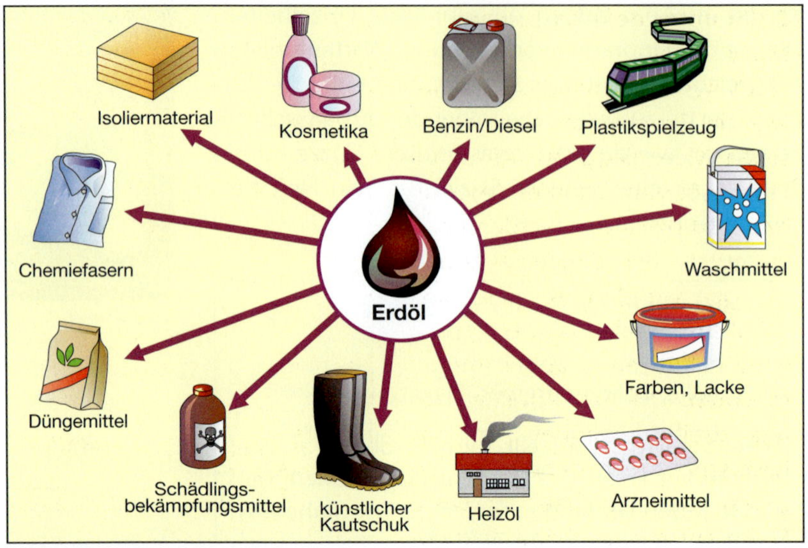

194.1 Produkte aus Erdöl

194.2 Erdölfelder in Baku

Verwen-dungszweck:	Grundstoff	Treibstoff	Heizstoff
Produkte:	Arzneimittel	Diesel	Heizöl

194.3

Doch ganz genau kann man das nicht sagen, denn der weltweite Verbrauch ändert sich ständig. Immer mehr Länder bauen Industrien auf und brauchen daher mehr Erdöl. In anderen Ländern wird z. B. durch sparsamere Autos und Wärmedämmung weniger Erdöl gebraucht. Hinzu kommt, dass immer wieder neue Erdöllagerstätten entdeckt werden.
Auch unter dem Kaspischen Meer hat man große Erdölreserven gefunden. Nun erhoffen sich die Länder des Kaspischen Meeres große Einnahmen durch die Förderung und den Verkauf des „schwarzen Goldes".

1. Erkäre, was in dem Text mit „Lebenssaft" und „schwarzes Gold" gemeint ist.
2. Ordnet die Produkte aus Abb. 194.1 den verschiedenen Verwendungszwecken zu. Übertragt dazu die Tabelle 194.3 in euer Heft und ergänzt sie.
3. Warum ist es schwierig vorherzusagen, wie lange die weltweiten Erdölreserven noch halten werden?

Erdöl unter dem Kaspischen Meer

Noch weiß niemand so genau, wie viel Erdöl unter dem Kaspischen Meer liegt. 30 Milliarden Fass Erdöl sind schon nachgewiesen, 110 Milliarden werden noch vermutet. Bei diesen enormen Mengen wundert es nicht, dass möglichst viele Länder etwas vom Kuchen abbekommen möchten. Die fünf Anrainerstaaten streiten darüber, ob das Kaspische Meer denn nun ein „Meer" oder ein „See" sei. Diese Frage entscheidet nämlich darüber, zu welchen Anteilen das Kaspische Meer aufgeteilt wird.

195.1

Da es keine Schifffahrtsverbindung zum offenen Meer gibt, kann das Öl auch nicht direkt mit Schiffen in die Verbraucherländer transportiert werden. Das Erdöl muss also erst über eine Pipeline zu einem Hochseehafen gelangen.

Die beteiligten Länder streiten sich allerdings darüber, wo die Pipeline entlangführen soll. Dies liegt vor allem auch an politischen Einflüssen. So möchten z. B. die USA nicht, dass die Pipeline durch den Iran oder Russland verläuft. Sie wollen den Bau der Baku-Ceyhan-Pipeline (Karte 195.2). Den Ingenieuren verlangt der Bau dieser Pipeline allerdings einiges ab. Sie soll über 2800 Meter hohe Berggipfel verlaufen und führt durch eine Region, in der 1988 50 000 Menschen durch ein Erdbeben starben. Viele Menschen sind auch gegen die Pipeline, da sie durch ein Naturschutzgebiet führt. Andere erhoffen sich, durch die Pipeline endlich einen Arbeitsplatz zu bekommen.

195.2 Pipeline

1. Nenne Probleme beim Bau der Baku-Ceyhan-Pipeline.
2. Welche Streitpunkte gibt es bei der Förderung und dem Transport des Erdöls? Erkläre.
3. Warum muss das Erdöl des Kaspischen Meeres in einer Pipeline transportiert werden?
4. Die USA, Japan und die westeuropäischen Staaten sind wichtige Verbraucherländer von Erdöl. Verfolge die möglichen Schifffahrtsrouten der Tanker von Ceyhan (Türkei) zu diesen Staaten (USA = New York, Japan = Tokio, Europa = Rotterdam). Durch welche Meere fahren die Schiffe?

Der Mittelmeerraum

Tausende Urlauber reiten jährlich auf Kamelen zu den Pyramiden von Gise.

Jeder denkt, der schiefe Turm von Pisa fällt bald um.

Die spannendsten Fußballspiele werden aus dem Estadio Nou Camp Barcelona übertragen. Es ist das zweitgrößte Fußballstadion der Welt.

Mittelmeerländer	Europa		Asien		Afrika	
	Land	Hauptstadt	Land	Hauptstadt	Land	Hauptstadt

Der Vesuv bei Neapel ist ein gefährlicher Schichtvulkan.

1. Das Mittelmeer wird von drei Kontinenten umschlossen. Fertigt eine Übersicht der Mittelmeerländer an (Tabelle S. 196.1).
2. Sucht die beschriebenen Orte auf der Karte. In welchen Ländern liegen sie?
3. Wer war schon in einem Mittelmeerland oder kommt von daher? Erzählt eure Erlebnisse.

Die Akropolis ist ein Bauwerk, das vor etwa 2500 Jahren gebaut wurde.

Die Hagia Sophia in Istanbul ist ein berühmtes Gotteshaus.

Der Mittelmeerraum

Bewässerungslandwirtschaft in Spanien

198.1 Das hat die Klasse gesammelt

Die Klasse 6a aus Neukölln hat als Hausaufgabe aufbekommen, Lebensmittel aus dem Mittelmeerraum mitzubringen. Auf den Verpackungen und Etiketten konnten sie erkennen, woher die Lebensmittel kommen. Bild 198.1 zeigt ihre Ausbeute.
Uli wundert sich: *„Wir haben doch gelernt, dass es im Frühjahr und Sommer im Mittelmeerraum nur wenig regnet. Wie kommt es dann, dass dort trotzdem so viel Obst und Gemüse wächst?"*

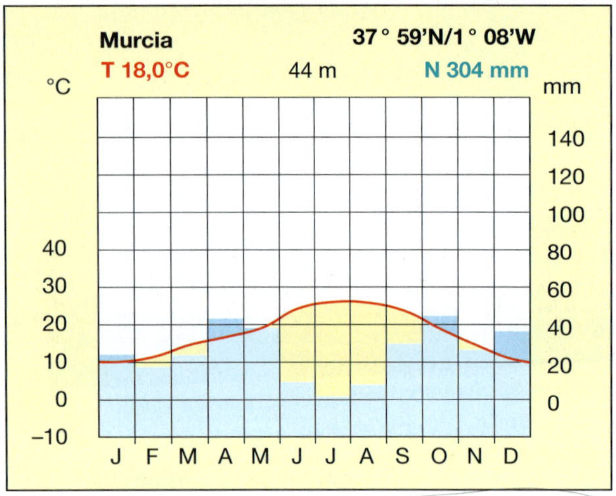

198.2 Klimadiagramm von Murcia

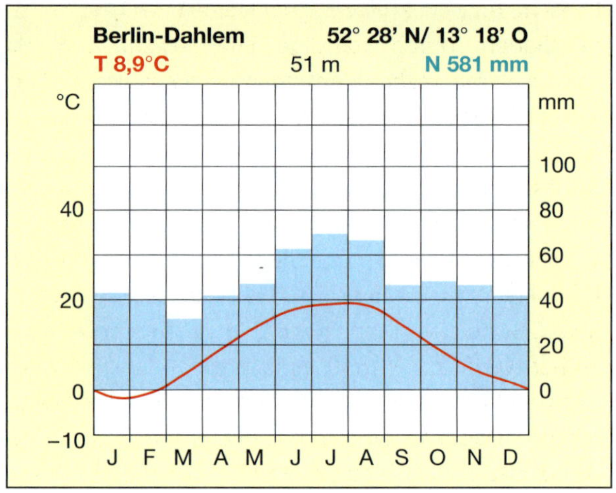

198.3 Klimadiagramm von Berlin

198.4 In der Huerta von Murcia

Die Lehrerin erklärt: *„Trotz der geringen Niederschläge gibt es in Spanien Landschaften, wo Orangen und Zitronenbäume blühen. Die Spanier nennen diese fruchtbaren Landschaften Huertas, d. h. auf Deutsch: Gärten. Obst und Gemüse wird dort intensiv angebaut. Nur durch künstliche Bewässerung bringen diese Gärten so viele Früchte. Das Wasser für diesen* ***Bewässerungsfeldbau*** *stammt aus den Stauseen in den Bergen, dem Grundwasser oder aus Flüssen. Spanien ist der größte Exporteur von Zitrusfrüchten in Europa. Darum finden wir auch so viel Obst aus der Region bei uns in den Geschäften."*

199.1 *Wasserverteilung bei der Furchenbewässerung*

Die Obst- und Gemüselandwirtschaft der Huertas sind typische **Intensivkulturen**. Auf kleinen Flächen können die Bauern durch ständige Bewässerung und das warme Klima *mehrere Ernten pro Jahr* erzielen. Auch wenn die Flächen klein sind, erfordert eine Huerta *viel Arbeit*. Dazu gehören eine perfekte Organisation der Bewässerung und *intensive Pflege* der Pflanzen. Der Einsatz *vieler Arbeitskräfte* und der *hohe Wasserverbrauch* verursachen zwar *hohe Kosten*, aber der Verkauf der Produkte in die Länder Mittel- und Nordeuropas bringt *gute Gewinne*, weil auch *hohe Qualität* angeboten wird.
Früher wurde das Wasser einfach durch Gräben an die Pflanzen herangeleitet. Das nennt man Furchenbewässerung. Dadurch wurde nicht nur viel *Wasser verschwendet*, sondern die im Wasser gelösten Salze und Mineralien sorgten auch mit der Zeit für eine *Versalzung des Bodens*.
Heute wird immer mehr mit der so genannten Tropfenbewässerung gearbeitet. Dabei wird das Wasser durch Röhren geleitet, die direkt an den Pflanzen kleine Löcher haben. So kann man für jede einzelne Pflanze den Wasserbedarf genau steuern.

199.3 *Tropfenbewässerung*

199.2 *Bewässerungsgraben*

1. Vergleicht die Klimawerte von Murcia und Berlin. Welches grundsätzliche Problem der Landwirtschaft im Raum Murcia wird deutlich?
2. Fertigt eine Tabelle mit den Vor- und Nachteilen des intensiven Bewässerungsfeldbaus an. Die schräg gedruckten Begriffe helfen euch.
3. Welche Vorteile bietet die Tropfenbewässerung?
4. Sucht Murcia und Berlin im Atlas. Ermittelt die Entfernung zwischen den beiden Städten. Ein LKW, der Früchte zum Großmarkt Berlin fährt, hat 48 Stunden Zeit. Errechnet die Entfernung, die er pro Stunde zurücklegen muss, um rechtzeitig anzukommen.

Die Wälder am Mittelmeer sind verschwunden

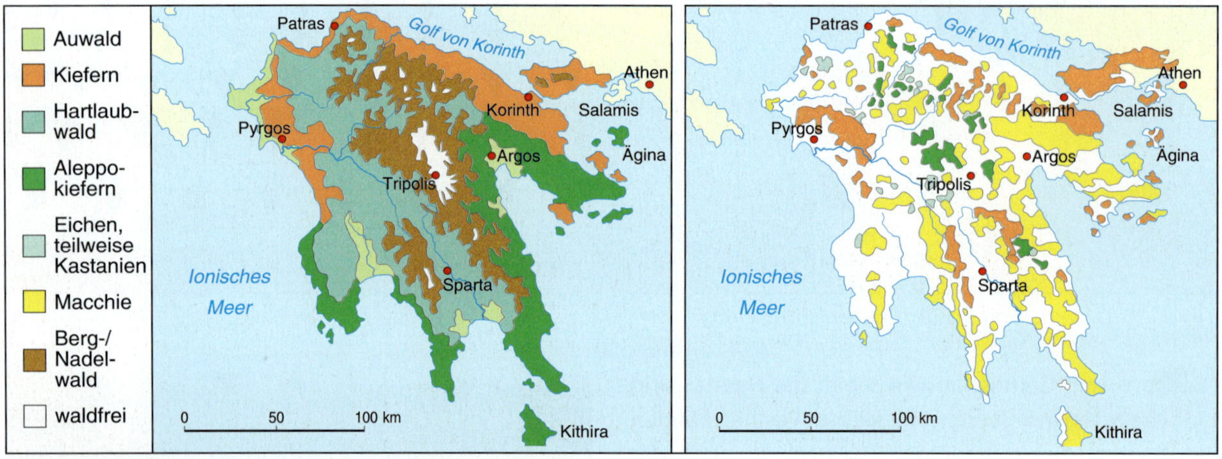

200.1 und 2 *Natürliche Waldverbreitung und heutige Waldverbreitung*

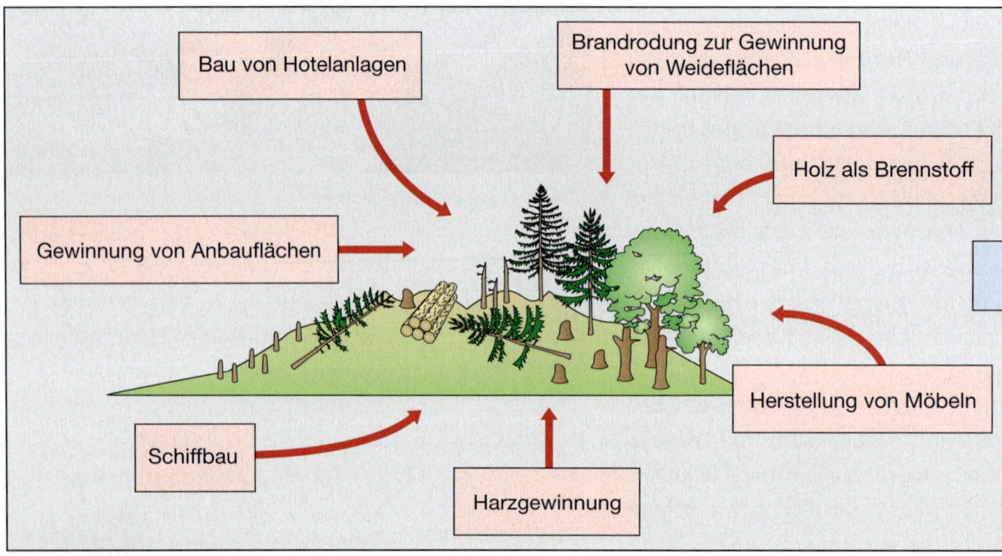

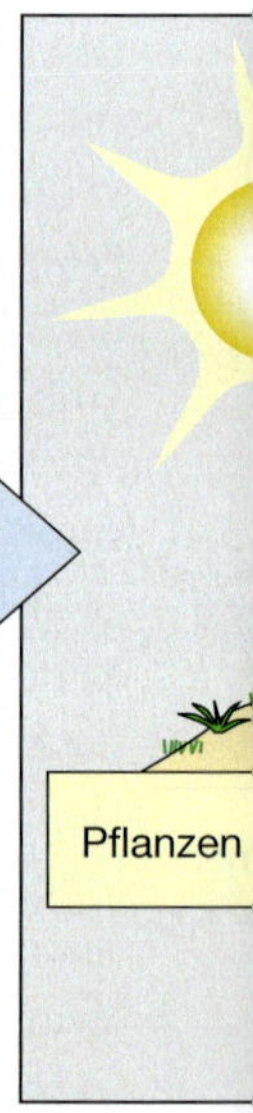

Wir kennen den Mittelmeerraum als Landschaft der Hartlaubgewächse. Doch früher gab es hier große Waldflächen. Bereits vor 2300 Jahren beklagte man im alten Griechenland die Knappheit an Holzvorräten für den Schiffbau. Doch es gab noch weitere Gründe für den hohen Holzbedarf (N S. 202).

Heute versucht die Forstverwaltung, die ehemaligen Waldflächen durch Neupflanzungen wieder zu bewalden. Gleichzeitig sollen die übrig gebliebenen Waldflächen durch Gesetze geschützt werden: Die „wilde“ Holzentnahme und die Gewinnung von Holzkohle ist demnach verboten. Die Bauern dürfen auch keine neuen Weideflächen durch Brandrodung gewinnen. Außerdem müssen die Ziegen und Schafe daran gehindert werden, die jungen Baumtriebe zu fressen, denn sonst kann kein neuer Wald nachwachsen.

Leider steht dem Staat nicht genügend Geld zur Verfügung, um auf allen entwaldeten Bergen wieder Bäume anzupflanzen. Eine weitere Schwierigkeit besteht darin, dass die Bergbevölkerung sehr arm ist. Die Viehherden sind für die Menschen dort die einzige Einkommensquelle. Außer ihren Schafen und Ziegen besitzen sie kaum etwas. Weil sie kein Geld für Brennstoff haben, müssen sie sich Brennholz aus dem Wald schlagen.

201.1 Entwaldete Berglandschaft in Griechenland

Folgen der Entwaldung

Wird das Land nicht wieder aufgeforstet, trocknet die Sonne die Erde aus und viele Pflanzen verdorren. Nur wenige Pflanzen können dann noch wachsen. Häufig kommt es zu Bränden. Meist wächst auf dem kargen Boden eine schüttere Strauchheide, die **Macchie**. Der unbewachsene Boden ist dem Wetter schutzlos ausgeliefert. Es kommt zur **Erosion**, bei der Regen und Wind den Boden wegtragen.

1. Beschreibe und vergleiche die natürliche und die heutige Waldverbreitung in Griechenland (Abb. 200.1 und 2).
2. Nenne die Gründe, weswegen der Wald zerstört wurde und heute noch wird.
3. Ordne diese Gründe in einer Tabelle nach Flächenbedarf und Holzbedarf.
4. Erläutere die Maßnahmen zur Wiederbewaldung und nenne ihre Probleme.
5. Überlege, welche Folgen starke Regenfälle für den entwaldeten Boden haben.

Der Mittelmeerraum

Karge Landschaften

202.1 *Karstlandschaft in Kroatien*

202.2 *Für das Fundament der Lagunenstadt Venedig wurden Millionen Holzstämme benötigt*

202.3 *Amphoren, die wichtigsten antiken Behälter für Flüssigkeiten, wurden aus Ton hergestellt und gebrannt.*

Viele Gebirge des Mittelmeerraumes bestehen aus weißgrauen Kalkgesteinen, die häufig zerfurcht und mit zahlreichen Rissen und Spalten versehen sind. Es ist heute eine eigenartige, karge und öde aussehende steinige Landschaft, mit tiefen Schluchten, unterirdischen Flüssen und Wasserfällen. Sie ist auch das Ergebnis des rücksichtslosen Abholzens durch den Menschen (▷ S. 200). Die Landschaft bildete die Kulisse für manche Italowestern oder für die Winnetou-Filme. Man nennt sie **Karst.**
Der Begriff Karst (jugoslawisch: „krs" = Fels) leitet sich von einem Gebirge ab, das in Slowenien und im nördlichen Kroatien liegt. Hier hat man diese Formen zuerst erforscht und hier sind sie auch sehr ausgeprägt. Deshalb sagt man von allen Landschaften, die dieselben Merkmale aufweisen, sie seien verkarstet oder man bezeichnet sie kurz als Karst.

Sobald die Pflanzendecke fehlt, ist der Boden schutzlos der Witterung ausgeliefert. Säurehaltiges Regenwasser und Schmelzwasser versickern rasch durch Risse und lösen das Kalkgestein auf. Es bilden sich weit verzweigte Höhlensysteme, Grotten und Tropfsteinhöhlen. Überall im Mittelmeergebiet zeigen Kalkgebirge an der Oberfläche und in der Tiefe ähnliche Formen: Poljen, Dolinen, Trockentäler und Karsthöhlen (Abb. 203.1).
Karsterscheinungen gibt es aber auch in anderen Kalkgebieten, so z. B. in Nordamerika, aber auch in der Schwäbischen Alb.

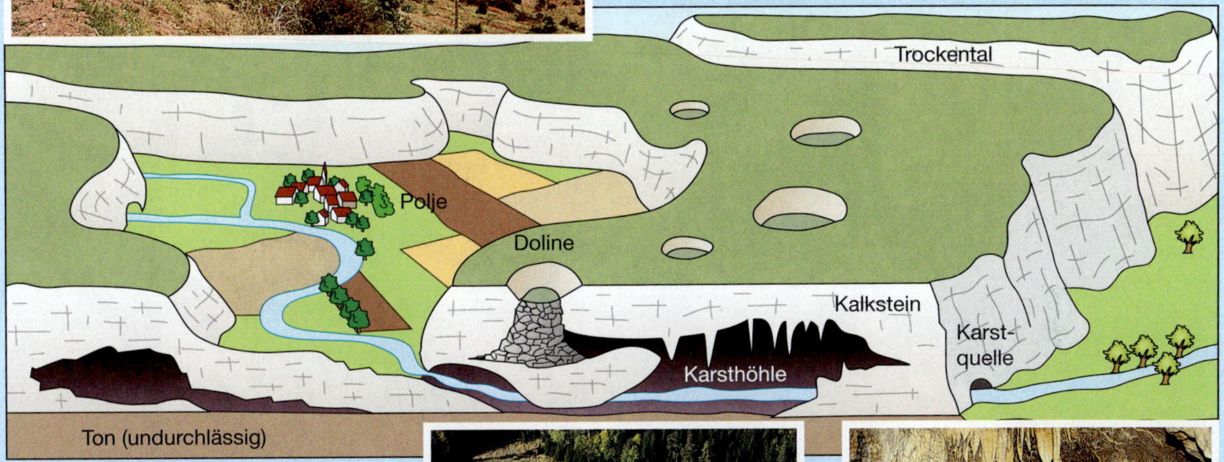

203.1 *Karstformen*
A: Polje, B: Trockental,
C: Dolinen, D: Karsthöhle

Dolinen (slowenisch: dolina = Trichterloch): runde, meist trichterförmige Vertiefungen in der Erdoberfläche (Einbruchstrichter) mit einem Durchmesser bis zu mehreren hundert Metern.
Karsthöhlen: unterirdische Hohlformen, meist mit Tropfsteinen. An den Decken und am Boden bilden sich bei durchdringendem Sickerwasser zapfenartige Säulen.
Poljen (serbokroatisch: Polje = Feld): lang gestreckte, oft viele Quadratkilometer große Becken mit steilen Wänden und flachen Böden. Sie werden wie die Dolinen wegen des Humusbodens landwirtschaftlich genutzt.
Trockentäler: Täler ohne sichtbaren Wasserlauf

203.2 Karstformen

1. Erkläre den Begriff Karst mit eigenen Worten.
2. Welche Karsterscheinungen gibt es?
3. Haben die Menschen mit Schuld an der Verkarstung der Landschaft? Begründe deine Meinung.

Umbrien: Die Erde bebt

204.1 *Erdbebenschäden in einem umbrischen Bergdorf (1997)*

Im September 1997 zerstörte ein **Erdbeben** ein Bergdorf in Italien. Darüber berichtet Alessandro, ein Junge aus dem Dorf:

„Gegen 2.30 Uhr in der Nacht schreckten wir aus dem Schlaf. Ringsum wackelten die Wände, der Boden zitterte und Gegenstände flogen herunter. So schnell wie möglich liefen meine Eltern, meine Geschwister und ich ins Freie. Überall lagen Trümmer herum, Menschen riefen um Hilfe und Verletzte taumelten durch die Straßen. An unserem Haus war der Schaden relativ gering. Zerbrochene Fensterscheiben, herausgebrochene Mauersteine und Risse in den Wänden machten aufwendige Renovierungsarbeiten notwendig. Manche Menschen hatten sogar ihr gesamtes Hab und Gut verloren. Ihre Häuser waren wie Streichholzschachteln zusammengebrochen. Am nächsten Tag konnten wir in der Zeitung lesen, dass selbst im fernen Rom die Bürger von den Erdstößen noch erwachten.
Was in den Tagen darauf folgte, war sehr schlimm. Zwar kamen schon bald die ersten freiwilligen Helfer und begannen mit den Aufräumarbeiten, doch diese wurden durch immer neue Erdstöße behindert. Wir lebten mit der ständigen Angst, unser Haus könnte völlig einstürzen. Denn in der Zeitung war zu lesen, dass bereits 20 000 Menschen in Mittelitalien obdachlos geworden waren und rund 15 000 Häuser schwer beschädigt wurden."

Alessandro verfolgte die Nachrichten in diesen Tagen sehr aufmerksam. Immer wieder wurden die Stärken der Beben durchgegeben. In der ersten Nacht hieß es, das Beben hätte auf der Richterskala eine Stärke von 5,7 erreicht. Alessandro erkundigt sich, was diese Zahlen bedeuten. Er bekommt dazu folgende Informationen:

Der amerikanische Erdbebenforscher Charles Francis Richter teilte die Stärke von Erdbeben nach einer von ihm entwickelten Skala ein. Von Stufe zu Stufe nehmen bei dieser Skala die Erschütterungen um das Zehnfache zu, das heißt, die Erschütterungen der Stufe 2 sind zehnmal heftiger als die der 1. Stufe!
Bis zur 3. Stufe sind Erdbeben nur von technischen Geräten, die Erschütterungen aufzeichnen, überhaupt wahrnehmbar. (Diese Geräte werden als Seismografen bezeichnet.) Menschen spüren solche „schwachen" Erdbeben jedoch kaum. Bei einer Stärke zwischen 5 und 6 können Häuser beschädigt werden oder einstürzen. Erreichen Erdbeben die Stärke 8, so haben sie verheerende Auswirkungen. Erdbeben dieser Stärke kommmen allerdings sehr selten vor.

Nach dieser Information fragte Alessandro einen der freiwilligen Helfer, warum das Erdbeben gerade in Umbrien passierte.
Der Helfer antwortete ihm: „Die Erdkruste besteht aus einzelnen Platten. Wenn sich diese bewegen, entstehen Spannungen. Werden die Spannungen zu groß, entladen sie sich mit einem Ruck. Es entsteht ein Erdbeben. In Umbrien ist so etwas in den letzten Tagen geschehen."

1. Beschreibe, wie die Richterskala aufgebaut ist.
2. Erkläre die Entstehung von Erdbeben und nenne mögliche Folgen.
3. Suche aus einer Weltkarte Gebiete, die durch Erdbeben gefährdet sind. Notiere mindestens zehn Länder.

Modell zur Erdbebenentstehung

Auch die Entstehung eines Erdbebens könnt ihr durch ein Modell verdeutlichen. Die Styroporplatten stellen dabei die Platten der Erdkruste dar. Sie können sich gegenseitig berühren (1), sich übereinander schieben (2), aneinander vorbeischieben (3) oder voneinander entfernen (4) (Abb. 205.1).

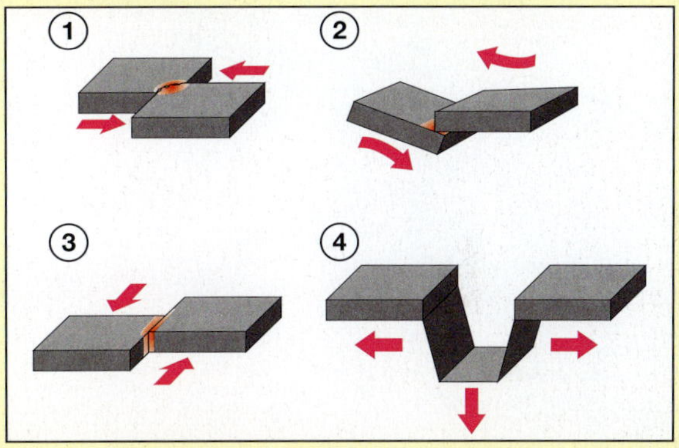

205.1 *Ursachen von Erdbeben*

Im Versuch mit dem Styropormodell könnt ihr beispielsweise die Situation des Vorbeischiebens nachstellen (Abb. 205.2 zeigt euch ein Modell der Apenninenhalbinsel). Wenn ihr Modellhäuser auf die Platten stellt, könnt ihr die Erschütterungen gut beobachten.

Schiebt die Platten aneinander vorbei, lasst sie sich verhaken oder sich mit einem Ruck voneinander lösen. Beobachtet, was mit den Häusern passiert.

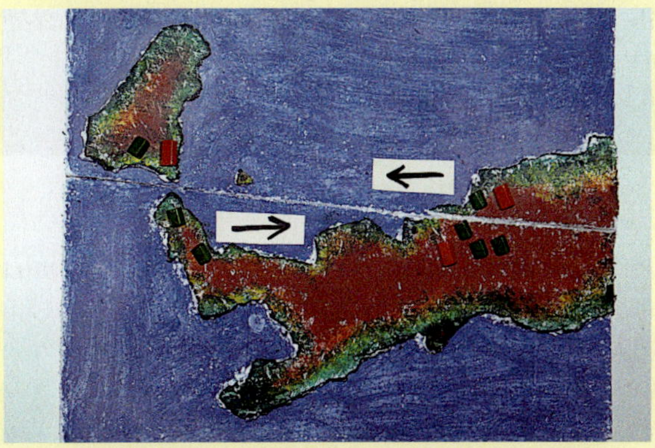

205.2 *Modell zum Erdbebenversuch*

Vulkane – Leben mit der Gefahr

206.1 *Vulkanausbruch*

Der Ätna auf Sizilien, der Vesuv und der Stromboli sind drei noch heute aktive Vulkane Italiens. Der Stromboli gehört sogar zu den aktivsten Vulkanen Europas.

Heute erklimmen jährlich tausende Touristen die Hänge der Insel Stromboli, um dem Vulkan in den Schlund zu blicken. Die ständig aus den Kratern des Stromboli austretenden Gasfahnen zeigen, dass der Vulkan noch aktiv ist. Die wenigen Bewohner der Insel leben mit der ständigen Bedrohung durch den Berg. 1930 wurden z. B. Gesteinsbrocken mit bis zu 27 Tonnen Gewicht emporgeschleudert und glühende Lavaströme wälzten sich den Berg hinunter.

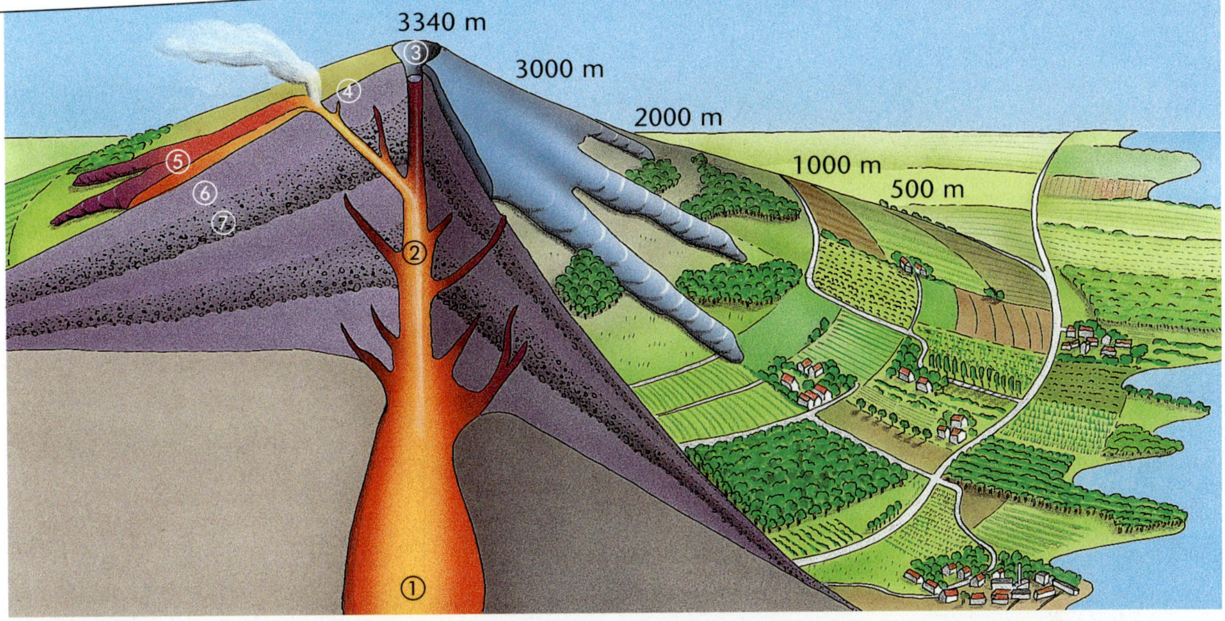

207.1 Der Ätna

Der Ätna, Europas höchster Vulkan

Auch für die Menschen am Fuße des Ätnas spielt der Vulkan eine große Rolle. Der Ätna wird von den Sizilianern ehrfurchtsvoll „Mongibello" (Berg der Berge) genannt. Mit seinen zurzeit 3340 m ist er der höchste europäische Vulkan. Sein Gipfel ist fast zehn Monate im Jahr mit Schnee bedeckt. Rauchwolken über dem Gipfel und das Grollen des Vulkans, das kilometerweit zu hören ist, zeugen von seiner Aktivität. Mit 200 bekannten Ausbrüchen ist der Ätna einsamer Rekordhalter unter den Vulkanen.

Doch trotz dieser ständigen Gefahr siedeln viele Menschen in der Umgebung. Warum? Die herausgeschleuderten Aschen und die Lava sind sehr mineralreich. Der so entstandene fruchtbare Boden ermöglicht deshalb schon bald nach einem Ausbruch den Anbau von Obst, Wein und Gemüse mit hohen Ernteerträgen.

Aufbau eines Schichtvulkans

Vulkane besitzen meist einen besonderen Aufbau, so auch der Ätna auf Sizilien. Wie kommt es dazu?

Unterhalb der Erdkruste entsteht bei Temperaturen von etwa 1200 °C eine Gesteinsschmelze, das **Magma.** Sie tritt durch Risse und Spalten an der Erdoberfläche aus. Es entsteht ein Vulkanschlot. Der zusätzlich durch Gase und Dämpfe entstehende Druck entlädt sich durch gewaltige Explosionen. Dabei werden große Gesteinsbrocken, so genannte Bomben, und Asche herausgeschleudert. Anschließend tritt **Lava,** ein glühender Gesteinsbrei, aus dem Hauptkrater oder kleineren Nebenkratern aus und fließt den Vulkankegel hinab. Dabei vernichtet die Lava alles, was sich ihr in den Weg stellt.

Bricht der Vulkan zu einem späteren Zeitpunkt erneut aus, so lagern sich wieder Schichten aus Asche und Lava im Wechsel an den Hängen des Vulkankegels ab. Deshalb erhielt diese Vulkanform auch den Namen **Schichtvulkan** (Abb. 207.1).

1. Wie gehen die Menschen auf Stromboli und am Fuße des Ätnas mit der ständigen Gefahr um?
2. Fertigt eine Skizze eines Schichtvulkans an. Setzt anstelle der Nummern ① bis ⑦ (Abb. 207.1) die richtigen Begriffe aus dem Text ein.
3. Sucht im Atlas weitere Vulkangebiete Europas heraus.

Wir basteln das Modell eines Schichtvulkans

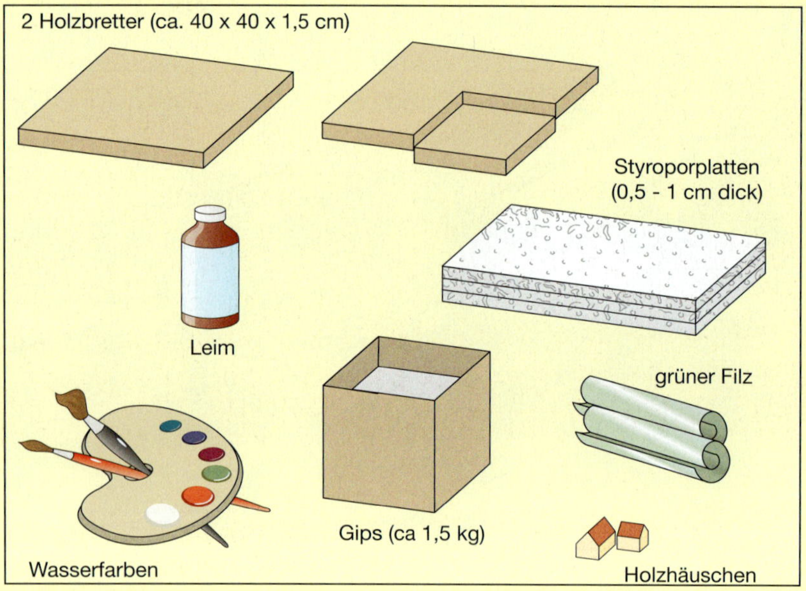

208.1 Materialliste

Wenn ihr in der Klasse zusammen einen Schichtvulkan nachbauen wollt, organisiert zunächst die benötigten Materialien (Abb. 208.1) und richtet euren Arbeitsplatz gemeinsam her.

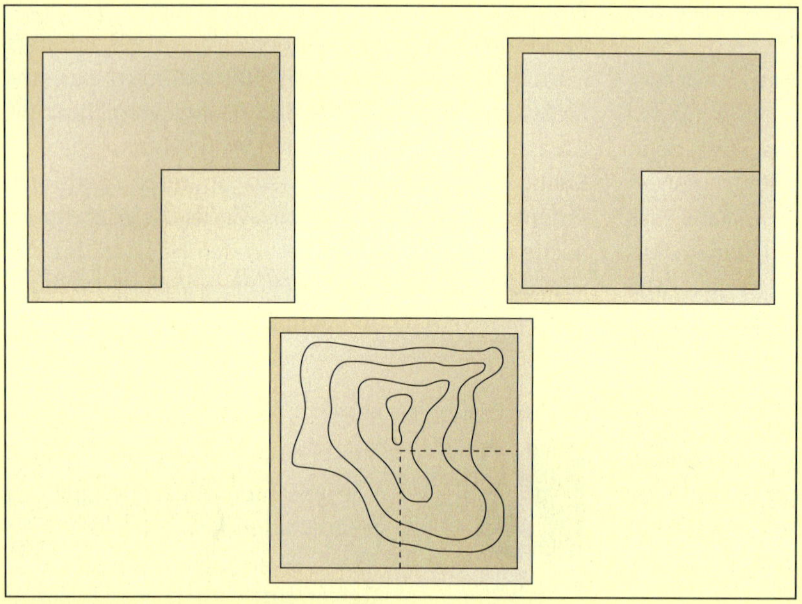

208.2 Modellherstellung

Zuerst sägt ihr aus einem der Bretter ein Viertel heraus (Abb. 208.2). Bittet dazu am besten einen Techniklehrer oder eine Techniklehrerin um Hilfe. Nun werden das andere Brett und das 3/4-Brett zusammengeleimt (Abb. 208.2). Die untere Platte stellt einen Teil der Erdkruste dar, allerdings nicht maßstabstreu. Auf die Bretter leimt ihr nun Schicht für Schicht des Vulkankegels, bestehend aus Styroporplatten. Dabei wird ebenfalls Schicht für Schicht das Viertel herausgeschnitten (Abb. 208.2).

Nun klebt ihr auf die restliche Brettfläche, die nicht vom Vulkankegel überdeckt ist, grünen Filzstoff, der die Vegetation darstellt.

Wenn ihr in eurem Vulkanmodell ein vom Vulkan bedrohtes Dorf einbauen wollt, so solltet ihr die Häuschen ebenfalls jetzt auf den grünen Filz leimen. Macht dies so, dass ein Teil der Häuser später eingegipst werden kann.

Anschließend wird Gips entsprechend der Packungsbeschreibung angerührt und auf den Styroporkegel modelliert. Das Viertel schiebt ihr hierbei ein, sodass der gesamte Kegel gleichmäßig vergipst werden kann. Ihr könnt das Viertel, kurz bevor der Gips völlig durchgetrocknet ist, wieder mit einem scharfen Messer herausschneiden.

Lasst nun den Vulkankegel vor dem Anmalen einen Tag lang gut durchtrocknen. Gestaltet den Vulkan anschließend mit Wasserfarben.
Hierzu einige Tipps:
Beim Anmalen wird der Nebenkrater, da er jünger als der Hauptkrater ist, tiefschwarz angemalt, ebenso wie einige Lavaströme, die vom Hauptkrater aus den Vulkan hinunterfließen. Der restliche Vulkan kann braun-schwarz angemalt werden.

209.1 Das fertige Vulkanmodell

Auf der Grundplatte könnt ihr sogar eine Magmakammer andeuten, aus der der Vulkanschlot zum Kraterrand führt. Asche- und Lavaschichten im Innern könnt ihr im Wechsel grau und schwarz gestalten.

Stellt zum Schluss Fähnchen her und benennt die einzelnen Teile.
Auch hier ein kleiner Tipp:
Markiert im Vulkanmodell die entsprechenden Löcher für die Fähnchen im nicht ganz trockenen Gips.

209.2 und 3 Schüler bei der Durchführung des Projektes

Wir nutzen die Meere

OVERFISHING
TODAY
= NO FISH
TOMORROW
GREENPEACE
GREENPEACE

Wir nutzen die Meere

Fischfang auf hoher See

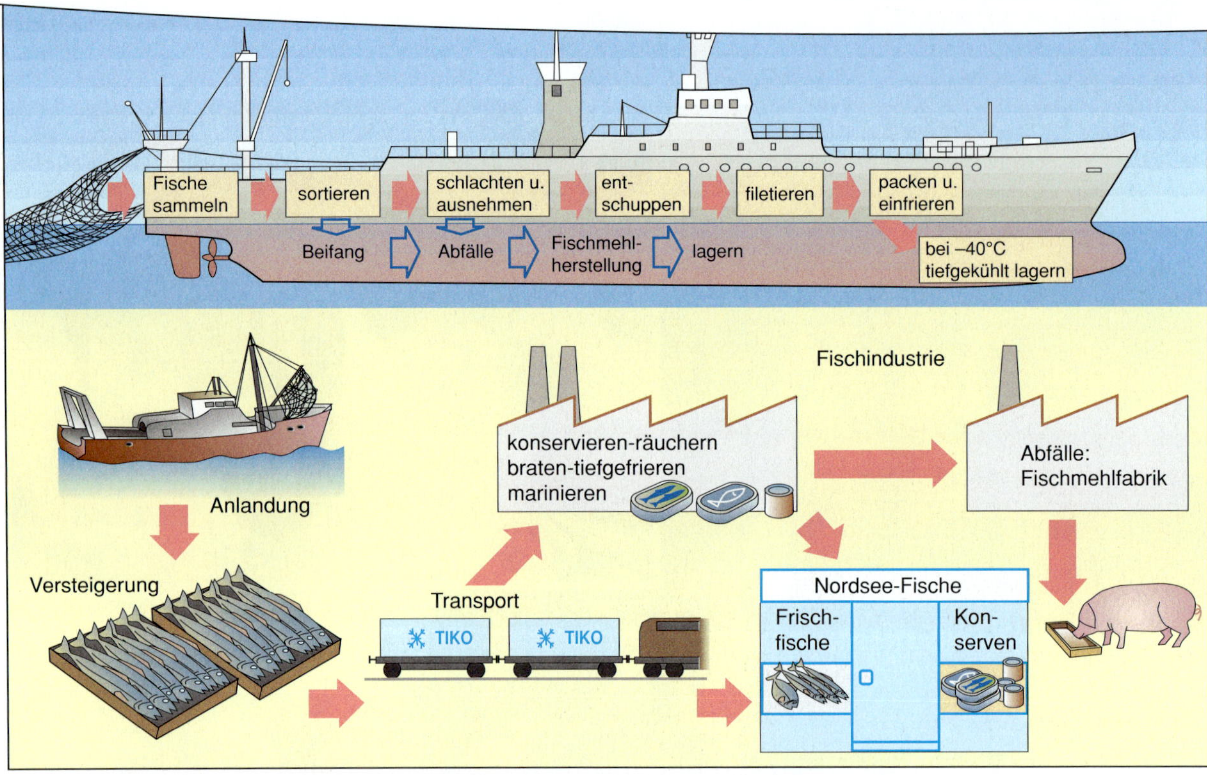

212.1 Verarbeitung von Fisch auf dem Fabrikschiff und an Land

Ole Larsen ist der Kapitän eines großen Fangschiffes. Er berichtet: „Jedes Jahr im Januar befinden sich große Kabeljauschwärme in den Gewässern vor Island. Diese werden mit Echolot und Radar aufgespürt. An der Art des Echos können wir bereits die Fischart, ihre Richtung und Wandergeschwindigkeit erkennen. Ist ein Schwarm entdeckt, wird das Schleppnetz über das Heck ausgebracht und oft über mehrere Stunden hinter dem Schiff hergezogen. Sobald sich genügend Fische im Netz befinden, wird es mit Motorwinden an Bord geholt.
Die großen Fangschiffe sind ‚schwimmende Fischfabriken', denn hier wird der Fang sofort verarbeitet. Moderne Maschinen sortieren, schlachten und verarbeiten die Fische an Bord und lagern sie tiefgefroren in großen Kühlräumen. Die Abfälle werden zu Lebertran, Fischmehl und Fischöl verarbeitet."

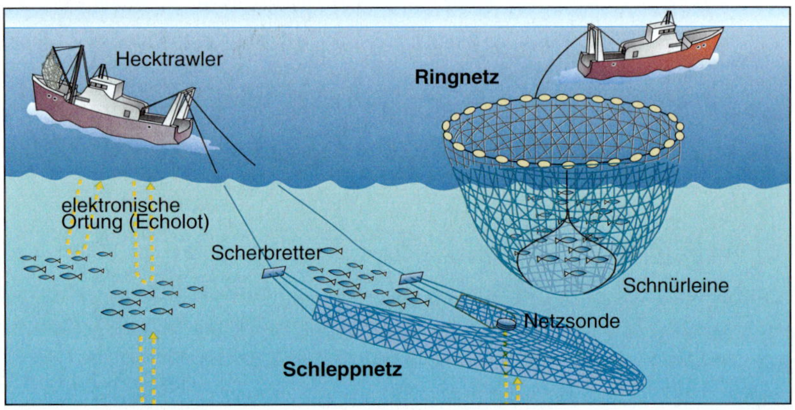

212.2 Methoden des Fischfangs

1. Beschreibe die Verarbeitung der Fische auf dem Schiff und an Land.
2. Erläutere die verschiedenen Fischfangmethoden (Abb. 212.2).

Küstenfischerei in der Nordsee

213.1 *Im Dorumer Hafen*

213.2 *Küstenfischer mit ihrem Fang*

Fischfang wird aber nicht nur auf hoher See mit großen Fabrikschiffen betrieben. Es gibt vor allem in den kleinen Häfen der Nord- und Ostseeküste noch Fischer, die in den Küstengebieten auf Fisch- und Krabbenfang gehen. Küstenfischer Petersen erzählt:

„Hier in Norddeich kann man im Hafen auch heute noch viele Krabbenkutter sehen. Aber ihre Zahl ist in den letzten Jahren stark gesunken. Da man allein vom Fischfang nicht mehr leben kann, waren viele Fischer gezwungen ihre Boote zu verkaufen.
Außerdem ist das Leben als Krabbenfischer sehr anstrengend. Oft fahren wir schon nachts hinaus. Vor Norderney heißt es dann: Netze runter. Mehrere Stunden schleppt der Kutter dann die Netze hinter sich her. An den Netzen befinden sich Rollen, die die Krabben vom Meeresboden aufscheuchen sollen, damit sie ins Netz gehen. Ist der Fang an Bord, werden die Krabben im Salzwasser gekocht. Dadurch erhalten sie die hellrote Farbe. Im Hafen verkaufen wir den Fisch direkt vom Schiff an Händler. Die Händler bringen die frischen Krabben zu den ‚Krabbenpulerinnen'. Dort kann das geschälte Fleisch bereits nach wenigen Stunden abgeholt und in Läden oder Restaurants ausgeliefert werden."

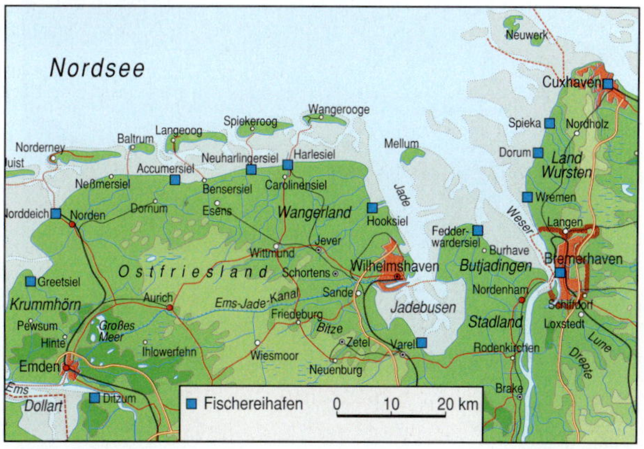

213.3 *Fischereihäfen an der Nordsee*

Schreibt auf, was alles geschehen muss, bevor ihr Krabben essen könnt.

Wir nutzen die Meere

Probleme der Fischerei

Überfischung und Schutzzonen

Früher durfte jeder überall fischen. Mit modernen Fabrikfangschiffen und durch die Verwendung kleinmaschiger Netze werden immer mehr, vor allem auch junge Fische gefangen. Bei vielen Fischarten werden mehr Fische gefangen als nachwachsen können. Die Fischbestände werden immer kleiner. Das nennt man **Überfischung**.

Einige Länder haben Maßnahmen ergriffen, um die Überfischung zu verhindern. Im Atlantischen Ozean wurden „Fischereizonen" eingerichtet. Innerhalb eines Streifens von 200 Meilen vor der Küste eines Landes dürfen nur dessen Bewohner fischen. Gleichzeitig wurden Fangquoten festgelegt. Danach dürfen im Jahr nur bestimmte Mengen einer Fischart gefangen werden. Für Laichgebiete wurden für bestimmte Zeiten Fangverbote erlassen. Auch die Maschengröße der Fangnetze wurde festgelegt, damit vor allem Jungfische nicht in zu engen Maschen hängen bleiben.

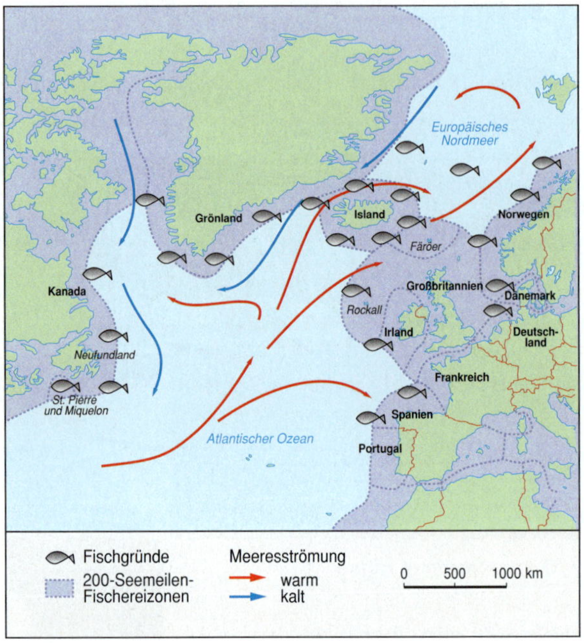

214.1 Wichtige Fischgründe im Nordatlantik

Wir fangen selber „Fische"

Wie sich die unterschiedliche Maschengröße der Fangnetze auf den Fischfang auswirkt, könnt ihr selbst in einem Versuch ausprobieren (Versuchsdurchführung siehe links).

Was ihr dazu braucht:
- eine Wanne mit Wasser
- Plastikfische von unterschiedlicher Größe
- ein engmaschiges Netz (z. B. Obstnetz)
- ein großmaschiges Netz (z. B. Einkaufsnetz)

1. Beschreibe die Probleme der Fischerei mit eigenen Worten.
2. Jetzt seid ihr die Fischer. Welche Netze würdet ihr verwenden? Begründet. Vielleicht hilft euch dabei der abgebildete Versuch.
3. Führt ein Streitgespräch in der Klasse über die „200-Meilen-Schutzzone". Teilt euch dazu in zwei Gruppen auf. Die eine Gruppe vertritt die Anrainerstaaten des Atlantischen Ozeans, die andere Gruppe die Besitzer der großen Fangschiffe. Stellt jeweils in eurer Gruppe Pro und Kontra gegenüber. Listet die Argumente an der Tafel auf und führt eine Diskussion.

Fischfarmen – eine sinnvolle Alternative?

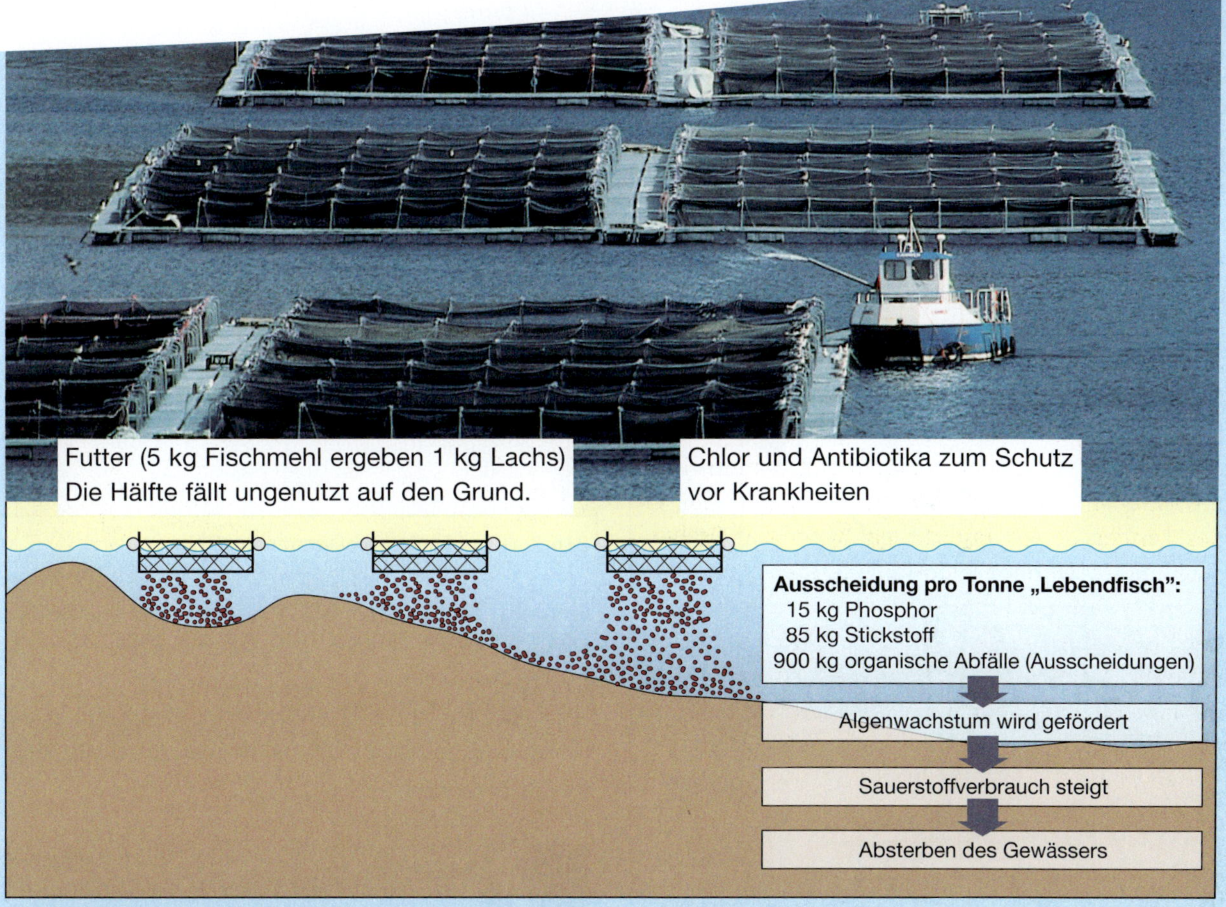

215.1 Fischfarmen und ihre Folgen

Karpfen- und Forellenteiche kennst du vielleicht aus deinem Heimatraum. In diesen Süßwasseranlagen werden die Fische gezüchtet und „geerntet". Diese Anlagen werden meistens computergesteuert überwacht und ersetzen oft schon die Flussfischerei, die wegen der Gewässerverschmutzung kaum noch möglich ist. Ist dieses auch eine Möglichkeit für unsere Küstenfischerei?

In einigen europäischen Ländern, vor allem in Norwegen und Schottland, werden bereits Lachse und Dorsche in marinen Aquakulturen gezüchtet (Abb. 215.1). So sind zwischen Stavanger und Hammerfest schon 700 vollautomatische Fischfarmen in Betrieb. Die geschützten Fjordmündungen bieten dafür ideale Bedingungen.

Die Fische befinden sich in schwimmenden, von Meerwasser durchfluteten Gehegen, die vor natürlichen Feinden schützen. Dort wird ihre Aufzucht überwacht, Nahrung und Medikamente werden nach genauen Berechnungen zugeteilt. Die Tiere leben auf engstem Raum und haben für ausreichende Bewegungen kaum Platz. Sie sind daher für Krankheiten sehr anfällig. In regelmäßigen Abständen müssen die Anlagen mit chemischen Stoffen gereinigt werden. Bei gewünschter Größe und Gewicht der Fische werden die Gehege komplett abgefischt. Aquafarming, die planmäßige Fischzucht in Netzkäfigen, ist vor allem in Asien schon lange üblich. Länder wie Japan, Korea und China, aber auch Indonesien und die Philippinen, gewinnen auf diese Weise tausende Tonnen Fisch, Austern, Muscheln und andere „Meeresfrüchte".

1. Welche Vorteile bringen uns die Fischfarmen?
2. Erklärt, warum man den Lachs aus Fischfarmen das Schwein des Meeres nennt.
3. Welche Gefahren bringen die Fischfarmen mit sich?

Wir nutzen die Meere

Erdöl und Erdgas aus der Nordsee

„Schon wieder eine Erhöhung des Benzinpreises, ich möchte nur wissen, wie das weitergehen soll!", hört ihr euren Vater schimpfen. Die meisten denken beim Thema Erdöl an Arabien und die Scheichs, die diesen wertvollen Rohstoff nach Europa liefern.

Doch auch ganz in unserer Nähe, in der Nordsee, liegen große Vorkommen.

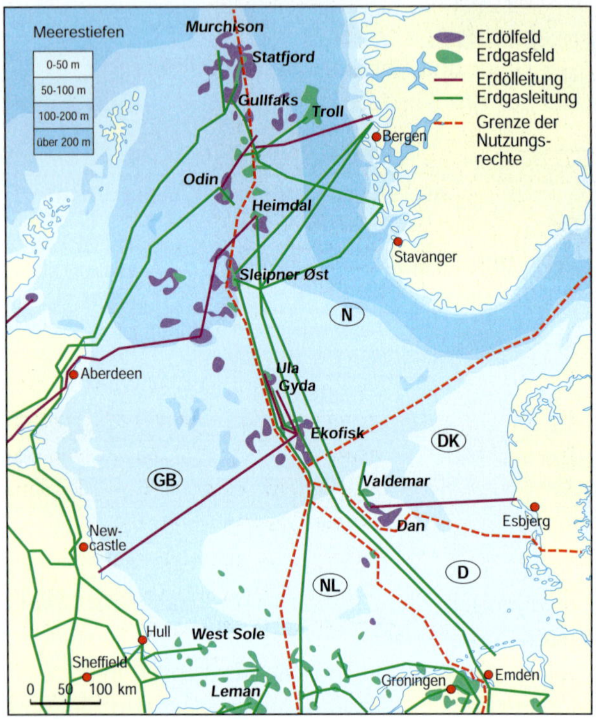

216.1 Lagerstätten und Fördergebiete in der Nordsee

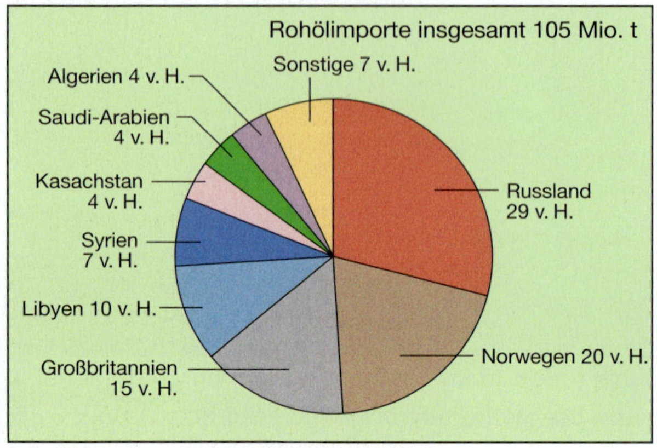

216.3 *Deutsche Rohöllieferanten (2001)*

Erdöl ist ein Rohstoff aus Pflanzen- und Tierresten. Diese sind vor Millionen von Jahren auf dem Meeresgrund verwest. Die Zersetzung geschah durch hohe Temperaturen und großen Druck im Erdinnern. In der Nähe von Erdöllagerstätten findet man meist auch Erdgas.

1. Nennt die Staaten, die Anteil an den Erdöl- und Erdgasvorkommen der Nordsee haben.
2. Wie viel Prozent des nach Deutschland gelieferten Erdöls stammt aus der Nordsee (Abb. 216.3)?

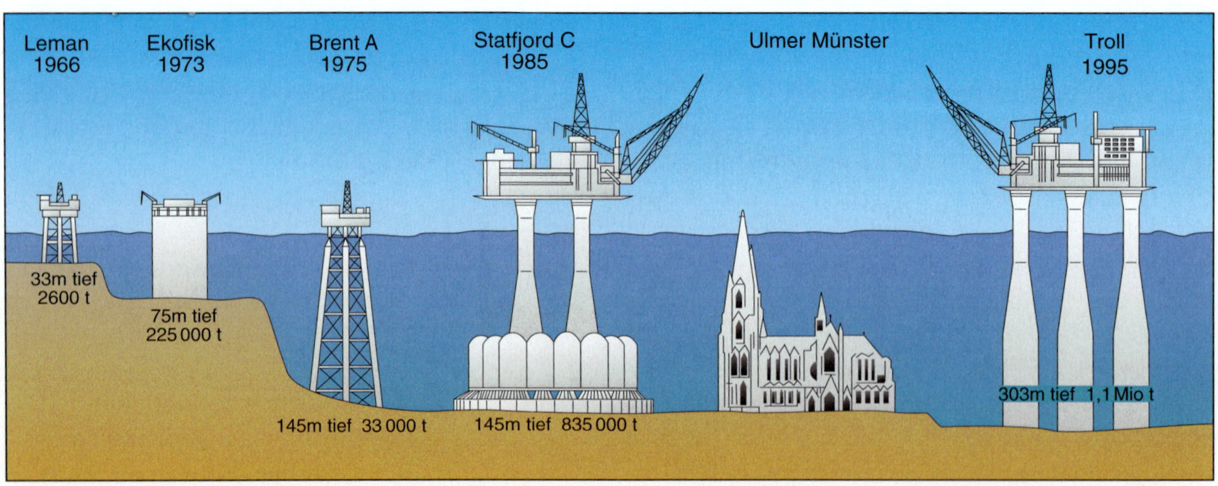

216.2 *Entwicklung der Förderplattformen für Erdöl und Erdgas*

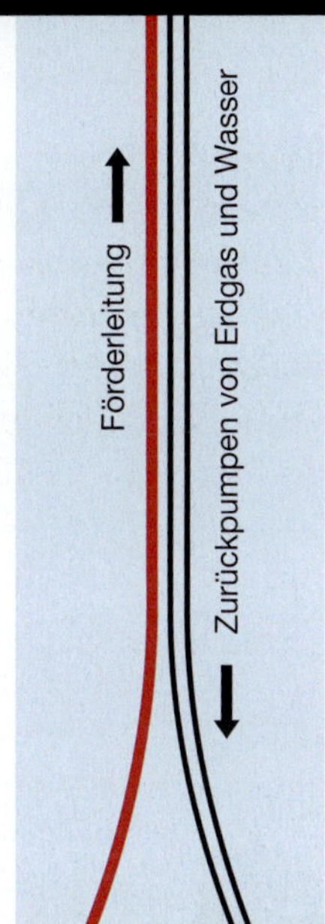

Die Erschließung von Lagerstätten in der Nordsee begann 1964, nachdem man das Gebiet unter den Anliegerstaaten aufgeteilt hatte (Abb. 216.1). Die Förderung des „schwarzen Goldes“ aus dem tiefen Meer ist allerdings sehr schwierig. Dafür ist moderne und teure Fördertechnik nötig (Abb. 216.2).

Durch das oftmals schlechte Wetter und die hohen Wellen wird die Förderung zusätzlich erschwert und ist für Mensch und Umwelt sehr gefährlich. Transporthubschrauber können verunglücken. Das Meer kann durch Auslaufen von Öl, Abwässer der Bohrinseln oder durch Tankerunfälle verschmutzt werden.

Erdöl und Erdgas werden gemeinsam gewonnen, weil sie in der Erde nebeneinander vorkommen. Beim Verbrennen von Erdgas wird die Umwelt allerdings nicht so sehr verschmutzt wie beim Erdöl. Darum wird es als Energieträger immer öfter benutzt.

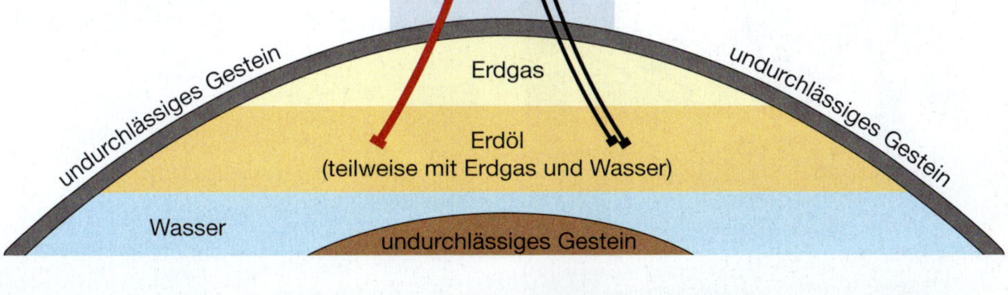

1. Warum wird im Text vom „schwarzen Gold“ gesprochen?
2. Welche Gefahren bestehen bei Erdöl- und Erdgasförderung in der Nordsee?

Wir nutzen die Meere

Patient Mittelmeer

218.1 Verschmutzungen im Mittelmeer

Kein anderes Meer der Welt hat so stark unter der schleichenden Ölpest zu leiden wie das Mittelmeer. Obwohl es nur weniger als ein Prozent der Wassermenge aller Ozeane aufweist, werden hier bis zu 20 % der Ölmenge gemessen, die von Tankern, Industrieanlagen und Pipelinestationen unkontrolliert in die Weltmeere gepumpt werden. Doch Touristen, die beim Baden mit Teerklumpen davonkommen, sind noch gut dran, denn weit gefährlichere Schadstoffe lauern im Wasser.

218.2 Ölverschmierte Strände

Rund um das Mittelmeer fließen jährlich weit über 400 Millionen Tonnen Abwässer in das ehemals azurblaue Meer. Darin enthalten sind Tausende Tonnen hochgiftiger Industrieabfälle. Immer mehr reichern sich diese Stoffe im Meer an, denn über die schmale Straße von Gibraltar fließt nur wenig frisches Atlantikwasser zu. Außerdem muss das Mittelmeer noch jährlich über 100 Millionen Touristen verkraften und mit den Abwässern der über 130 Millionen Küstenbewohnern fertig werden, von denen über 80 Millionen in Städten leben. Nur 15 % der städtischen Abwässer fließen durch eine Kläranlage. Besonders augenfällig wird diese Umweltverschmutzung an der italienischen Adria zwischen Triest und Ancona, wo es immer wieder zu einer gewaltigen „Algenblüte" kommt.

1. Wodurch wird das Mittelmeer verschmutzt?
2. Welche Stoffe gelangen dabei in das Mittelmeer?
3. Wo sind die stärksten Verschmutzungen (Karte 218.1)?
4. Welche großen Flüsse münden ins Mittelmeer?

Europas Meere

219.1

1. Übertrage das Kreuzworträtsel in dein Heft und finde im Atlas die gesuchten Meere aus Karte 219.1. Die hervorgehobenen Buchstaben ergeben als Lösungswort eine europäische Meerenge.
2. Auf der Karte oben ist auch Berlin eingetragen. Berechne mithilfe des Maßstabes die Entfernungen zum jeweiligen Meer. Lege eine Tabelle an.

Geo-Lexikon

Abraum (S. 98)
Als Abraum bezeichnet man im Bergbau die Erdschichten, die nicht genutzt werden können. Sie müssen aber abgetragen werden, um die Rohstoffe (z. B. Braunkohle) fördern zu können.
Almwirtschaft (S. 126)
Alpenvorland (S. 35)
Das Alpenvorland ist das Gebirgsvorland der Alpen. Es hat für die Landwirtschaft und besonders für die Milchwirtschaft eine große Bedeutung.
Äquator (S. 22)
Der Äquator ist eine gedachte Linie um den Globus und bildet den längsten Breitenkreis (ca. 40 077 km). Er teilt die Erde in die Nord- und die Südhalbkugel.
Ausgleichsküste (S. 63)

Bannwald (S. 132)
Baumgrenze (S. 124)
Mit zunehmender Höhe wird es immer kälter. Daher können Pflanzen in hohen Berglagen schlechter wachsen. Die Höhe, bis zu der Bäume noch gedeihen, heißt Baumgrenze. Oberhalb der Baumgrenze wachsen nur noch Sträucher, Gräser und andere Pflanzen, die das kalte Klima vertragen können.
Bergflucht (S. 130)
Aufgrund der leichteren Lebensbedingungen in den Städten verlassen vor allem jüngere Leute die Bergregionen. Diese Abwanderung nennt man Bergflucht.
Bevölkerungsdichte (S. 175)

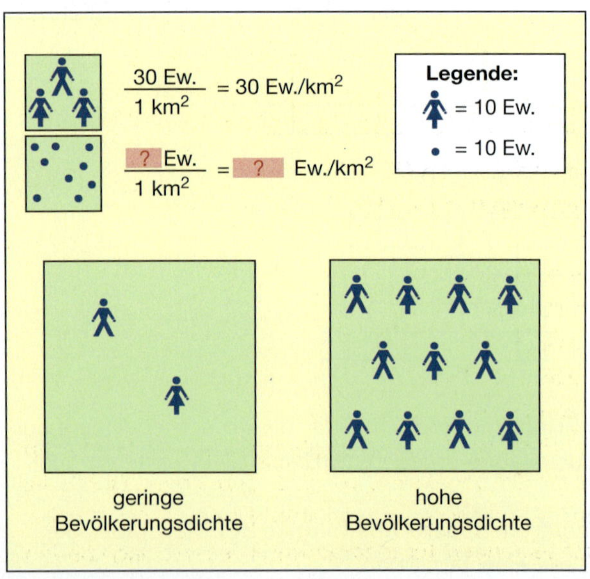

Bewässerungsfeldbau (S. 198)
Form der landwirtschaftlichen Nutzung, bei der die Niederschläge in der Wachstumszeit nicht ausreichen. Dies kann in Gebieten mit geringen Niederschlägen sein oder bei Pflanzenkulturen, die besonders viel Wasser benötigen, wie z. B. Reis.
Börde (S. 72)
Fruchtbare, überwiegend landwirtschaftlich genutzte Ebene in Norddeutschland (z. B. Magdeburger Börde, Hildesheimer Börde oder Jülicher Börde). Sie bestehen größtenteils aus Löss. Typische Anbauprodukte sind Weizen und Zuckerrüben.
Braunkohle (S. 88)
Braunkohle ist jünger als Steinkohle und liegt meist näher an der Erdoberfläche. Sie hat dickere Flöze und wird daher im Tagebau abgebaut. Weil Braunkohle so viel Wasser enthält, brennt sie so gut wie Steinkohle.
Breitenkreis (S. 26)
Breitenkreise verlaufen parallel zum Äquator. Zusammen mit den Längenkreisen bilden sie das Gradnetz.

Delta (S. 191)
Dezentralisierung (S. 169)
Ballungsräume sollen durch Auseinanderlegung oder Aufgliederung (Dezentralisierung) entlastet werden. So wird die Ansiedlung außerhalb von Städten gefördert und die Infrastruktur dort verbessert.
Doline (S. 203)
Durchbruchstal (S. 107)
Wenn ein Fluss durch seine Erosionskraft ein Gebirge im Laufe von Tausenden von Jahren durchbricht, spricht man von einem Durchbruchstal.

Ebbe (S. 52)
Eiswüste (S. 160)
Eiszeit (S. 135/S. 156)
Eiszeiten sind Zeitabschnitte, in denen auf der ganzen Erde viel niedrigere Temperaturen herrschten als heute. In dieser Zeit waren große Teile der Erde mit Eis bedeckt. Die letzte Eiszeit ging vor etwa 10 000 Jahren zu Ende.
Endmoräne (S. 68)
Erdachse (S. 22)
Die Erdachse ist die gedachte Linie zwischen Nord- und Südpol. Wir drehen uns um die Erdachse Richtung Osten.

Erdbeben (S. 204)
Die Erdplatten sind ständig in Bewegung. Dabei entstehen Spannungen, wenn die Erdplatten aneinander reiben oder sich verhaken. Löst sich diese, entsteht ein Beben. Diese Erschütterungen dauern oft nur wenige Sekunden. Einstürzende Gebäude, aber auch Erdrutsche, Schlammfluten und Risse in der Erdoberfläche können die Folge sein.
Erdrotation (S. 29)
Erosion (S. 105, S. 133, S. 201)
Abtragung und Transport von Gestein und Boden durch fließendes Wasser oder Wind.
Europäische Union (EU) (S. 146)

Fjell (S. 157)
bezeichnet die Hochflächen des Skandinavischen Gebirges, die wegen ihrer Kargheit (nackter Fels, Moose und Flechten, teilweise Gletscher) fast nicht besiedelt sind
Fjord (S. 156)
durch Gletscher geschaffene Trogtäler, die vom Meer überflutetet wurden
Flachküste (S. 62)
Flöz (S. 88)
Rohstoff (z. B. Kohle oder Salz) führende Schicht zwischen anderen Gesteinsschichten
Flut (S. 52)
Fremdenverkehr (S. 130)
Der Fremdenverkehr (Tourismus) umfasst alles, was mit dem Aufenthalt von Menschen an einem anderen Ort zusammenhängt, der nicht ihr Wohnsitz ist (z. B. beim Urlaub oder bei Geschäftsreisen)
Fruchtwechsel (S. 99)

Glaziale Serie (S. 68)
Gezeiten (S. 53)
auch als Tide bezeichnet; Oberbegriff für Ebbe und Flut
Gletscher (S. 134)
Globus (S. 22)
Golfstrom (S. 159)
Warme Meeresströmung im Nordatlantik. Das Wasser heizt sich im Golf von Mexiko auf, strömt Richtung Norden und bewirkt, dass die Küstengewässer und Häfen in Teilen Nordeuropas auch in kalten Wintern eisfrei sind.
Gradnetz (S. 27)
Grabenbruch (S. 106)
Grünlandwirtschaft (S. 57)
Bei der Grünlandwirtschaft werden die Flächen als Wiesen und Weiden für das Vieh verwendet. Für den Ackerbau sind die Bedingungen zu ungünstig (schlechte Böden, nasskaltes Wetter oder steiles Gelände).
Grüppen (S. 56)
Grundmoräne (S. 68)

Hafen (S. 172)
Hallig (S. 57)
Die Halligen bilden kleine Inseln im Wattenmeer vor Schleswig-Holstein. Sie sind Reste eines Marschlandes, das von den Sturmfluten auseinander gerissen wurde.
Hochgebirge (S. 35/S. 122)
Gebirge mit schroffen Formen und Höhenunterschieden über 1500 m, z. B. die Alpen
Höhenlinien (S. 14)
Höhenschichten (S. 14)
Höhenstufen (S. 124)
Mit zunehmender Höhe ändern sich im Gebirge Klima, Boden und Pflanzendecken. Diese unterschiedlichen Stufen nennt man Höhenstufen.

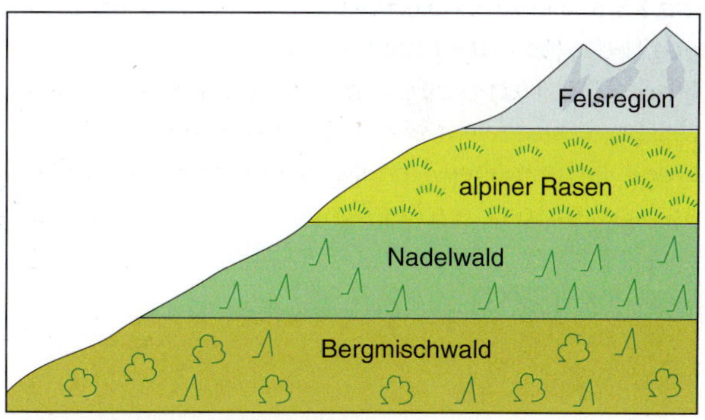

Industriegassen (S. 115)
Intensivkultur (S. 199)

Karst (S. 202)
Karsthöhlen (S. 203)
Karte (S. 7)
Kerbtal (S. 135)
Klima (S. 149)
Als Klima wird das über Jahre gemessene Wetter an einem Ort oder in einem Gebiet bezeichnet. Durch die jahrelange Messung und Aufzeichnung der Wettererscheinungen Temperatur und Niederschlag können Klimadiagramme erstellt werden.

Klimadiagramm (S. 149)
Kompass (S. 8)
Koog (S. 56)
Als Koog (Mehrzahl: Köge) bezeichnet man das eingedeichte Neuland in der Marsch.
Kurvendiagramm (S. 47)
Küstenformen (S. 62)
Küstenschutz (S. 56)

Lahnungen (S. 56)
Landgewinnung (S. 56)
An der Küste wird durch den Bau von Lahnungen Land gewonnen. Das sind niedrige Zäune im Watt, die helfen, dass sich Schlick ablagern kann. Auf diese Weise wird das Land vor dem Deich erweitert und dient heute vor allem dem Küstenschutz.
Längenkreis (S. 26)
Längenkreise verlaufen durch die beiden Pole der Erde. Man unterteilt die Erdkugel in 360 Längenkreise, die von 0° bis 180° in westlicher bzw. in östlicher Richtung gezählt werden.
Lava (S. 207)
Geschmolzenes Gestein, das bei Vulkanausbrüchen an die Erdoberfläche tritt. Solange sich dieses im Erdinnern befindet, nennt man es ⇒ Magma.
Lawine (S. 132)
Mit Lawine bezeichnet man das plötzliche und ruckartige Niedergehen von Schnee und Eis an einem Abhang oder einer Steilwand im Gebirge. Lawinen können bis zu 160 km/h schnell sein.
Legende (S. 7)
Liniendiagramm (S. 47)
Löss (S. 85)

Maccie (S. 201)
Magma (S. 207)
Gesteinsschmelze im Erdinnern (⇒ Lava)
Marsch (S. 56)
Die Marsch ist durch die Ablagerung von Schlick im flachen Küstenbereich entstanden. Dort befand sich früher das Wattenmeer. Heute wird das fruchtbare Land hauptsächlich landwirtschaftlich genutzt.
Massengut (S. 174)
Massentourismus (S. 131)
Die Touristenströme steigen durch mehr Urlaub, mehr Autos und Geld an und gefährden in hohem Maße die Umwelt. Verkehrsstau, Zersiedelung, Lärm- und Luftbelastung, Landschaftsschäden usw. sind die Folgen von Massentourismus.
Maßstab (S. 12)
Maut (S. 184)
Meridian (siehe Längenkreis)
Metropole (S. 168)
Politischer, wirtschaftlicher und kultureller Mittelpunkt eines Landes. Die Metropole ist häufig auch die Hauptstadt.
Mittelgebirge (S. 35)
Meist altes Gebirge, in Mitteleuropa bis zu 1500 m hoch. Im Gegensatz zum Hochgebirge sind die Oberflächenformen abgerundet. Mittelgebirge sind häufig bewaldet. Deutsche Mittelgebirge sind z. B. der Harz, die Eifel, der Hunsrück.
Moore (S. 85)
Ständig feuchtes Gebiet mit schlammigem Boden. Im Moor gibt es hauptsächlich Moose und Gräser. Andere Pflanzen wie Bäume können dort kaum wachsen, da sie keinen Halt finden und die Wurzeln zu wenig Luft bekommen. Abgestorbene Pflanzen verwesen in der Feuchtigkeit kaum.
Moräne (S. 68, 134)

Norddeutsches Tiefland (S. 35)

physische Karte (S. 17)
Auf einer physischen Karte wird die Oberflächengestalt dargestellt. Die verschiedenen Farben kennzeichnen die Höhengliederung.
Planeten (S. 20)
Planeten sind Himmelskörper, die nicht aus eigener Kraft leuchten. Sie werden von der Sonne angestrahlt und reflektieren (zurückwerfen) das Licht.
Planquadrat (S. 10/S. 16)
politische Karte (S. 38)
Polarnacht (S. 162)
Polartag (S. 162)
Poljen (S. 203)
Profil (S. 14)

Realerbteilung (S. 114)
Vererbung des landwirtschaftlichen Besitzes (Hof und Land) zu gleichen Teilen an alle Kinder

Rekultivierung (S. 99)

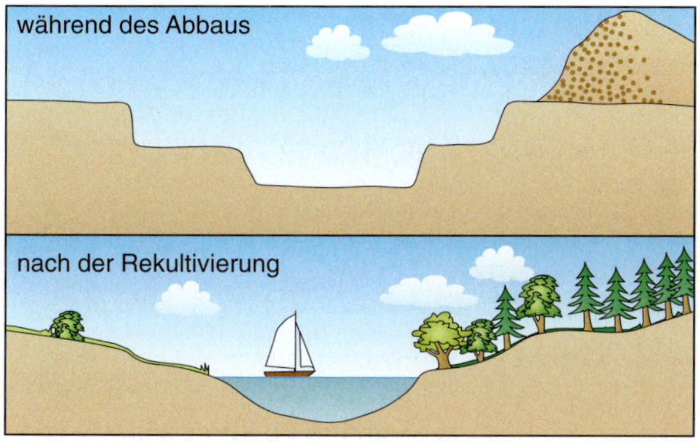

Sander (S. 68)
Säulendiagramm (S. 39)
Schäre (S. 157)
Felskuppen, die das Gletschereis abgeschliffen hat. Durch den Anstieg des Meeresspiegels entstanden unzählige kleine Inseln (Schäreninseln) vor den Küsten Finnlands, Schwedens und Norwegens.
Schichtvulkan (S. 207)
Sie sind gekennzeichnet durch eine Wechsellagerung von ⇒ Lava und Lockermasse, z. B. Asche.
Schneegrenze (S. 134)
Höhengrenze zwischen den ganzjährig schneebedeckten und den im Sommer schneefreien Gebieten
Schwarzerde (S. 188)
Seenplatte (S. 157)
Durch die Abtragung der Gletscher entstanden Senken, die sich nach der Eiszeit mit Wasser füllten. Die Finnische Seenplatte hat zum Beispiel über 60 000 solcher Seenbecken.
Sonderkulturen (S. 82)
Sonnensystem (S. 20)
Steilküste (S. 62)
Steinkohle (S. 88)
Steinkohle ist älter und brennt, da sie weniger Wasser enthält, besser als Braunkohle. Steinkohleflöze sind nicht so dick wie Braunkohleflöze. In Deutschland befinden sie sich tief unter der Erdoberfläche. Deshalb wird Steinkohle im Untertagebau gewonnen.
Steinkohlenzeit (S. 88)
Als Steinkohlenzeit wird die Erdzeit bezeichnet, in der die Steinkohle entstand.
Stückgut (S. 174)

Tabelle (S. 39)
Tagebau (S. 88/96)
Im Tagebau gewinnt man Bodenschätze, die dicht unter der Erdoberfläche liegen, wie z. B. Braunkohle. Die Abbauarbeiten finden auf der Erdoberfläche, also bei Tageslicht, statt.
Taiga (S. 160)
Nadelwaldgürtel auf der nördlichen Halbkugel, in dem Nadelhölzer (Fichten, Kiefern, Tannen) wachsen, die an das kalte kontinentale Klima angepasst sind
thematische Karte (S. 17)
Sie stellt ein bestimmtes Thema auf der Karte dar, z. B. die Bodennutzung in einem Gebiet.
Torf (S. 88)
Ein Gemenge aus abgestorbenen Pflanzenteilen, die nicht oder kaum zersetzt sind. Früher wurde Torf als Brennstoff benutzt. Heute wird er zur Herstellung von Gartenerde und für Moorbäder verwendet.
Trockental (S. 203)
Trogtal (S. 135)
Tundra (S. 160)
Überwiegend baumlose Steppe, die sich südlich an die Eisregion des Nordpols anschließt. Wegen der kurzen Vegetationszeit von drei Monaten wachsen hier nur Gräser, Moose und Flechten.

Überfischung (S. 214)
Urstromtal (S. 68)

Verdichtungsraum (S. 92)
(= Ballungsraum) Ein Gebiet, in dem Arbeitsstätten, Siedlungen und Verkehrswege dicht beieinander liegen und in dem sich auch die Bevölkerung stark konzentriert.
Verkehrsträger (S. 180)

Watt (S. 54)
Meeresboden aus Sand und Schlick, der im Wechsel der Gezeiten trockenfällt und überspült wird
Windrose (S. 8)
Wurt (S. 57)

Zeche (S. 90)
Zersiedelung (S. 132)
Zuliefererbetriebe (S. 116)

Bildnachweis

Karten- und Grafikverzeichnis:
Güttler, Berlin: 16.3, 17.2, 17.3, 23.1, 25.1, 26.1, 26.2, 27.1, 29.2, 31.1, 34.1, 34.2, 38.1, 40.1, 42.1, 42.2, 44.1, 44.2, 45.1, 46.1, 48/49, 50.3, 55.1, 60.2, 63.2, 63.3, 70.2, 71.1, 83.1, 83.3, 97.1, 97.2, 100.1, 104.2, 108.3, 114.2, 140.1, 140.2, 141.1, 146.4, 147.3, 150.1, 155.1, 158.2, 161.2, 164.1, 166/167, 169.1, 170.3, 172.1, 172.2, 175.2, 175.3, 184.1, 188.4, 190.1, 191.1, 192.2, 195.1, 198.5, 200.1, 200.2, 202.1a, 204.1a, 213.3, 214.1, 216.3, 218.1, 219.1
Heidolph, Kottgeisering: 6.2, 7.1, 7.2, 8.1, 8.2, 8.3, 9.1, 9.2, 9.4, 12.2-5, 14.2-3, 16.1, 20/21, 22.3, 25.2, 28.4, 29.1, 38.2, 53.1, 54.3, 56.1, 58.3, 60.3, 62.2, 62.3, 63.1a, 69.1, 73.3, 73.4, 81.2, 88.1—4, 91.1, 92.1, 98.1, 105.1, 106.2, 107.3, 109.7, 115.2, 125.2, 126.3, 128.1, 129.2, 130.2, 134.3, 135.1-3, 141.2, 145.1, 147.1, 148.1, 148.2, 149.1, 151.2, 151.3, 151.4, 156.2, 157.1, 160.1b, 160.2b, 160.3b, 163.2, 168.2, 174.2, 180.1, 181.1, 182.1, 185.2, 189.2, 190.3, 194.1, 198.2, 198.3, 199.1, 200.3, 203.1, 205.1, 206.2, 208.1, 208.2, 212.1, 212.2, 215.2, 217.3

Bildquellenverzeichnis:
AeroCamera B. V., NL-Amsterdam: 165.1, 174.1
akg images, Berlin: 196.1, 24.3
Amtsfeld, Umkirch: 167.3
associated press GmbH, Frankfurt: 59.1
Astrofoto, Sörth: 18/19, 22.1, 22.2 152/153
ATC / Expert PR: 28.3
Australischer Tourismusverband: 31.3
Balzer, Friedrichsthal: 108.1, 108.2
Bavaria Bildagentur, Gauting: 130.5, 167.4 195.2
Becker & Bredel, Saarbrücken: 179.1
Beckers Bester, Lütgenrode: 119.1, 119.4, 119.8
Betz, Großbottwar: 131.2, 216.1, 216.2
Big Dutch Man, Calveslage: 67.1
Bildarchiv Preußischer Kulturbesitz, Berlin: 19.1, 19.2
Braun, Offenbach: 184.2, 184.3
Bricks, Erfurt: 35.2, 71.2, 104.1, 104.3
Bundesbildstelle, Berlin: 142.3, 177.1
Busching, Ludwigshafen: 5.2, 5.3, 66/67, 72.3, 75.1, 75.3, 75.4, .5, 126.1, 127.1, 133.3, 143.1, 144.2, 145.2, 213.1, 213.2, 214.2
Bütow, Waren: 49.1, 62.4, 68.1, 82.1, 82.2, 134.1, 157.B, 157.D
Centro, Oberhausen: 95.5
Centrum Cartographie Verlag GmbH: 51.2
Claas, Harsewinkel: 81.1
Columbus-Verlag, Krauchenwies: 22.4
Daimler-Chrysler, Stuttgart: 116.1, 116.2, 117.1, 117.2, 143.3
Das Luftbild-Archiv, Kasseburg: 35.1, 102.1
Degener, Birkenfeld: 21.3, 163.1, 163.3
Deiseroth, Niederaula: 147.2
Deters, Hannover: 181.4
Deutsche Bahn AG, Berlin: 181.3, 185.1
Deutsche Shell AG, Hamburg: 210.1
Dietz, Bad Bergzabern: 193.3, 193.4, 193.5, 193.6
DLR, Pfaffenhofen: 138/139.
dpa GmbH, Frankfurt: Titel 3, 30.2, 60.1, 87.1, 132.1, 142.4, 146.1, 154.1, 167.2, 168.1, 169.2, 171.1, 176.1, 182.3, 186.1, 190.2, 191.1, 192.1, 192.3, 194.2, 204.1, 217.1, 218.2
Duisburg Ruhrorter Hafen, Duisburg: 174.3
Dury, Bräunlingen: 74.1
Eckinger, Vilshofen: 66.1, 66.1a
EL-MOS GmbH: 94.3
Englert, Freiburg: 110.1
Fabian, Edemissen: 124.1, 178.2, 178/179, 179.2
Fiebach, Güglingen: 203.2
Flughafen Frankfurt am Main: 176.2
Forstdienst Uri, Altdorf: 132.4
Forster, Hofheim: Titel 2
Gensetter Foto, CH-Davos: 134.2
Gesamtverband des deutschen Steinkohlebergbaus, Essen: 89.6, 90.1, 90.2, 90.3
Gorzen, Radeberg: 189.1
Götzl, Hannover: 110.5
Greenpeace Media GmbH, Hamburg: 210/211, 211.2
Griese, Laatzen: 52.1-3, 10.2-4, 152.1, 152.2, 153.1
Hafen Hamburg Marketing e. V.: 173.1, 174.5, 58.1
Härle, Wangen: 32.2, 89.2, 89.3, 89.4, 89.5, 96.1, 110.C, 112.1, 112.2, 113.1, 132.3, 160.1a, 160.2a, 160.3a, 198.4, 199.2
Hasenmeyer, Birkenfeld: 110.B
Helga Lade Fotoagentur, Frankfurt: 206.1
Herzig, Wiesenburg: 40.4, 41.3, 41.4
Hinke, Hildesheim: 24.1
i.m.a., Bonn: 72.2, 73.1, 73.2, 118.1
IFA Bilderteam, Ottobrunn: 217.2
Jaenicke, Rodenberg: 76.1
Jahn, Breidenbach: 133.1
Jardner, Essen: 93.1
Junge, Pattensen: 5.4, 13.2, 15.1, 15.2–5, 57.2, 135.4, 150.2, 198.1
Kahlert, Bliesransbach: 5.1, 6.1, 26.3, 89.1, 126.2
Kali und Salz GmbH, Kassel: 189.3, 189.4
Keystone Pressedienst, Hamburg: Titel 1
Kirner, Baldham: 31.2
Kluge, Chemnitz: 188.1
Kommunalverband Ruhrgebiet, Essen: 94.2, 94.4
Kröner, R., Zirndorf: 119.2
Krupp Stahlwerke, Essen: 91.3
Krzemien, Hannover: 40.2
Kurverwaltung Garmisch-Partenkirchen: 122.1
laif, Köln: 211.1 (Reporters)
Landesarchiv Berlin: 40.3, 41.2, 43.2
Landesbildstelle Berlin: 33.1
Landesbildstelle Rheinland-Pfalz, Koblenz: 107.1
Landesmedienzentrum Baden-Württemberg, Stuttgart: 35.3, 114.1, 125.1, 136.1, 203.3, 203.4
Landesmedienzentrum Rheinland-Pfalz, Koblenz: 14.1, 102/103, 107.1, 177.2
Landesvermessungsamt Rheinland-Pfalz, Koblenz: 107.2
Landschaftspark Duisburg Nord GmbH: 95.6
Lange, Karlsfeld: 207.1
Lange, München: 131.4–6
Lausitzer Braunkohle AG (Rauhut), Senftenberg: 98.2, 98.3, 98.4, 99.1, 99.2
Look GmbH, München: 101.3
Luftamt Hamburg 428/48: 57.1
Mager, Gengenbach: 166.1, 166.2 167.1
Mairs Geographischer Verlag/Studio Berann-Vielkind, Ostfildern: Vorsatz.
Markert, Chemnitz: 82.3, 87.3
Marth, Berlin: 40.5, 104.4
Mauritius Bildagentur, Mittenwald: 65.3, 65.5
Mediacolor´s, Zürich: 121.1
Meißgeier, Grüna: 105.2 202.1
Mitschke, München: 33.2, 131.3, 136.2, 137.1, 154/155, 157.A, 178.1, 196.2, 197.2
Movie World Warner Brothers: 95.3
Mühlberger, Emerkingen: 205.2
Mülders, Geldern: 75.2
Müller, Berlin: 146.3
Muuß, Kiel: 70.1, 150.3
Nordzucker AG, Braunschweig: 72.1
Ochsenwadel, Möckmühl: 209.1, 209.2, 209.3
Okapia, Frankfurt: 65.2
Opel AG, Rüsselsheim: 94.1
Pasdzior, Hamburg: 48.2, 55.3
Pflüger, Springe: 78.1, 79.1, 79.2, 79.3, 79.4, 84.1, 84.2, 84.3, 85.1, 85.2, 85.3
picture-alliance/dpa, Frankfurt/M. (Tschauner): 95.4
Picture Press, Hamburg: 174.4, 174.6
Plass, Karlstadt: 110.A
Presse und Informationsamt des Landes Berlin (G. Schneider): 10.1
Quedens, Hamburg: 50.4
Rabas, Gelsenkirchen: 95.1
Radde, Berlin: 46.2
Radtke, Hilchenbach: 65.4
Rheinbraun, Köln: 86.1, 86/87.
Rieke, Hannover: 54.4, 122.2, 201.1
Röhr, Friedberg: 106.1
Ruckenbrod, Ettlingen: 58.2, 142.1, 144.1, 196.3
Ruhrverband Essen: 103.1
Rupprecht, Frankfurt: 146.2
RWE Essen: 91.2
Schmidtke, Melsdorf: 32.1, 35.4, 48.1, 54.1, 56.A, 56.C, 61.1, 62.1, 63.1, 68.2, 68.3, 68.4, 109.6, 137.2, 174.7, 181.2, 197.1, 202.3, 203.5
Schöpke, Nienburg: 124.3
Schufft, Rethen: 197.3
Schutzbach, Waldstetten: 9.3, 37.1, 61.2, 61.3, 61.4, 112.3, 157.E, 169.3, 170.1, 170.2, 202.4
Silvestris online, Kastl: 64.1, 215.1
SKN, Norden: 50.2, 51.1, 53.2
Sperber, Hamburg: 164/165.
Storm, Stuttgart: 175.1
Studio Schmidt-Lohmann, Hannover: 28.1
Sutor, Karlsruhe: 36.1, 120.1, 120/121, 124.2, 130.1, 130.3
Thierer, Leutkirch: 130.4
Thümmler, Berlin: 46.3
Tönnies, Laatzen: 28.2, 41.1, 54.2, 55.2
Tourimusverband A-Neustift: 128.2, 129.1
Trobitzsch, Buchholz-Trelde: 161.1, 161.3
ullstein bild, Berlin: 43.1, 43.3
Verband der deutschen Fruchtsaftindustrie e.V.: 118.2, 118.3, 118.4, 119.3, 119.5, 119.6, 119.7
Visum plus 49, Hamburg: 187.1
Wahlandt-Burgert, Maxdorf: 59.2
Weinwerbezentrale Karlsruhe: 109.1, 109.2, 109.3, 109.4, 109.5
Wernicke, Dagebüll: 56.D
Westfalenhallen Dortmund GmbH: 95.2
Westfälisch-Lippischer Landwirtschaftsverband e.V., Münster: 76.2, 77.1
Wetzel, Freiburg: 30.1, 158.1, 182.2
Windhorst, Vechta: 101.1
Winter, Meppen: 146.5
Wostok, Berlin: 151.1, 186/187, 188.2, 188.3, 157.C

Nordsee
Ostsee
Bornholm
Odense
Fünen
Seeland
Lolland
Fehmarn
Kieler Bucht
Mecklenburger Bucht
Lübecker Bucht
Pommersche Bucht
Stettiner Haff
Rügen
Kiel
Rostock
Schwerin
Stettin
Sylt
Nordfriesische Inseln
Helgoland
Ostfriesische Inseln
Westfriesische Inseln
Dänische Geest
Schleswig
Holsteinische Elbe-Geest
NÖRDLICHER LANDRÜCKEN
Mecklenburgische Seenplatte
Stader Geest
Bremerhaven
Hamburg
Elbe
Elbe-Urstromtal
Ostfriesisch-Oldenburgische Geest
Oldenburg
Bremen
Groningen
Drenter Geest
Ijsselmeer
Amsterdam
Niedersächsisches Tiefland
Meppen-Nienburger Geest
Bremen-Magdeburger-Urstromtal
Lüneburger Heide
SÜDLICHER LANDRÜCKEN
Weser
Aller
Ems
Ijssel
Hannover
Braunschweig
Magdeburg
Magdeburger Börde
Hildesheimer Börde
Deister
Wiehengebirge
Teutoburger Wald
WESERBERGLAND
Enschede
Niederländisches Tiefland
Arnheim
Niederrheinisches Tiefland
Rhein
Maas
Westfälische Bucht
Münster
Paderborn
Dortmund
Soester Börde
Duisburg
Essen
Düsseldorf
Wuppertal
Niederrheinische Bucht
Köln
Bonn
Aachen
Lüttich
Ruhr
Sauerland
Rothaargebirge
Siegen
Westerwald
RHEINISCHES SCHIEFERGEBIRGE
HESSISCHES BERGLAND
Kassel
Fulda
Vogelsberg
Göttingen
Harz
Thüringer Becken
Erfurt
Jena
Werra
Saale
Thüringer Wald
Zwickau
Chemnitz
Dresden
Erzgebirge
Sudeten
Böhmisches
Hof
Leipziger Bucht
Leipzig
Dessau
Warschau-Berliner-Urstromtal
Glogau-Baruther-Urstromtal
Breslau-Magdeburger Urstromtal
Thorn-Eberswalder Urstromtal
Warthe
Oder
Havel
Spree
Neiße
Potsdam
Berlin
Frankfurt
Cottbus